新しい、美しい
ペンギン図鑑

テュイ・ド・ロイ＋マーク・ジョーンズ＋ジュリー・コーンスウェイト

上田一生 監修・解説

裏地良子＋熊丸三枝子＋秋山絵里菜 翻訳

求愛行動をするキングペンギン
（サウスジョージア）

X-Knowledge

PENGUINS: Their World, Their Ways
By Tui De Roy et al

First published in 2013 by David Bateman Ltd.
30 Tarndale Grove, Albany, Auckland 1330, New Zealand

Copyright © Tui De Roy et al (author) & David Bateman Ltd.
All rights reserved. No part of this book may be reproduced, stored in a retrieval system,
or transmitted in any form or by any means, digital, electronic, electrostatic, magnetic tape,
mechanical, photocopying, recording or otherwise
without permission in writing from the copyright holders.

Japanese translation rights arranged with David Bateman Ltd., Auckland, New Zealand
through Tuttle-Mori Agency, Inc., Tokyo

本書のすべての写真は、特に明記されたものを除き、
野生の状態で著者3人のいずれかにより撮影されたものである。

ブックデザイン：松田行正＋日向麻梨子＋井野和子

監修者まえがき
真のナチュラリストによる
最上質・最新のペンギン・データブック

ペンギン会議　上田一生

©Kenji Kurihara + bayfm THE FLINTSTONE

　毎日ペンギンとくらすこと。それはペンギンファンの夢。著者の一人、テュイ・ド・ロイは40年以上夢の生活をしてきた。ガラパゴス諸島に生まれ、35年間その地ですごし、やがて「鳥の王国」ともいわれるニュージーランドに移り住む。それだけで、18種類いるペンギンの過半数と共にくらしたことになる。

　まだある。世界で最も孤立した絶海の島トリスタンダクーニャ、観光客はもちろん一般人の立ち入りが厳しく制限されているマッコーリー島、サウスジョージア島、アンティポデス諸島にも足をはこぶ。1996〜97年、2カ月にわたって行われた「史上初の南極一周航海」にメインスタッフとして参加する。まさに筋金入りのペンギン・ナチュラリストだ。野生動物や自然に関する著作は、本作が初めてではなく、2008年にはアホウドリ、2009年には故郷ガラパゴス諸島について優れたガイドブックも出している。

　1990年代以降、ペンギンに関する文献の出版点数は右肩上がりで増え続けている。特に欧米では、大判・ハードカバー・フルカラーの豪華な写真集、あるいは「データブック」と銘打った単行本が、毎年必ず数点は登場するようになった。しかし、そのほとんどはプロカメラマンやペンギンファンの手になるものだ。それらは、「優れた映像作品」であり「よき旅の思い出」あるいは「ペンギンへのファンレター」ではあっても、残念ながら「最新かつ最良のデータブック」とは言いがたい水準にとどまっている。

　本書の質は突出している。それは、著者たちがすべて優れた真のナチュラリストだからだ。しかも、かれらには多くの支持者、理解者、共同研究者たちがいる。本書の謝辞に登場する人名や様々な団体の一覧は、そのままグローバル・ペンギン・コミュニティと言ってよい。ためしに、第2章「最新科学と保全活動」に登場する16人のスペシャリストたちのポートレートをご覧いただきたい。かれらがいかに嬉々として自分の専門分野の紹介をしているか、おわかりいただけるはずだ。もちろん、そこには生々しい専門的最新情報がわかりやすく凝縮されている。

　では、情熱あふれるナチュラリストたちに水先案内をまかせて、ペンギンの世界へ、ペンギン式生活を観察する上質の旅にでかけようではないか。

ヒゲペンギンのコロニー
(デセプション島ベイリー岬)

河床をさかのぼるロイヤルペンギン
（マッコーリー島）

採食海域へと向かうキングペンギン
（マッコーリー島）

海氷を横断するアデリーペンギン
(ロス海、フランクリン島)

硬い氷の上にいるエンペラーペンギン
(東南極,アマンダ湾)

新しい、美しい
ペンギン図鑑

テュイ・ド・ロイ + マーク・ジョーンズ + ジュリー・コーンスウェイト
上田一生 監修・解説
裏地良子 + 熊丸三枝子 + 秋山絵里菜 翻訳

X-Knowledge

本書は、前作 Albatross と同じく、われわれの愛情から生まれた。
本書をわれわれの親に捧げることで、
これまで注いでもらった愛にお返しができたらと願う。
私たちが夢を追うにあたって、彼らは困難の時も変わらず支えてくれた。

テュイ──母ジャクリーンへ。
ずっと昔にガラパゴス諸島で人生を切り拓いたあなたの先見の明があったからこそ、
私は大自然と深い関わりを持てるようになった。

マーク──父ジャックへ。
私の親友であり英雄であり続けるあなたと一緒に
南極でペンギンを見られたことを、私は一生大切に思うだろう。

ジュリー──大切な母エセルへ。
この本を作るにあたり、緊張と興奮に満ちた数カ月を共に過ごす中で、
愛と理解をもって辛抱強く私たちを支えてくれてありがとう。

最後に、この本の1ページ1ページを、
心からペンギンを愛し、その保護に情熱を注いでいるすべての人に捧げたい。

年月を経て海流で削られた氷山の上にいるヒゲペンギン
（南極半島周辺、メルキオール諸島沖）

目次

監修者まえがき
真のナチュラリストによる
最上質・最新のペンギン・データブック　上田一生　003

プロローグ：ペンギンへの情熱　018
ペンギンはどこにいるのか　020

1　二つの世界のあいだに
テュイ・ド・ロイ　022

ペンギンの生活史　024
1　ストライプの「ロバ声」カルテット　030
2　南極のしっぽトリオ　048
3　島のおしゃれなやつら——冠羽をもつペンギンたち　070
4　苦境に立たされたイワトビペンギン　088
5　夜の妖精たち——コガタペンギンとキガシラペンギン　106
6　南極の王者たち——キングペンギンとエンペラーペンギン　124

2　最新科学と保全活動
マーク・ジョーンズ　148

ペンギンと人間——過去を振り返って　マーク・ジョーンズ　150
化石ペンギンたちの行進　ダニエル・セプカ　163
ペンギンはどうやって食料を蓄えるのか——抗菌分子の発見　イヴォン・ル・マオ　166
ペンギンの色に関する驚くべきいくつかの発見　マシュー・ショーキー　168
ワイタハペンギン——DNAによって明らかになった生態史　サンネ・ブッセンコール　170
気候変動の指標、アデリーペンギン　デイヴィッド・エインリー　172
衛星で知るペンギンの個体数——気候変動の影響を探る　ヘザー・J・リンチ　174
スパイ大作戦——水中のペンギンを追え　ローリー・P・ウィルソン　176

巣作りに適した安全な場所を探したのち、
ブラウン・ブラフにあるコロニーへと帰るアデリーペンギンの群れ。
ウェッデル海からは春の猛吹雪が吹き付けている。

ペンギンの個体識別——調査の影響を最小限に抑えるために			野生のペンギンが見られる場所	242
	イヴォン・ル・マオ	178	参考文献の紹介、およびさらに詳しく知りたい方へ	243
冠羽ペンギンの卵サイズの謎	カイル・W・モリソン	180	謝辞	244
旅する若き皇帝たち	バーバラ・ウィーネケ	182		
小さなペンギンたちの大きな挑戦	アンドレ・チャラディア	184	**監修者解説**	
ガラパゴスペンギンの不透明な未来			ペンギンへの好奇心は疲れをしらない	
	エルナン・バルガス	186	——ひろがり続けるペンギン学の地平 上田一生	245
ケープペンギン——受難の歴史	ピーター・ライアン	188		
人間とともに生きるマゼランペンギン	P. ディー・ボースマ	190		
ミナミイワトビペンギン激減の謎	デイヴィッド・トンプソン	192		
トリスタンダクーニャで起きた キタイワトビペンギンの悲劇	コンラッド・グラス	194		

3 それぞれのペンギンの物語
——最新ペンギン・データ
ジュリー・コーンスウェイト　196

世界のペンギン18種		198		
驚くべきペンギンの事実		200		
ペンギンの分布と生息状況		204		
それぞれの種の特徴と最新データ				
	エンペラーペンギン	206	ミナミイワトビペンギン	224
	キングペンギン	208	キタイワトビペンギン	226
	アデリーペンギン	210	マカロニペンギン	228
	ヒゲペンギン	212	ロイヤルペンギン	230
	ジェンツーペンギン	214	フィヨルドランドペンギン	232
	ケープペンギン	216	スネアーズペンギン	234
	マゼランペンギン	218	シュレーターペンギン	236
	フンボルトペンギン	220	キガシラペンギン	238
	ガラパゴスペンギン	222	コガタペンギン	240

上：南極の吹雪のなか、巣へと急ぐアデリーペンギン。（ウェッデル海）
右：キングペンギンの求愛行動。（フォークランド諸島）。
下：好奇心旺盛なロイヤルペンギンに囲まれるマーク。（マッコーリー島）

私にとってペンギンは、インスピレーションの源だ。
動物界の驚くべき適応力を示す好例であるだけでなく、
ペンギンたちが日常に潜む困難にも溢れんばかりの活力をもって対峙している姿を見ていると、
懸命に取り組めば達成できないことなど何もないと思えてくる。
マーク、ジュリー、私、そして協力してくれた専門家たちは皆、ペンギンたちと向き合い、
胸が締め付けられるような緊張感を幾度となく経験しながら、
ペンギンたちの世界とその習慣についていろいろなことを学んだ。
あなたがそのひとつひとつを、私たちと同じように愛で、楽しんでくれるよう願う。
——テュイ・ド・ロイ

プロローグ：ペンギンへの情熱

ペンギンは、その存在が確認されて以来、人を魅了してきた。ながめているだけで笑顔になれたり、くすっと笑えたり、感心したり共感したりできるのは、ペンギンの滑稽なしぐさが、人間のそれを思わせるからかもしれない。陸にいるペンギンの動きは実に人間的で表情豊かなので、私たちは彼らのことを理解した気になってしまう。彼らにも人間と同じような感情の起伏や性格上の欠点があるように錯覚してしまうのだ。さらに、ペンギンが他の野生動物と同様に複雑で謎に満ちた生活をおくっていること、その生活範囲が人間の目の届かない海の中にもおよんでいることを忘れてしまう。

ペンギンはすべて北極や南極に住んでいると思うのも、ありがちな間違いだ。ペンギンの生息域は南半球に限られており、しかも南極点から1200km以内にある南極大陸の海岸線にコロニーを形成するペンギンは4種しかいない。冠羽が特徴のマカロニペンギン属7種は、寒帯前線より北の、南極よりもう少し気候がおだやかな亜南極の島々に住んでいるものがほとんどだ。さらに北に生息しているのは、南アフリカや南米の"雄ロバ"ペンギン（ロバのような鳴き声をするのでそう呼ばれる）」たちだ。ペンギンの中で唯一熱帯に生息しているのはガラパゴスペンギンだ。その生息域は赤道を越えて北半球にまで及ぶこともある。非常に小さいコガタペンギン（フェアリーペンギンとも呼ばれる）や生態が謎に満ちているキガシラペンギンは、オーストラリアやニュージーランドの中でも温帯にかかる地域に巣を作る。したがってペンギンには、荒原や森に住むものはもちろん、夜行性のものもいる。単独行動するものも

いれば、群れをなすものもいる。大きいものでは30 kgもあるが、小さいものだと1 kgくらいしかない。

動物園や本、映画や有名な観光地のおかげで知られているのはごく限られた種のペンギンであり、ペンギン目が18種からなると知っている人は少ない（分類法によっては19種とも言われる）。18種のうち半数以上が辺境の地に生息しているので、観察されたり写真におさめられたりする機会が少なく、それゆえ文献も充実していない。

私と共著者らがこの本を企画しようとした時点でもこういった状況だったので、目にすること自体難しい種も含め、地球上のペンギンの種ひとつひとつをよく知るための十分な時間を確保したかった。そして私たちは15年以上の歳月をかけて世界のペンギンたちに会いに行き、その思い出の記録は膨大なものになった。本書に掲載できたのは、そのほんの一部だ。

その点では、私はガラパゴス諸島で育ったので、有利な環境にあったといえるかもしれない。ガラパゴスペンギンは幼い頃の私にとって隣人のようなもので、水中の生活についてもよく知っていた。時が過ぎ、ニュージーランドに住むようになってからも、あまり知られていない希少種が身近にいる環境だった。シダに覆われた森の下草をかきわけて用心深いフィヨルドランドペンギンの家族をのぞき見たり、キャンベル島で亜南極特有のメガハーブに隠れて、臆病なキガシラペンギンが鮮やかな花々の茂みを早足で横切るのを観察したりした。ジメジメしたタスマニアの海岸で、コガタペンギンが闇に紛れてコソコソと行ったり来たりするのを見ながら一夜を過ごしたこともある。

マークのお気に入りは、亜南極に近いオーストラリアのマッコーリー島でロイヤルペンギンのラッシュアワーを観察した際のエピソードだ。ペンギンたちは、巨大キャベツが生い茂る中、よちよち歩きで道を急ぎながらも、闖入者を間近で見ようと寄り道していったという。また、図々しいジェンツーペンギンがお互いの巣からこっそり石を盗み合っているのを見たのも印象に残っているそうだ。ジュリーは、サウスジョージア島のビーチで好奇心旺盛なキングペンギンのヒナたちが後をついてくるために「ハーメルンの笛吹き男」のような気分になったことや、アルゼンチンのプンタトンボでマゼランペンギンの大群のまっただ中をそぞろ歩いたことが思い出に残っているという。

フォークランド諸島では、荒れた海のうねりにひっくりかえったり弾き飛ばされたりしながらも根気強く崖の下に上陸しようとしているミナミイワトビペンギンの姿に目を奪われた。彼らはそこから高さ30mもある崖を、くちばしや足の爪を使って登り、その上にあるコロニーを目指すのだ。

東南極の氷原で、凍った海面をトボガン（腹ばいで滑って進むこと）で行くエンペラーペンギンの脇を忍び足で歩いたこともある。彼らの長い隊列は、深夜なのにギラギラと照りつける陽光を浴びて大聖堂のようにそびえている氷山の間に消えていった。チリの砂浜沖にある小さなティルゴ島で、背の高いサボテンの根元に巣を作ったフンボルトペンギンの群れの中でキャンプしたこともある。ケープタウンの近くに新しいコロニーを築き上げたケープペンギンの独創性に感嘆したこともあった。彼らは海沿いの人間の住宅地を盾にして、原野の捕食者から身を守っていた。サウスオークニー諸島では、季節外れの暖かさで雪が雨に変わり、アデリーペンギンの軽くてふんわりした羽根も、私の分厚いパーカーもずぶ濡れになったため、体を寄せ合うヒナたちと一緒に寒さに震えることになった。そして辺境のゴフ島では、キタイワトビペンギンの黄金色の冠羽が風になびいて、おかしな表情に見えることに思わず吹き出してしまった。

ペンギン・ウォッチングは、自分たちの内面を考察するのとは比べものにならない多くのことを教えてくれる。

小さな石をくわえて巣へと急ぐヒゲペンギン。卵の周りを水はけよくするのに小石が欠かせない。（エレファント島）

左：好奇心の強いキングペンギンのヒナが興奮状態でジュリーを取り囲む。（サウスジョージア）
右：水中でガラパゴスペンギンと一対一の時間を過ごすテュイ。（バルトロメ島）

ペンギンはどこにいるのか

世界には18種のペンギンがおり、すべて南半球に生息している。とはいえ南極大陸上、もしくはその近くにコロニーを作るのは4種のみであり、赤道近くに暮らすものも1種いる。そのほかの種の採餌や繁殖は、夏と冬の海氷の状況や南極収束線（寒帯前線ともいう）の位置など、それぞれの地域の海洋が持つ特色に影響を受けることが多い。南緯60度までが法的に南極および南極海とされ、ここでは人間の活動は南極条約にもとづいて制限される。この地図にある場所の名前はペンギンの主な繁殖地である。赤い矢印は、本書掲載の写真を撮影した場所を示す。私たちは20年以上かけてペンギンの多く生息する地域をめぐったのである。

ペンギンの繁殖地の分布

南方に生息するペンギン種では、それぞれの種の繁殖地は南極点を中心とした同心円上に分布している。たとえばエンペラーペンギン（**前頁**）は、南極大陸の氷を縁取るように分布しているし、アデリーペンギン（**上**）は氷の近くを好むものの南緯54度から77度の氷雪から露出した岩場に巣を作る。キングペンギン（**前頁下**）は南極収束線周辺の島々におり、ミナミイワトビペンギン（**下**）は南極収束線のやや北に住む。ジェンツーペンギン（**さらに下**）は雪深い南極半島から亜南極のフォークランド諸島までさまざまな地域に生息する。個別の種の詳細な生息地については第3章を参照してほしい。

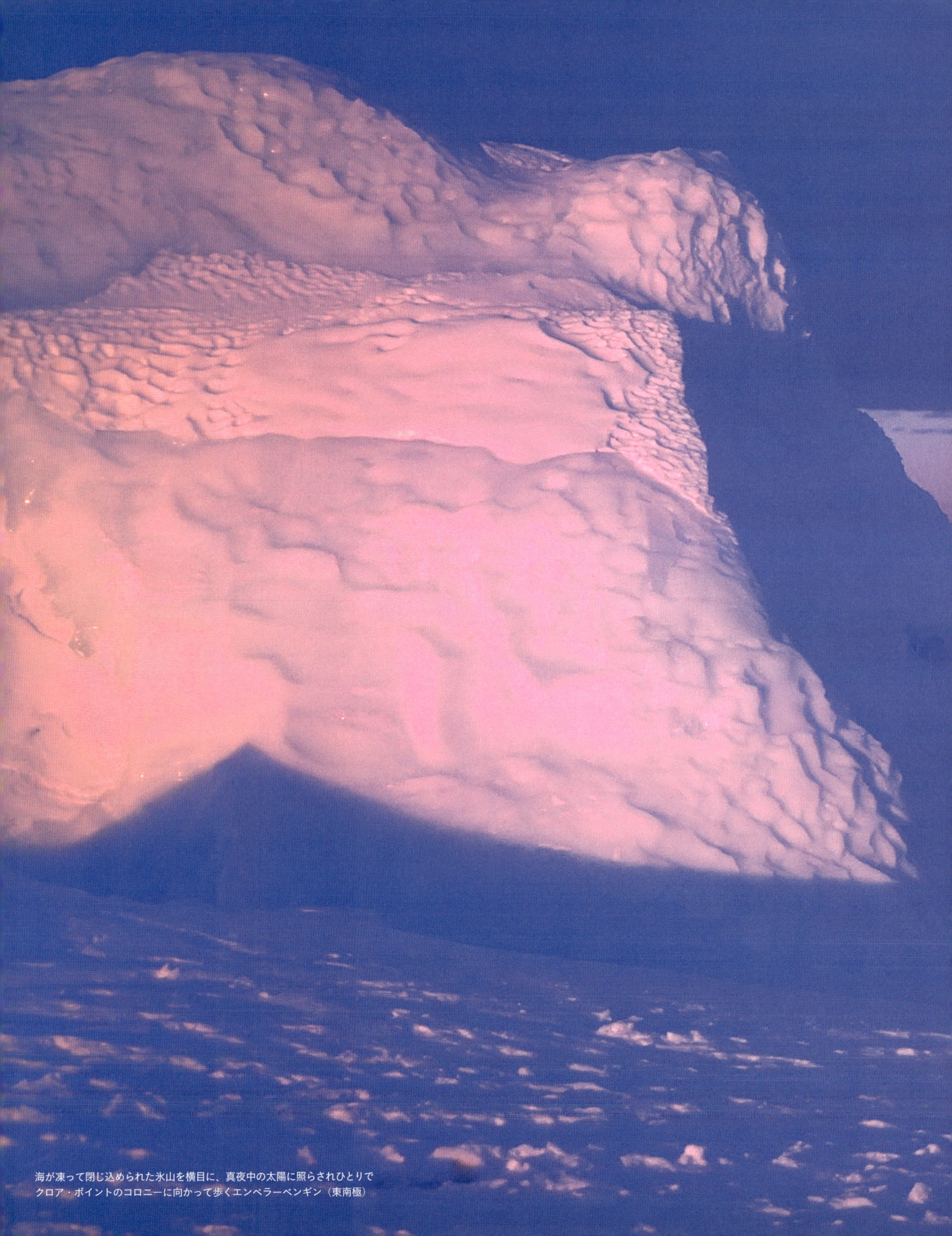

海が凍って閉じ込められた氷山を横目に、真夜中の太陽に照らされひとりで
クロア・ポイントのコロニーに向かって歩くエンペラーペンギン（東南極）

① 二つの世界のあいだに
テュイ・ド・ロイ

フルスピードで潜ったり跳ねたりしながら、
コロニーに向かって透き通った水の中を泳ぐジェンツーペンギン。（フォークランド諸島）

上：大切な卵を慎重に相手の足にのせて、抱卵を交代するキングペンギンのつがい。（フォークランド諸島）

ペンギンの生活史

　南極のロス海では、3月初旬に短い夏が終わる。暗く立ちこめた空にはインクで塗りつぶしたような紫色の雲がひろがり、水平線には激しく雪が降っている。常にぬかるんでいる地面には新しい砂埃が積もっている。火山活動によってできた黒い砂浜にはギザギザの氷塊が壁のように押し寄せ、ギシギシと音を立てている。かつては丸い海氷だったものが荒波に打ち上げられているのだ。この浮世離れした景色の中に、小さい白黒のものがたくさんうごめいているのが見える。慌ててよろめいたり、跳ねたり、鋭い鳴き声をあげたりしながら、氷を乗り越えて海を目指している。そして、陸からは何万という個体が平地の川のように流れ出ており、その向こうの急な氷の坂を転げ落ちてくるものも無数にいる。

新天地を求めて移動する冬

　アデリーペンギンは最も南に生息する種であり、アデア岬に世界最大のコロニーがある。100万羽のうち、多い年には25万羽ほどの若いペンギンが新しい生活を始めるべく巣を離れて海に出る。彼らは期待に満ちて出発するが、外の世界のことは本能的に感じとっているだけで、実際に知っているわけではない。これから未知の世界に飛び込むというのに、ほとんどのペンギンは泳ぐ最高速度を無邪気にひけらかしたり、短い幼少期のなごりの羽毛をからかい合ったりしている。しかし彼らは、さなぎが蝶になるときのように、あるいはトンボのヤゴがぬかるんだ葦原から出てきて急に風にさらされるときのように、劇的な生活の変化を迎えようとしている。ヒナの羽毛（綿羽）は乾いているときにしか保温効果がないが、それが防水仕様の羽根（正羽）に全身生え換わり、水中でも体を温かくて乾いた状態に保てるようになる。巣を出る若いペンギンたちは、成鳥の8割程度の大きさしかないものの、準備は整っている。

　私は座ってしばらく眺めていた。集まってくるペンギンは増えるばかりで、沖の氷上で甲高い声で応援する成鳥たちにせかされながら、暗い海に誘われ

ゆっくり「おじぎ」しあうエンペラーペンギンのつがい。(ウェッデル海)

左：陸に上がって体を乾かすキタイワトビペンギン。(トリスタンダクーニャ、ナイチンゲール島)
右：コロニーの真ん中で「スカイ・ポインティング」をしてアピールするアデリーペンギンのオス。他のペンギンたちはウェッデル海の吹雪の中、うずくまって卵を温めている。

るように飛び込んだり潜ったりしている。あるいはぐらぐらする氷山片を滑ったり落っこちたりしながら不格好によじ登っていく。これほどの困難が待ち受けているにもかかわらず、旅に出たいという彼らの思いは揺らぐことがない。彼らを見ていると、まるで旅に出ないと生きていけないかのようだが、実際そうなのだ。解き放たれた興奮と固い決意は、岸に集う仲間が増えるにつれ大きくなり、伝染していく。彼らを見ていると、この「通過儀礼」を乗り越えられれば、どんな困難も恐れるにたりないだろうと思う。

もちろん、落伍者も多い。それが地球に生きるものの宿命だ。この段階で、まだ数十羽のヒナが親や群れの元に残って小石の巣にいた。卵の殻を破って出てくるのが遅かったとか、親が未熟で隣近所のヒナと比べてもらえる餌が少なかったといった理由で、遅れを取ったのだ。そういったヒナたちは羽毛が海での生活向けに生え換わっていないので、トウゾクカモメやオオフルマカモメが捕食しにきたときに逃げ場がなくて生き残れない。

巣立つペンギンたちにとって第一の関門は、張り出した氷の突端に立ったとき訪れる。そこで初めて海というものを見るわけだが、若いペンギンたちはまったくの素人にもかかわらずやる気にだけは満ちあふれているので、ある者は頭から、またある者は足から慌てて飛び込んでいく。着水して初めて泳げないことに気づくのだが、そんなことはお構いなしだ。ペンギンたちは次々と音を立てて海に飛び込むものの、初めは沈んでしまう。小さな足ひれを必死にばたばたさせて、沈んでしまった体を水面あたりまで持ち上げようとする。大した成果も得られずに数分を過ごしたのち、やっと翼の役割に気づく。ペンギンの翼は水中で飛ぶように泳げるよう進化しているのだ。これからは、水面に出るのは息継ぎをするときと、密生した羽根を羽づくろいして、その間の空気の層に空気を入れ直すときだけでだけでいい。

南極大陸中で、同じような光景が繰り広げられる。アデリーペンギンの冬の大移動は、あちこちで進行する。自然災害から逃れて人間が移動するように、アデリーペンギンは厳寒期を逃れるために北を目指さなければならない。ヒゲペンギンも南極半島や周辺の島々で同じような行動をとる。南極圏から緯度にして数度離れたあたりから出発し、数千キロ北上して、冬の最適な住処である流氷の先端部へ移動する。亜南極の島々より南のあたりでは、冠羽のあるペンギン数種が大量に同じような旅に出る。

特筆すべきは、2種のペンギンだけはその他の種とは逆に、南にある冬の暗がりを目指すということだ。キングペンギンは南極大陸周辺の島々に沿って巣を作る。そこは南極収束線もしくは寒帯前線と呼ばれ、海洋学的に豊かな潮流の境目(潮目)である。キングペンギンは季節にかかわらず年間を通して繁殖する。ヒナは大型だが一人前になるまでに1年近くかかる。冬には両親が餌を探してより南方の浮氷帯の縁まで移動するため、数カ月間ヒナだけで過ごす。キングペンギンの親鳥が向かった浮氷帯には、より大型の近縁種で、ペンギン全種の中で最も南に分布するエンペラーペンギンがいる。詳細は本書で

春に緑の芝生の上で胸を張って立つキングペンギンたち。集団で求愛行動をしている。（フォークランド諸島、ヴォランティアビーチ）

も後々取り上げるが、エンペラーペンギンは悪条件に挑むかのように冬に南を目指し、不安定な凍った海の上で卵を産み育てる。

何をもってペンギンとするか？

ペンギンは種も多く、多様な生態を持っているが、すべてのペンギンは生物学的に相容れないふたつの活動をこなさなくてはならない。すなわち、ひとつは得意な海での生活。もうひとつは陸上での繁殖活動で、こちらは陸向きに生まれついていないペンギンにとって持てる限りの能力と気力を発揮して取り組む必要がある仕事とも言える。

立ち姿、歩き方、装い、個性、社交性、好奇心、活動的なところや短気なところなど、陸上にいるときのペンギンのさまざまな仕草は、私たち人間のそれを思わせる。人間が自らの姿を投影できるからこそペンギンは人気があり、どことなく親しみが湧くのだが、だからといってペンギンが本来、驚異的な生物である事実を忘れてはいけない。ペンギンは、鳥類が空を飛び始めて間もなく鳥のライフスタイルを捨て、恐竜たちが滅びる頃には海へと回帰した異色の存在なのだ。

海の中でペンギンにとって一番大切なのは保温のための代謝だが、陸の上では放熱のための代謝が必要になることも多い。その両方を実現するのに、ペンギンは驚くべき一連の適応を果たしてきた。密生した羽根はうろこのようにくっつきあって水を通さない。ちょうどダイバーがフリースの下着とネオプレンのドライスーツを重ね着しているように、毛足が長い綿羽の「下着」と鳥類で最高密度を誇る羽毛の層が空気をうまく閉じ込める。さらに保温機能を高めるために、皮下脂肪が何層にもついている。しかし陸上では蓄熱しすぎると命に関わるため、羽根を立ち上げて空気を入れ換えられるようになっている。そして、浅く速く呼吸して喉の内側から水分を気化させて体を冷やす。

ペンギンは他にも体温調節機能を持っている。たとえば翼の骨に沿って伸びている静脈と動脈の間で熱交換するなどの複雑なシステムがあり、脚部や翼が周りの水温と同じくらい冷たくなっても体幹の温度を一定に保つことが出来る。さらに、陸上にいるときは同じシステムが逆に働き、温まった血液が羽

夕闇が迫る頃のゆるやかな日の光を受け、イワトビペンギンが波間をぬって浜に上がる姿が見える。(フォークランド諸島、サンダース島)

根の少ない翼の先端部に流れて、余分な熱を放出する。気温が高いときや激しい運動をした後などは、翼の内側がピンク色に染まるほどだ。

また、ペンギンは完全に水陸両用である。海中では翼は推進力を生み、足は舵取りをするといった具合に、素早く機敏に移動するのに四肢が最適化されている。陸に上がると、四肢はまったく別の機能を持ち、翼はバランスをとるためのもの、足は氷上を歩くためのアイゼン付きの頑丈なブーツのような働きをする。種によっては、おもちゃのホッピングのように跳ねて、体長の数倍もの高さがある岩をよじ登り乗り越えていくものもいる。

海での生活

営巣地を離れると、ペンギンはその本領を発揮する。親元を離れたり、通勤など決まった生活から解き放たれたりした人間のように、巣を出たペンギンは遠くまで行こうとする。海上では仲間とはぐれないように、風や波の音に負けないくらい大きな声を出す。陸上で聞かれない、鋭く耳障りな声だ。アデリーペンギン、ヒゲペンギン、そしてエンペラーペンギンの一部は、餌をとっていないときは浮氷の上で休みながら、浮氷とともに移動する。一方、イワトビペンギンやマカロニペンギン、キングペンギンなど、ペンギンの多くの種は何もない海へと飛び出していき、岸から数千とはいわないまでも、数百キロは離れたところで生活する。イルカのように水面で潜ったり跳ねたりしながら泳ぎ、岸を離れて何ヵ月も過ごす。南極大陸近くの荒れた海を航行中に、うなる風音の中に「クーッ」という鋭い鳴き声が聞こえたかと思ったら、泡立つ波間を弾丸のように速く泳ぐペンギンの姿がちらっと見えて驚嘆したことが幾度かある。

ペンギンの泳ぎの最高速度記録はジェンツーペンギンの時速36 kmだが、流線型のキングペンギンのほうが速い可能性もある。一番深く潜った記録を

持っているのはエンペラーペンギンで、普通のペンギンは3分から6分かけて100mから120m潜るところを、9分間もかけて564m潜ったという。一番長い時間潜った記録もエンペラーペンギンが持っており、22分間も息継ぎなしに潜ったという。

巣をつくるとき以外にペンギンが陸にあがるのは、羽根が生え換わる「換羽」のときだけだ。普通、他の鳥類の羽根は少量ずつ生え換わっていくのに対し、ペンギンでは全身の羽根が「一気に」生え換わる。部分的に羽根が抜けた状態では水中で温かさを保てないので、一気に生え換わるようになっているのだ。したがって、冬が本格化する前に陸にあがる必要がある。換羽前には皮下脂肪を最大限まとって新しい羽根が生えるまで持ちこたえられるようにする。羽根が抜けて寒く、おなかを空かせたまま、3週間から4週間も陸にいつづけるという試練に耐える。換羽が完了すれば、そこから1年間は海に出ても大丈夫だ。

ペンギンの化石は少なすぎて、どうやって今の姿まで進化したのかをうかがい知るのは難しい。とはいえ、今のところ確認されている最古のペンギンの化石は6000万年前のものだが、そこにはすでに現代のペンギンの姿の原型を見て取れるから驚きだ。私が共著者たちとともに世界中のペンギン研究者に呼びかけて、新たな発見や経験談を自分の言葉で書き綴って本書に寄稿してくれないかと頼むと、目を引くデータや発見が次々と出てきた。それらを総合すると、ペンギンが陸と海というまったく異なる世界を日常的に行き来し、その両方で能力を存分に発揮するために、数百万年という時間をかけていかに緻密な調整がなされたかが見えてくる。この点においてペンギンは、アザラシ、カメ、鯨類など肺呼吸をする他のどんな動物よりも進化している。このように並外れた適応によって、ペンギンは南極海で最も小さい温血動物となった。そして最も鳥らしくない鳥となったのである。

左上：数羽ずつに分かれて、溶岩でできた岩場を泳ぎ、日課の餌取りに向かうガラパゴスペンギン。（バルトロメ島、ガラパゴス諸島）
右上：活気あふれるコロニーがある陸地に向かうため、浅瀬の流れに逆らって泳ぐマゼランペンギン。（チリのパタゴニア地方、セノ・オトウェイ）
下：その日の漁を終えてヒナのもとへ帰るジェンツーペンギン。「イルカ泳ぎ」をすると減速せずに息継ぎできる。（南極半島）

ペンギンの生活史　029

マゼランペンギンのつがい。
求愛行動にはいろいろな表現方法があるが、
少し背の高いオスが、翼を振るわせてメスをなでている。
(アルゼンチン、パタゴニア地方)

1
ストライプの「ロバ声」カルテット

　地球上で最も北に生息しているのはいわゆる "雄ロバ" ペンギン（ロバのような鳴き声をするのでそう呼ばれる）のグループで、南米とアフリカ南部、およびその周辺の島々に住んでいる。ほとんどすべてのペンギンに共通の白と黒の色分け以外に、顔から首、胸にかけて白黒の帯状の模様があり、これには多くのバリエーションがある。目とくちばしの周囲にはほんのりピンク色の斑紋があるが、温帯に住む個体ではこれがより流線型になり、周りとの差が小さくなっている。ペンギンの中でも観察しやすいグループだが、その存在をおびやかす要因も多く、保護活動家が取り組むべき問題は山積している。他の種よりも人間と生活圏が近いため、人間の有害な活動にさらされることも少なくない。

ガラパゴスペンギン

　私はガラパゴス諸島で生まれ育ち、35年その地で暮らした。林立する大きなサボテン、日にさらされた溶岩流、エンゼルフィッシュの群れ、波打ち際のウミガメ。これらはいずれもペンギンの背景には思い描きにくい要素かもしれないが、これらは私にとっては、小さい頃や写真を始めて間もない頃の大切な思い出の風景だ。静かな夜、星の下で眠っていると、巣に戻るペンギンのもの悲しい鳴き声で静寂が破られることがよくあった。ギザギザした溶岩の突端で、恋をしているつがいがせつない声で「オー、ヒーホー」と長く鳴くさまは、遠くで響く霧笛を思わせる。私はこの声を聞くと、地球上で最も活動的な火山帯から吹き出た溶岩と極寒の海とが出会うフェルナンディナ島やイザベラ島の西部の、この世のものとは思えない風景を思い出す。ここの気候は独特で、陸地はあたかも砂漠のようであり、海の中ではペンギン、ウミイグアナ、オットセイ、ガラパゴスコバネウ、マンボウやマッコウクジラなど多種多様な生物がプランクトンの豊富な生活環境を共有している。

　フェルナンディナ島のダグラス岬周辺は、ガラパゴスペンギンにとって絶好の環境だ。このあたりは、

上：魚の群れを探して砂の海底に沿って泳ぐガラパゴスペンギン（ガラパゴス諸島、ソンブレロチノ）

1：ストライプの「ロバ声」カルテット　031

ガラパゴスペンギン

上：その日の漁を終えて、一緒に来た仲間たちに合流するため、もの悲しい声で呼びかける成鳥。（イサベラ島、エリザベスベイ）

　赤道付近としては例外的に海水の温度が低く、海岸では季節の変わり目に濃い霧が立ちこめることがよくある。波打ち際から数メートルのところで湿った冷たい風を避けながら寝袋の中で縮こまって耳を澄ませているとペンギンの声が近づいてきた。じっと息を潜めていると、私のすぐそばをペンギンが足を引きずって通り過ぎていくのを感じた。夜明けの薄明かりの中で、つがいが求愛行動をしている。お互いの周りをぴょんぴょん回り、なにかつぶやきながら頭を上下にぶんぶん振ったり、硬い翼でお互いの背中をパタパタ撫でたりしている。彼らはすぐに、浜を囲む溶岩の下の暗い隙間や小さなトンネルへと消えていった。ガラパゴスペンギンはシャイで内気なので、もっと南に住む騒々しさとだらしのなさで悪名高い種とは似ても似つかない。ガラパゴスペンギンは、ペンギンの中でも最も観察の機会が得にくく、大きさで言うと2番目に小型である。背は35cmしかなく、体重も2kg程度しかない。現在生息している数は2000羽ほどにすぎない。ガラパゴスペンギンの祖先は、南アメリカ大陸西部に沿って南極海から流入する冷たい南赤道海流やペルー海流に乗って、仲間と別れて赤道まで北上してきた。ペンギンが適応できる最終到達地点を表していると言えるかもしれない。

　ガラパゴスペンギンたちが赤道直下に暮らし、個体によっては赤道の北にまで足を延ばすことができるのは一癖ある気候のおかげだ。太平洋には水中を西から東へ流れる細いクロムウェル海流（赤道潜流とも言う）があり、それがガラパゴス海台の西端に沿って深海から急激に上昇しているのだ。これによ

波に洗われる火山岩の上で休む幼鳥と成鳥のグループ。(イサベラ島南岸)

溶岩の隙間を入念に調べ、将来の巣作りに備えるオス。繁殖期のため、のどが膨らんでいる。(フェルナンディナ島、ダグラス岬)

大きなあくび。とげのある舌と口蓋はすべりやすい餌を捕らえるのに役立つ。ガラパゴスペンギンの場合、胸と顔の縞模様はそれほどはっきりしていない。

1:ストライプの「ロバ声」カルテット 033

ガラパゴスペンギン

上および右：餌を採るときは単独か、数羽ずつのグループに分かれることが多い。小魚の群を下から追い詰めるときは、期待と不安が入り交じる。通常、魚の後方から迫って捕食する。

り深海の栄養塩類が上へと運ばれ、日に当たることで、おびただしい数の生物が養われる。ペンギンもその恩恵にあずかっているというわけだ。おかげでガラパゴスペンギンは、他の種のペンギンと違って岸に近いところで餌を捕れるため、200 m 以上沖に出ることはまれだ。その生息域は曲がりくねった350 km 程度の長さの海岸線で、行動範囲は長さ150 km、幅50 km 程度しかない。他の島々に足を延ばすことがあったとしても、立ち寄る程度だ。海鳥類の中でも生息数がきわめて少なく、ごく限られた地域にしか生息しない理由はここにある。現代のペンギンが生きられるぎりぎりの条件の下に生息しているため、ガラパゴスペンギンは環境の変化にとても弱い。

上：日課の餌採りの途中、岸に上がって夕日を受けながらうたた寝するペンギン。四季を問わず換羽できるため羽根の新しさによって個体ごとに色が違う。（バルトロメ島）
左：漁の途中で息継ぎのために顔を出したペンギン。（イサベラ島ビジャミル）

上と右ページ：南米の西岸を北へと流れる冷たいフンボルト海流（ペルー海流）にちなんで名付けられたフンボルトペンギンは、ペルーのセチュラ砂漠やチリ北部のアタカマ砂漠付近の島々に巣を作る。（チリ、ティルゴ島）

フンボルトペンギン

　ガラパゴスペンギンとの初めての遭遇からちょうど40年後、私は再び、サボテンが林立する砂漠からなる島でキャンプをすることになった。ただし今度はガラパゴスから4000kmほど南にある島だ。冷たく湿った空気の夜明けに、再びペンギンのもの悲しい鳴き声を聞いた。ここの海は豊かだが、強い海風を受ける陸地は不毛だ。岩だらけの岸から聞こえてくる鳴き声は、ガラパゴスペンギンよりハスキーだ。私は、ガラパゴスペンギンの直系の祖先であるフンボルトペンギンに会うためにやって来た。フンボルトペンギンは、その名の由来であるフンボルト海流（ペルー海流）の恩恵にあずかりながら暮らしている。見ていると、十数羽ごとのグループに分かれて、ケルプの生い茂る海から岸に上がってきた。フンボルトペンギンは神経質で、何かが動くのを見ただけで簡単にパニックに陥る。そのせいもあって、人間に発見されたのはだいぶ昔なのに、ほとんど人慣れしていない。

　昔のフンボルトペンギンの主な生息地はペルー沿岸のグアノ（鳥の糞の堆積物）が堆積した島々で、百万羽とは言わないまでも、かなりの数が生息していた。食物連鎖において動物プランクトン類ではなく植物プランクトンを食べるカタクチイワシを主食としていたので、これが商業用に乱獲されるまでフンボルトペンギンの数は増え続けた。雨の降らないこの島々にはペンギンだけが生息しており、数世紀分積もったグアノに巣穴を掘って暮らしていた。

　こうして保たれていた平穏な環境は19世紀に壊されることとなる。海鳥のグアノは「夢の」天然肥料だと言われるようになり、40年間で2000万トンがペルーから輸出されたのだ。グアノが積もっていた島々は掘り返されて文字通り裸にされ、島の高さは10m以上低くなり、ペンギンが巣をつくる場所がなくなってしまった。さらに魚粉ビジネスが台頭し、イワシをとりつくしてしまった。

　食物が減り、巣を作る場所も少なくなると、ペン

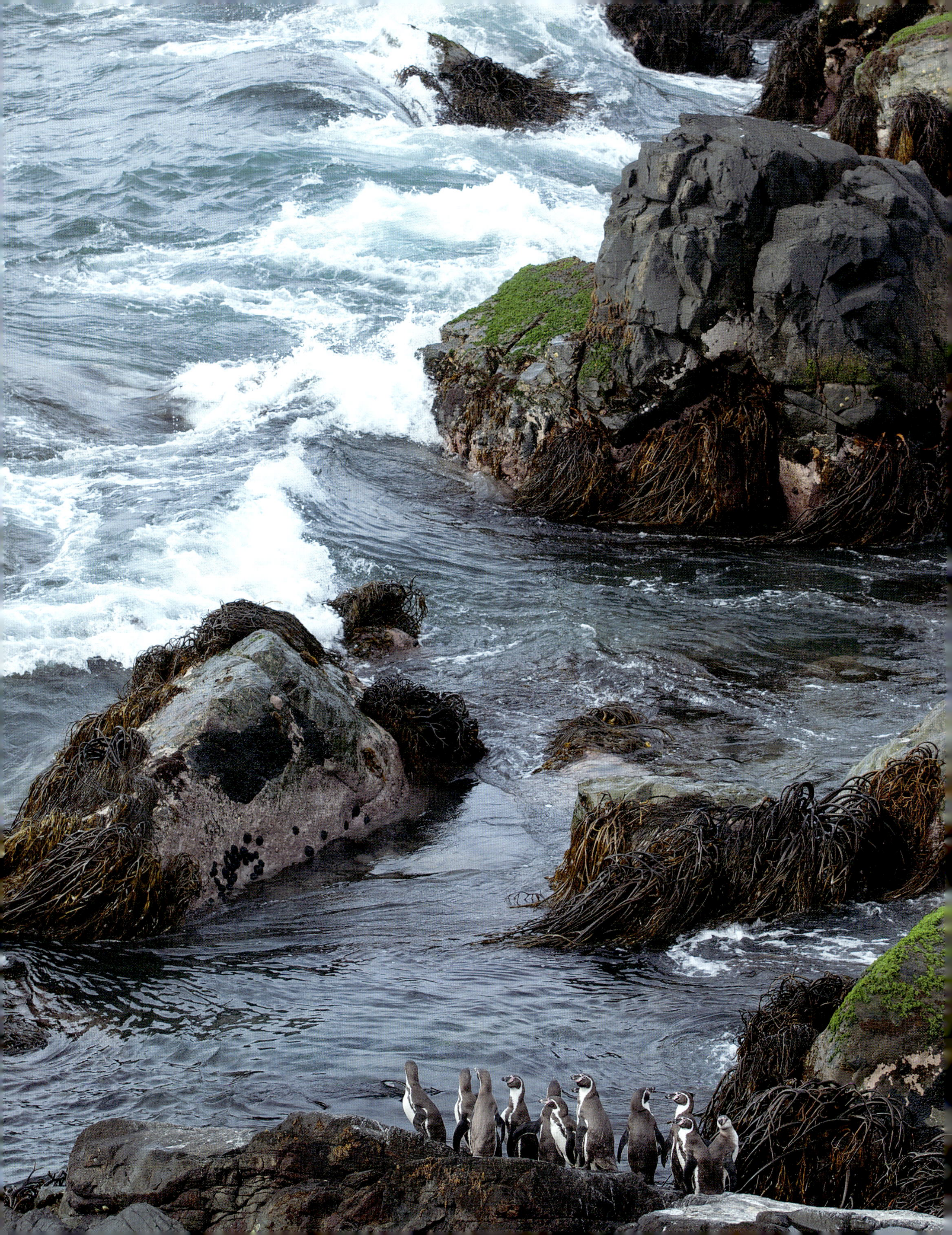

上と右：19世紀後半から20世紀初頭にかけてグアノが肥料として掘り返されてしまったことで、フンボルトペンギンが巣穴を掘る場所がなくなった。今では岩の洞窟や割れ目を見つけては岩くずを使って隠れている。（チリ、ティルゴ島）

上：北よりに住むフンボルトペンギンの置かれる環境は、海には海草が豊かに生い茂っているのと比べると、陸は殺風景である。チリ沖の島々ではちょっとした隠れ場所にたたずむペンギンが見られる。

左と下：フンボルト海流の湧昇にともない深海の栄養塩類が海面に上がってきて、ペンギンにとって欠かせないジャイアントケルプやイワシの群れなどを養っている。

ギンの卵は漁師に奪われ、成鳥や幼鳥までもが食用や釣りの餌用に密漁された。ペルーのフンボルトペンギンの数は徐々に減り、生き残りはわずかになってしまった。現在はプンタサンフアンなどの保護区域がいくつかあり、フンボルトペンギンが戻って来つつある。

チリのティルゴ島では、少数のペンギンが安全な環境下にある。近くのチョロス島やチャニャラル島と違ってティルゴ島は公に保護されているわけではないのに、南半球の冬の頃に私が訪れたときには、ペンギンたちはことのほか元気にしていた。岩の割れ目や洞窟、もしくは砂漠のとげとげした草木の下に巣を作り、多くのペンギンが近くの豊かな海の恵みのもと、まるまると太ったヒナを育てていた。腹を空かせたヒメコンドルの鋭い目や、背の高いサボテンの頂点にある巣からひっきりなしに聞こえてくる若いナンベイヒメウの声の下をくぐり、ペンギン

1：ストライプの「ロバ声」カルテット　039

▍マゼランペンギン
風の吹きすさぶビーチに集団で上がったマゼランペンギン。（フォークランド諸島）

たちは、サボテンの合間の踏み固められた道を静かに行き来している。アタカマ砂漠南部の沿岸からわずかな距離なのに、夜中に島を歩き回っているのは砂漠に住むネズミくらいのもので、ペンギンを捕食するものが海峡を越えてくることはない。

　岸辺に生い茂るケルプの間を通り抜けて行き来したり、集団で上陸して羽づくろいしていたり、ヒナにせっせと餌をやったりしているペンギンを見ていると、私はなんて運がいいんだろうと思えてくる。ペンギンたちに囲まれ、秘密に満ちた生活をともにしているかのようだ。

マゼランペンギン

　運がいいといえば、フォークランド諸島の海岸沿いで長期間キャンプしながらトレッキングした時のことを思い出す。冷たい海風の開放感に浸りながら、パートナーと私は谷に生える草木の間や背の高い草の陰に毎晩小さなテントを張って、マゼランペンギンが声を張り上げて呼び交わすのを聞いた。雨の降る朝に谷に響く、うら悲しいセレナーデのようなペンギンの声で目覚めることも多かった。小さな群れが挨拶をかわしたり求愛したりする声だ。

　マゼランペンギンは深い穴の中で卵をかえしヒナを育てるため捕食者に襲われにくい。これは、地表に巣をつくる種のペンギンにはない利点だ。くちばしが他の種と比べてとりわけ鋭くて強く、また怒りっぽい性格も手伝って、巣穴にいるマゼランペンギンは詮索好きのトウゾクカモメやオオフルマカモメなどの「巣穴強盗」たちをたやすく追い払うことができる（人間たちも巣を狙った。かつてフォークランドには多くの卵採集人がいた。政府が定めた「卵取りの日」には学校は休みで、子供たちが何万個という卵を集めた。卵は島民たちの冬場の食料として保存された）。

　マゼランペンギンはこのように効果的に身を守ることができるため、アルゼンチンのパタゴニア地方沿岸、とくにプンタトンボからティエラ・デル・フ

南米大陸の海岸にあるマゼランペンギンのコロニーは島嶼部にあるコロニーと比べて大きく、密度も高い。
そのほうが捕食者を追い払いやすいのかもしれない。（アルゼンチン、パタゴニア地方、ドス・バイアス岬）

巣穴の入り口でうとうとする親子。（パタゴニア地方）

海岸で交尾するつがい。（チリ南部、セノ・オトウェイ）

1：ストライプの「ロバ声」カルテット　　041

朝日が雲の隙間から差し込む頃、餌採りの前に波打ち際で交流するために集う成鳥。(フォークランド諸島、サンダース島)。

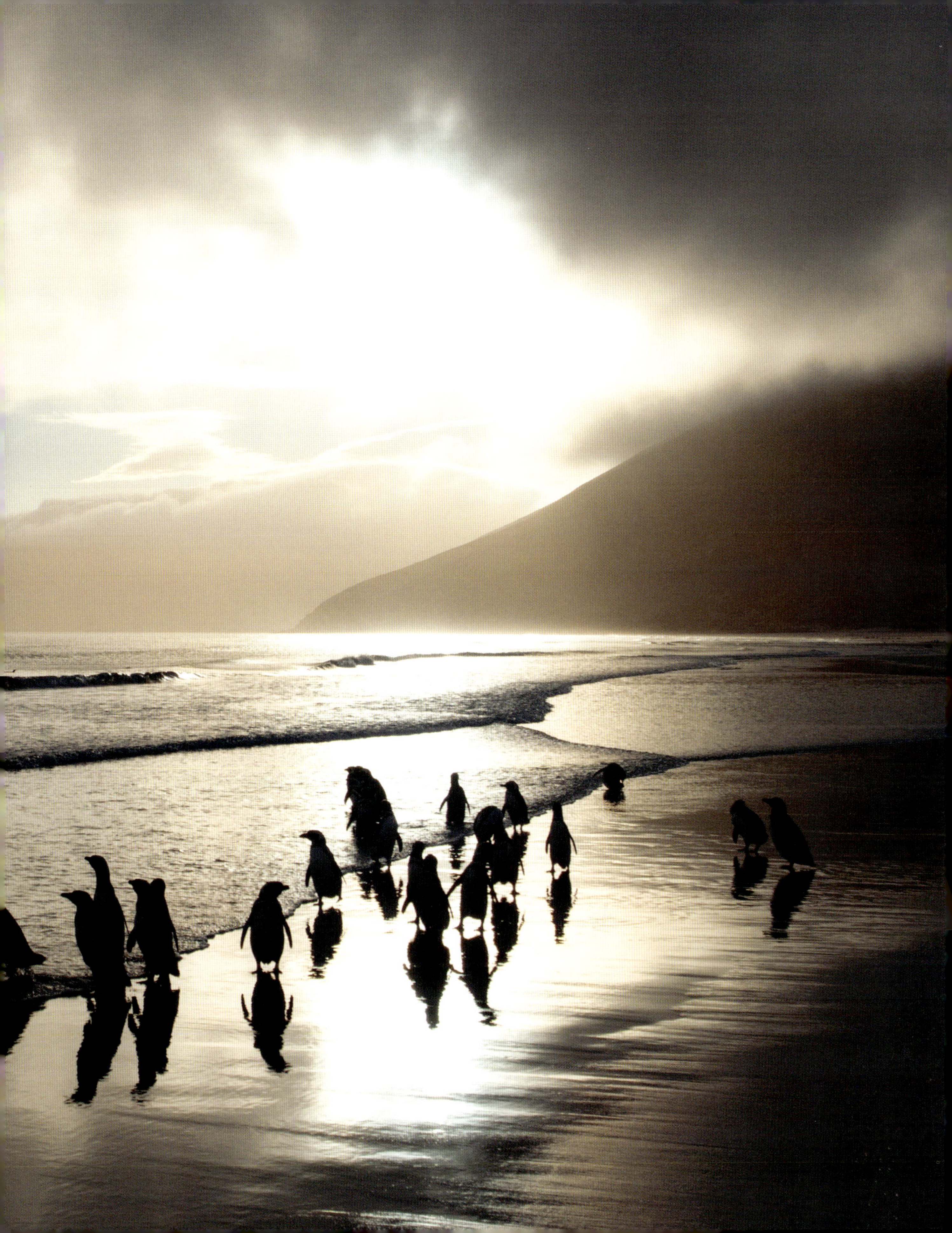

| マゼランペンギン

挨拶も求愛行動も、マゼランペンギン独特の雄ロバのような大きく長い鳴き声である。(フォークランド諸島、ウェスト・ポイント島)

頭を振ったりくちばしをつつきあったりして集団で求愛行動をとることも珍しくない。(チリ、セノ・オトウェイ)

古い氷河堆積物があるので、草の根の間に新しい巣穴を掘るのは大変だ。(アルゼンチン、ビーグル水道)

巣穴をきれいに整えたら、次は草を敷き詰める。(チリ、セノ・オトウェイ)

044　1　二つの世界のあいだに

マゼランペンギンのヒナは成長して模様がはっきりしてくるにつれて、巣穴から出てきて親鳥とともに日光浴をするようになる。(フォークランド諸島、サンダース島)

エゴにかけて、またチリの太平洋岸のフィヨルドまで、南米大陸にたくさんのコロニーを形成できた。なかには巨大なコロニーもあり、見渡すかぎり巣穴だらけという場所もある。マゼランペンギンはバルパライソ付近で、より南に住んでいるフンボルトペンギンと出会うことがある。異なる2種のペンギンが入り交じって、同じ場所でヒナに餌を与えている光景はとても興味深い。この2種は首の縞模様が異なるので、海にいても容易に見分けがつく。ビーグル水道では、この2種ともがジェンツーペンギンと一緒に泳いでいるのを見たこともある。巣を作る場所が違うということはほとんど共通点がないに等しいだけに、不思議さが募る。しかしどこであれ、マゼランペンギンの縞模様が波間に閃き、群れでビーチに上がっては、アシカの手の届かないところまで全力で走り抜けるさまは、いつ見てもハラハラする。

ケープペンギン

ペンギンは南極に住む鳥だと考えてしまいがちなので、アフリカの地名を冠した「ケープペンギン」

お互いに羽づくろいするのも求愛し絆を深めるのに欠かせない行動だ。(アルゼンチン、ドス・バイアス岬)

1：ストライプの「ロバ声」カルテット　　045

■ ケープペンギン

ケープタウン郊外、サイモンズタウン近くにある巣に向かう途中、ボールダーズビーチで海面に露出した花崗岩に乗る成鳥。当地の住宅開発によって、はからずも外敵から守られることになり、結果としてケープタウン界隈のコロニーは繁栄している。

という呼称にはどこか不思議な響きがあるかもしれない。花崗岩の岬の上にに別荘が立ち並んでいる土地で、ケープペンギンがターコイズブルーの海から絵に描いたように真っ白な砂浜にヒョコヒョコと上がってきたのを初めて見たときは、ペンギンが地中海リゾートを満喫しているかのように思えたものだ。

実際、南アフリカの喜望峰のインド洋側、ボールダーズビーチにあるコロニーは比較的新しく、1982年に2組のつがいが住宅地と海の間にヒナを育てられる環境を見出したところから始まっている。海岸沿いに自然界の天敵がいなかったため、ケープペンギンの数はさらに増えた。今では3000羽ほどのコロニーにまで成長し、年間6万人が見学に訪れる。より自然に近い環境にある他のコロニーでは個体数が減少傾向にあるのに対し、ここでは環境収容力の限界に近づくほどケープペンギンが順調に増えている。騒音や悪臭への住民の苦情に配慮して、今では住宅街とコロニーの間にフェンスが設けられている。

喜望峰の大西洋側にはケープタウン沖にロベン島というところがある。ネルソン・マンデラがアパルトヘイトに抵抗して27年も投獄されるなど、ロベン島は流刑地として暗くてただならぬ歴史があるにもかかわらず、ケープペンギンにとってはここも格好の営巣地となっている。私はこの島で、テーブルマウンテンの輪郭が薄紅色の空に映え、ケープタウンに明かりが灯り始める夕暮れ時に、列をなして帰ってくるペンギンを見た。自分たちのことで精一杯の様子で、ペンギンたちは滑りやすい岩を乗り越えて陸に上がっていた。コンクリートの港や立ち並ぶ建造物を回り込む知恵があるのだから大したものだ。低木の茂みの中のよく踏みならされた道を抜けると、その奥にはうまく隠された営巣地がある。

ケープペンギンもまた「足黒ペンギン」とか「"雄ロバ"ペンギン」などと呼ばれることがある。ヨーロッパ人の記録に初めて登場するのは1497年、ポルトガルの航海士バスコ・ダ・ガマがインドへの航海の途中で南アフリカを通りかかった際のことだ。だが、この出会いはペンギンにとっては災難だったようだ。「我々が可能な限り捕まえて食用にしたこ

胸の斑点と黒い足を持つ(「足黒ペンギン」とも呼ばれる)ケープペンギンは、1497年のヨーロッパの船乗りの記録に初めて登場し、その鳴き声はロバさながらだったと記述されている。

の鳥は雄ロバのような鳴き声で……」と記述があるのだ。またケープペンギンは、北半球の動物園や水族館にたくさんいるが、これは自然の生息地と気候が似ていれば、狭いところでもうまく繁殖できるからである。とはいえ、ケープペンギンの前途は依然として多難だ。20世紀には150万羽といわれた個体数も、今では2万5000程度のつがいしか残っておらず、その数は減る一方だ。人間がこの地域に移住してきた当初、ペンギンは大量に食用にされた。海岸沿いの開発や、相次ぐ大型タンカーの事故(アフリカ南部は海が荒いことで有名なのだ)による重油の流出により、ペンギンたちはますます追い込まれた。

さらに21世紀に入って以降、ペンギンの餌となるイワシの回遊域が、地球温暖化と乱獲の影響でどんどん南下している。餌場までの距離が遠くなったせいで、ヒナに十分食べさせてやれず、繁殖に失敗するケースが増えている。ケープペンギンは私たち人間がいちばんよく知っているペンギンだが、はたして22世紀になってもその姿を見ることができるだろうか。

羽づくろいをするための岩陰を探すつがい。(南アフリカ、ボールダーズビーチ)

1:ストライプの「ロバ声」カルテット　　047

密集したアデリーペンギンのコロニーは文字どおり景色に彩りを添えている。
オキアミを食べるアデリーペンギンの糞は赤っぽく色づいており、
雪解けの後に色鮮やかな藻類や苔が育つ養分となる。
(サウスシェトランド諸島、キングジョージ島)

2
南極のしっぽトリオ

　サウスシェトランド諸島、キングジョージ島の南岸では、夏真っ盛りにはここが南極であると感じられないほどだ。南極半島沿岸の島なのに、真夏の気温が氷点下となることは少なく、年間平均気温も零度をやや下回る程度だ。このあたりには、尾羽が長くて正真正銘の「南極のペンギン」と言うべきピゴセリス属の3種が住んでいる。手つかずの自然が特徴の地域にもかかわらず、3種すべてが隣どうしに営巣できるような場所はごく限られている。この3種は餌場と住環境の好みの違いから異なる営巣地を選ぶことが多いのだ。

似たものどうしの分かれ道

　着ていたパーカーと防寒着数枚を脱ぎ捨て、太陽に温められたすべすべの石ばかりの浜に手足を投げ出して、私はこの環境を五感で感じた。岩の深い溝や斜面の南側にはところどころ雪が残っていたが、浜に近い平地は雪解け水で湿り、まるで芽吹いたばかりの芝生のように鮮やかな緑色に染まっていた。実際には草本類ではなく、生長の早い藻類が流出したグアノの上に生えているのだ（草といえるものとしてはナンキョクコメススキの仲間が南極半島で確認されているが、岩に囲まれた場所に少し生えているだけだ）。ほぼ一日中照っている太陽の下では、雪の吹きだまりにすら、場所によって黄色、茶色、鮮やかなピンク色など色調が見える。これは「アイスアルジー」と呼ばれる単細胞の珪藻だ。さらに鮮やかなのは、柱状に突き出た溶岩の表面についている苔の、燃えるようなけばけばしいオレンジ色だ。この場所が局地的に賑わって見えるのは、他の地域より気候が穏やかということだけでなく、ペンギンの働きによるところが大きい。

　さまざまな生物がひしめき合っているこの地域は、南極条約の規制に基づき、8番目の自然保護協会特別指定地区になっている。この地区への立ち入りは制限されており、デリケートな自然の生態系を壊さないよう細心の注意を払わなくてはならない。この地区は、1977年にポーランド南極探検隊が設営し

上：生息域南限近くで南極半島の浜辺に巣を作るジェンツーペンギンのつがい。吹雪の中、身をかがめて巣を守っている。（南極海峡、ブラウン・ブラフ）

オキアミの色が付いた踏み固められた道を通って雪のない岩に向かい、入念に検討を重ねて作った巣へと律儀に戻るジェンツーペンギン。(南極半島、ネコ湾)

たアルツトウスキー基地というとりわけ活発かつ継続的に調査をおこなっている南極観測基地の近くにあるのだが、調査には制限が設けられており、自然が良好な状態に保たれている。

　ペンギンたちが忙しそうに行き来しているのを見ていると、彼らには決まった生活習慣と行動パターンがあると気づく。ピゴセリス属の3種では、海氷がもたらす恩恵と制約への対応の仕方がそれぞれ異なる。

　生後1週間から2週間程度の薄い灰色をしたヒナの世話をするため、ヒゲペンギンたちはかなり急な岩の坂道を絶えず危なっかしく上り下りしている。両親は、ヒナを抱いて守り温める係と、育ち盛りのヒナのために餌を採りに行く係を、交代で務めているのだ。一方アデリーペンギンの灰色のヒナは早くも独り立ちに向けて育っており、まるまると太っているにもかかわらず意外と軽快な動きで、低い平地にあるコロニーの中を歩き回っている。2月中旬の巣立ちの時まではあと3週間から4週間で、もう成鳥の4分の3ほどの大きさに育っている。3種の中で一番海岸に近いところに住んでいるのはジェンツーペンギンで、親鳥たちが餌を採りに行っている間、すでに大きく育ったヒナたちは同じ月齢どうしで保育園のように集まって騒々しくしている。もう少し若いヒナたちは巣の近くで親鳥たちの愛情をたっぷり受け、荒天や空腹のトウゾクカモメなどから守られている。他のペンギンと比べるとジェンツーペンギンたちはくつろいでいるように見え、動きもゆっくりしている。こちらのヒナが巣立つまではまだ2ヵ月ほど時間があるのだ。

　1月下旬は真夏で一番暖かい時期だ。ペンギンたちは3種とも子育ての時期だが、ヒナの成長段階に差があるのは、それぞれが適応している生息環境が違うということを示している。ゆえに、3種すべてを同時に観察できる地域は限られている。

巣作りの時期、防水仕様の密生した羽毛を艶めかせてコロニーへと急ぐジェンツーペンギン。（南極半島、クーパービル島）

ブラシ状の尾羽が特徴のアデリーペンギン、ヒゲペンギン、ジェンツーペンギンが3種とも見られるのは南極半島周辺だけだが、繁殖の仕方に合わせて選ぶ住環境がそれぞれ違う。

2：南極のしっぽトリオ

アデリーペンギン

まだ海氷が硬く凍っている春の初め、南極大陸の東部では決意に満ちたアデリーペンギンたちの騒々しい声が大きな氷山を越えて数キロも先まで聞こえてくる。クリスマスの時期、ヒナが孵化する頃までに、巣のある島の周りの氷は溶け始める。

アデリーペンギン

　陸地まで続く分厚くて硬い海氷の中を、しきりに大きな振動と音をたてながら、オーストラリアの砕氷船オーロラ・オーストラリス号がゆっくりと進んでいく。タスマニア州ホバートから16日間かけて、まるでウミツバメのように5000km以上も移動してきて、やっと陸地が見えるところまで来た。ただし東南極に3つあるオーストラリアの研究施設のひとつ、デイヴィス・ステーションに私たちが着くのに合わせたかのように吹雪がやってきたため、ゴツゴツした海岸線も、明るい色に塗られた基地の建物も、かすんでいる。80名あまり乗船している探検家たちの期待は高まる。地質学者、物理学者、気象学者、生物学者のほか、大工、配管工、電気工、料理人、ディーゼル機関の技師など現地での生活を支えるプロの集団を、南極大陸が手招きして待っているのだ。船上の人々にとって、冒険はこれから始まるのだが、私にとっては、すでに10日前、出発してから600キロほど沖へ出た浮氷の中で、初めてアデリーペンギンを見られた時点で、目的の一部は達成されている。

　私はオーストラリアの南極観測局に招かれて参加したので、海氷が溶けてしまう前の11月初旬、一般の人が上陸できるよりもずっと早くに南極大陸に上陸できることを大変光栄に思っていた。私たちは、アデリーペンギンと共に南へと旅してきた。アデリーペンギンは春になると巣を作るために陸を目指すので、まだ凍っている海を進むうちに群れはどんどん大きくなる。どこまでも続く氷の世界に小さな黒いものが点在している様子は、さながらアリの長い行列のようだった。崩れたプレッシャー・リッジ（氷の亀裂が隆起したところ）を必死に乗り越えたかと思えば、平らなところでは腹ばいで苦もなく滑っていく。南極の黄昏時、沈みゆく太陽が硬く凍った大きな氷山に反射して色彩を放ち、深いターコイズブルーからスミレ色に変わっていく美しさはこの世のものとは思えない。

　迷うことなく進んでいけるのはペンギンも私たちも同じだが、ペンギンはどちらへ向かえばいいか判断するのにレーダーやGPSを使っているわけではない。夏が来て氷が溶ける数週間前にはなんとか上陸しておこうと死にものぐるいで陸を目指し、一生懸命歩いているのが感じられる。海と行き来しやす

コロニーへの帰り道、
忍び寄ってくるヒョウアザラシから逃れるため、
波に削られた急峻な氷山をあたふたと登る。
(スコシア海、サウスオークニー諸島)

アデリーペンギン

コロニーで卵を温める時期、春の黄昏の中、餌を採りに何キロも海氷の上を歩いて海へと戻っていく小さな群れ。短い夏が来て太陽が沈まない時期に入ると、冬の間に凍っていたところが溶け、道のりが短くなる。(東南極、プリッツ湾)

いこの頃は、ヒナに餌をやるのには絶好の時期だ。実際自然選択によって、ペンギンには再び氷に閉ざされるまでの短い期間に確実に巣作りの段階を終わらせるための感覚が備わっている。この、地球上でも飛び抜けて過酷な環境でそれを実践するには、相当早い時期から始めないといけない。

数日後、私は他の研究者たちと、氷の上を歩いて巣作りが盛んな島のひとつに向かった。数キロ離れたところにオーロラ・オーストラリス号が停泊しており、1年分の燃料と食料をデイヴィス・ステーションに荷下ろししていた。歩いていくと、貨物用クレーンや輝く海氷の上を往来するトラックなどの騒音は遠ざかり、ブーツにつけた滑り止めチェーンが氷の表面でキュッキュッとこすれる音だけが聞こえてくる。今から2カ月後には、波がここまで届いて海岸線になる。

歩いているうちに、好奇心旺盛なアデリーペンギンの小グループがついてきた。私たちを詳しく調べるように、いぶかしげに首をもたげて、しばらくヒョコヒョコとそばを歩いていた。まだ巣を作るには若すぎるもののコロニー暮らしには慣れてきたペンギンたちだ。彼らは緊急の用件を思い出したかのようにそそくさと遠ざかっていった。

一方、陸地では大変な状況だった。なわばりは守らなければならないし、古い巣跡は修繕が必要だ。巣の周りを囲う小石をまだ凍っている土地で集めるのは至難の業だ。オスたちは、くちばしを空へ向けて胸を張って立ち、メスが翼をゆっくりと動かして大きな声で歌い、答えてくれるのを待っている。あちこちで再会を果たしたペンギンのつがいは、大きな叫び声と「恍惚のディスプレイ」と言われる頭を大きく振る仕草で結ばれる。しかし、遅れてやってきたメスが、前のシーズンにつがいだったオスが違う相手を選んでいるのを見つけると争いが勃発する。

前年に念入りに試行錯誤して巣を作った場所を確保するため、通常オスはメスより1、2週間早く到着する。多くの場合、ここで前年のパートナーと落ち合い、すぐさま新しい生活を始める。早く繁殖を始めたいので、オスは時間を無駄にしたくないのだが、オスが他のメスと一緒になろうとしているのを

大海原の流氷の上でひとり休むアデリーペンギン。(ウェッデル海)

風でなめらかに磨かれた海氷の上で、ペンギンの足の爪はアイゼンのような役割を果たす。(東南極、ニクマロロ島付近)

穏やかな海で息継ぎのために「イルカ泳ぎ」するアデリーペンギン。水の膜に覆われているため流線型の頭がつやつやしている。(南極海峡)

ロス海のアデア岬には大きなアデリーペンギンのコロニーがあり、
25万もの巣が高台を占拠している。
夏の終わりには氷が解けてできた水たまりを渡って漁に出て行くものもいる。

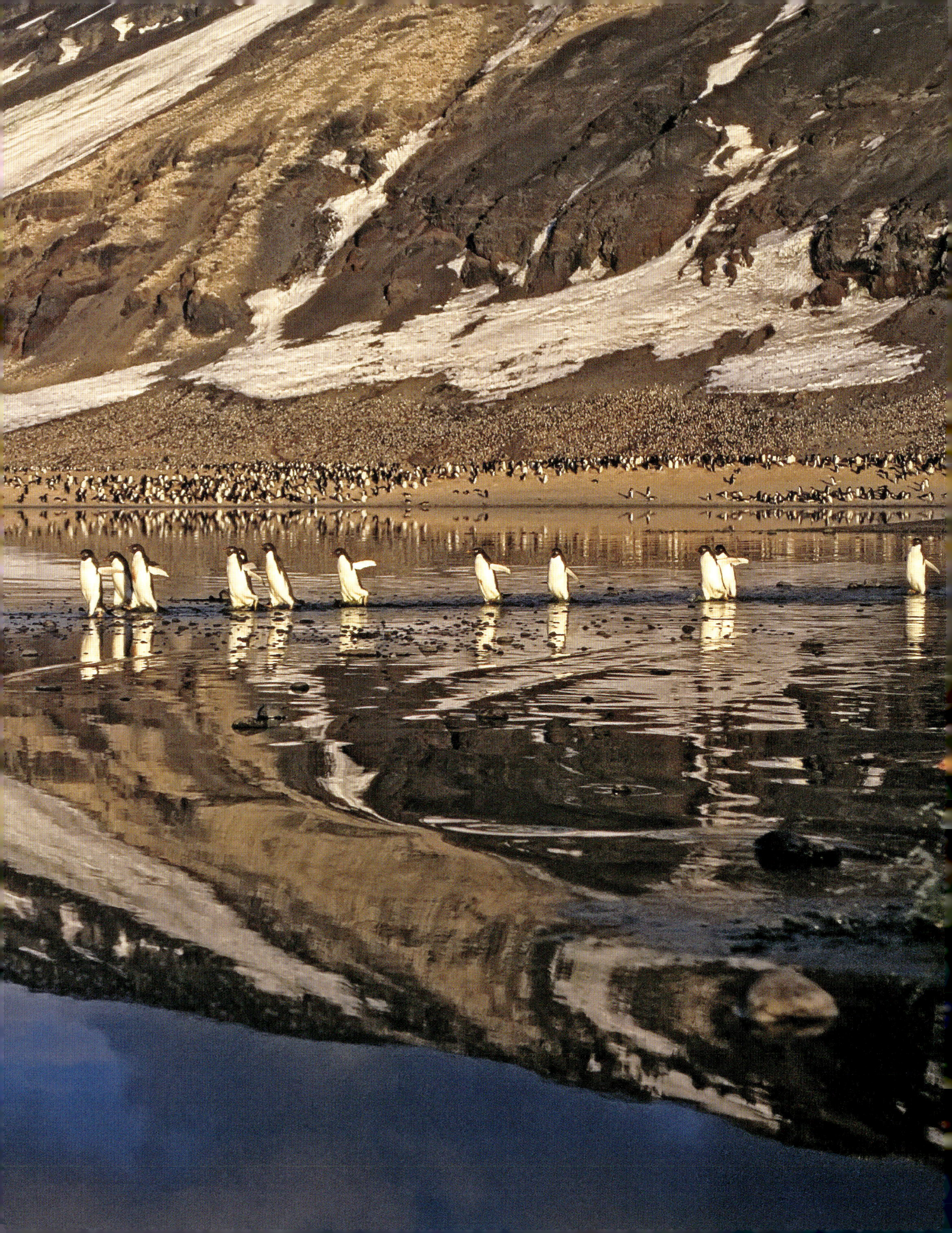

| アデリーペンギン

上段左：孵化したばかりのヒナを眺める親ペンギン。（サウスシェトランド諸島、キングジョージ島）
上段右：深夜の太陽がコロニーを包む。（東南極、ニクマロロ島）
下段左：巣を囲むための小石を集めている。（ウェッデル海、デビルズ島）
下段右：荘厳な山々の裾野にあるコロニー。（南極半島、ピーターマン島）

前年のパートナーだったメスが見つけると、当然、大喧嘩となる。噛んだり蹴ったり、骨張った翼で素早く叩きまくったり、攻撃手段を選ばない取っ組み合いだ。互いに激しく傷つけあうので、血や泥や羽毛が飛び散る。我を忘れ、コロニーの中を転がり回って相手にパンチを浴びせ戦う。怒りの感情はどんどん高まって周りのペンギンを巣から追い出すほどになり、どちらか一方が恨みを晴らすまで戦いは続く。喧嘩があまりに激しいので、撮れた写真はほとんどぶれているのだが、後で見てみたら、何度も翼で叩いたり小突いたり、ナイフのように鋭いくちばしでつねったりする以外に、カンフーのような跳び蹴りで相手を倒しているシーンまであった。

夜中の11時、雲間に血のように赤い光線を放って太陽がゆっくりと沈み、しばしの宵闇を楽しめる。ちょうどそのとき、私はそのシーズン初めての卵が数個産み落とされてあるのを発見した。卵は薄い水色で一点の汚れもない。5週間ほどのちに殻を破ってヒナが誕生するころには、また太陽がまったく沈まない時期に入る。

パートナーを求めてアピールするオス。（東南極、ニクマロロ島）

冬が近づいてハレット岬のコロニーを去る準備を始めたペンギンたちを夜霧が包む。（ロス海）

割れた海氷の壁を抜けて海辺へ出る
通い慣れた道。
（ロス海、ポゼッション島）

育ち盛りのヒナに与えるための餌
をおなかにたくさんためこんで、
雪解けでできた水たまりの中を急
ぐ親鳥たち。（ロス海、アデア岬）

2：南極のしっぽトリオ

ヒゲペンギン

オキアミを含みピンク色に染まったグアノが溶岩でできた土地をうっすらと染めている。それと対照的な緑色の藻類は、大きなコロニーからしみ出す栄養塩類で育つ。（デセプション島、ベイリー・ヘッド）

ヒゲペンギン

　南極半島、特にその周辺の島々がヒゲペンギンのおもな生息域だ。季節ごとに流れてくる浮氷が砕けて点在しているあたりが格好の餌場だ。夏には、ヒゲペンギンの群れが青緑色に映える風化した氷山（海に漂い出た氷河の小さな残骸）で休んでいるのを見かける。

　お気に入りのペンギンを1種に絞ることは難しいが、スレンダーな体型やしなやかな動き、そして独特のあごひも模様といった特徴から、ヒゲペンギンは私の中で1位に限りなく近い。そして単体よりも、数千羽の群れで谷間を移動したり、騒いだり呼び交わしたりしながら、一生懸命ヒナを育て巣を守っているときのほうが、ヒゲペンギンは魅力的だ。ヒゲペンギンの魅力を満喫できるところといえば、デセプション島の東側にあるベイリー・ヘッド以外に考えられない。繁殖がうまくいったシーズンなら

20万以上のつがいが、不気味な野外劇場のような黒い溶岩でできた坂に並ぶ。呼び交わす声が周りの溶岩や風にのって響いたかと思うと、彼らが一斉に泡立つ波になだれ込んでいく。黒いスコリア（火山岩滓）の浜では白い腹部が際立つ。浜を見下ろす氷河も同じくらい黒い。火山灰が層をなし、この島の噴火の記録をとどめているのだ。おざなりに体をふるって羽づくろいしたあと、群れは胸あたりまでの深さの雪解け水が流れる小川を泳いで谷をさかのぼっていく。戻ってきたペンギンは自分の巣にむかって翼をひろげて天を仰ぐ仕草をする。中にはまた浜に降りていくものもいる。

　私はこのヒゲペンギンの列に加わって、狭い道を行ったり来たりする彼らを邪魔しないように何度も立ち止まりながら、ゆっくりと高台へと向かった。春になると最初に雪が解け始める丘の斜面に、ペンギンの巣が等間隔でびっしりと並んでいる。氷河でおおわれたもっと高いところの稜線に霧が重く立ち

おなかいっぱい餌を食べた後、古い溶岩からなる苔むした坂道で休む親子。(デセプション島、ベイリー・ヘッド)

顔の模様は、ペンギンの中でも独特だ。(サウスシェトランド諸島、ハーフムーン島)

上：パートナーを求めて、翼を振り胸を膨らませて空を仰ぐオス。(サウスシェトランド諸島、ハーフムーン島)
右：ヒナはペンギンの中で一番色が薄く、生まれたばかりだと銀色をしている。(サウスシェトランド諸島、ネルソン島)

2：南極のしっぽトリオ　　061

ヒゲペンギン

波に磨かれた濃い青色の氷山は、パックアイスが溶ける季節になるとゆっくり海に消えてゆく。それまではコロニーから泳いできたペンギンのつかの間の休憩場所となる。(サウスオークニー諸島、スコシア海)

こめたかと思うと、暖かい日が差して霧を追いやり、深いピンク色と緑色をした火山灰が露出する。火口に近づくと、それぞれ糞で星形の装飾が施された巣があり、その中では灰色のヒナが親鳥の胸元で守られている。火口の縁からはるか下方には海岸線と青白く波打つブランスフィールド海峡が見下ろせるが、濃い海霧でほとんど見えない。

ペンギンが生息する島々はどこであれ訪れる価値があるが、中でもヒゲペンギンが最も多く生息する南大西洋の南端、サウスサンドウィッチ諸島は圧倒的におもしろい。世界最大級のヒゲペンギンのコロニーがあるザボドフスキー島には100万以上のつがいがいるとされ、活火山である標高551mのカリー山の裾野で子育てをしている。硫黄ガスを含む暗い雲が飛ぶように流れており、視界は悪い。この比較的新しい火山帯にある11の島のうち、私はさらに2つ、ヒゲペンギンのコロニーが栄えている島に行ったことがある。

南極探検家のサー・アーネスト・シャクルトン一行も、荒れ果てたエレファント島を訪れた際にヒゲペンギンに囲まれたという。一行は1916年に救助されるまで、ペンギンを食べて飢えをしのいだ。嵐をもたらす雲が氷河にかかる様子を見たり、ドレーク海峡の波が岸に打ちつける音を聞いたりしていると、こんな環境でペンギンが生活し繁殖できることが信じがたい。ましてや21名もの人間が凍えながら、ひっくり返した船の中に身を潜めて5カ月近くも過ごしたというのは驚きだ。かなりの数のペンギンがオイルストーブの燃料にされてしまったとはいえ、ペンギンのおどけた仕草が遭難した人間の正気を保たせてくれたのかもしれない。

ジェンツーペンギン

特殊な環境に適応していることの多いペンギンの

中にあって、体格が3番目に大きいジェンツーペンギンは稀に見る万能選手で、甲殻類、イカ、深海魚、そこら中にいるオキアミまでなんでも餌にする。さまざまな居住環境に適応可能で、2つの系統に分類できる。ジェンツーペンギンのうち、南寄りに住んでいる種は南極半島付近の氷に守られた浜でゆとりをもって過ごしていられる。それに比べ、北寄りに住んでいる種は体型が少しほっそりしていて、南極収束線より北、風の吹きすさぶ亜南極の島々にいる。同じ属の他のペンギンと違って、南寄りに住んでいる種でも、必ずしも海氷のあるところにいるわけではない。ジェンツーペンギンは海に深く潜ることで知られ（200mの潜水記録をもっている）、海岸近くに深海がある場所の利点を活用している。強い海流があって冬でも凍らない海域の近くに小さなコロニーを密集させて定住することが多いのも、南極付近の緯度に住むペンギンにしてはめずらしい。こう

上：過去の火山噴火で黒く染まった氷河の下、スコリア（火山岩滓）の浜とコロニーを行き来するヒゲペンギン。（デセプション島、ベイリー・ヘッド）
左：羽根が生え換わるあいだ隠れる場所を探しているのか、太ったヒゲペンギンが蒸気で曇る活火山のカルデラがある浜をうろついている。（デセプション島）

ジェンツーペンギン
混み合ったコロニーの外れで、小石を落とす動作のまねをして、次のシーズンに向けて巣作りの練習をしている若鳥。(西フォークランド島、ホープ港)

ほんの数週間で小さくかよわいヒナが、大きく活発で好奇心旺盛な若鳥になり、生まれたときの羽毛も生え換わりの時期を迎える。泥や水たまりの中を走り回って翼を鍛えたり、大きな声で鳴いたりする。(フォークランド諸島)

いった特徴から、ジェンツーペンギンは南極圏に住む他の種と比べ繁殖する時期を選ばない。したがって、近くに生息するアデリーペンギンのヒナが一人前になろうかという頃に、ジェンツーペンギンは卵がやっとかえるということもある。

ジェンツーペンギンは、のんきなところが愛らしいと思う。せわしなく過ごす同属の他の種より、暮らしぶりがゆっくりと落ち着いている。アデリーペンギンがもっと南の厳しい環境を好むいっぽう、ジェンツーペンギンは南極大陸の周辺部によく適応しており、二者の生息域が重なることは少ない。

ジェンツーペンギンの模様や色は、はっきりしていて人間の目でも見分けやすい。鳴き声にはゆっくりした独特のリズムがあり、穏やかでどこかもの悲しい。ピーターマン島やパラダイス湾、サウスシェトランドおよびサウスオークニー諸島など、南極半島周辺のあちこちで出会ったジェンツーペンギンとの思い出はどれも和やかなものだった。私に興味を持ったヒナがよちよち歩きで寄ってきたり、ズボンの裾や袖を引っ張ったりしたことはよくあったし、あるときなどは、私がじっと地面にすわっていたらペンギンが私の足にすっかり寄りかかって寝てしまったこともあった。

フォークランド諸島に巣をもつジェンツーペンギンは、同じくおっとりしてはいるが、また違った印象だ。南極のジェンツーペンギンが小石で巣を作るのと対照的に、フォークランドでは小枝や泥の付いた草で大きな土手を築いて巣を作る。巣作りのシーズンがくるたびに違う場所を選んで、巣を密集させてコロニーを形成する。場所は下草の広がったところが多いが、海岸から1km以上離れた谷や丘を選ぶこともある。ペンギンが海と陸を行き来する道はしっかり踏み固められていて、ペンギンの糞を養分にして育った芝で青々としているので、遠くから見てもわかるくらいだ。

ジェンツーペンギンは環境に柔軟に適応できるので、さまざまな条件のもとでコロニーが栄えている。南米大陸の南側のビーグル水道では、パタゴニア地

▎ジェンツーペンギンの天敵
左：成鳥を狙うアシカ。
中段：若鳥を狙うトウゾクカモメ。

方の暑い夏を乗り切るために浅く速く呼吸しているのを見たし、サウスジョージア島では、獰猛なオットセイたちに囲まれながらも逞しく暮らしているのを見た。ブラウン・ブラフではウェッデル海からの吹雪で体の半分が雪に埋まりながら抱卵していたし、南極大陸の反対側にあるオーストラリアの離島、マッコーリー島ではゾウアザラシたちの間をぶらぶら歩いていた。ジェンツーペンギンの暮らしぶりを見ていると、どこかほっとして心がおちつく。

南極一周の旅

1990年代に、南極大陸探査のためにチャーターされた大型の砕氷船に乗って何度か探検隊長を務めたことがある。格別の経験だったのは人類初の南極大陸一周旅行だ。2カ月間の日程のうち、決まっているのはフォークランド諸島からの出発日と帰還日だけだった。細かいことはすべて私と船長、そして

卵を狙うフォークランドカラカラ。（西フォークランド島、ホープ港）

2：南極のしっぽトリオ　　065

上：営巣時期が始まるにあたり、前年なわばりにした雪のない岩場に戻ってきたジェンツーペンギン。（南極半島、クーバービル島）
左：真夏のある日、アデリーペンギンのヒナが次々と孵化した。（東南極、ウィンドミル諸島、ピーターソン島）

氷の専門家に任された。氷の専門家は熟練したヘリコプター操縦士3名の協力のもと、道中の見づらいところに氷の壁がないか、状況をさまざまな角度から観察する。結局ポートスタンリーを1996年11月25日に出発し、1997年1月26日に帰着した。

南極大陸をぐるりと時計回りに巡るにあたり、南極の夏を通して旅をするということによって、他と比べて圧倒的に短いアデリーペンギンの営巣期間の一部始終を観察することになるとは、出発前には思い至らなかった。

私たちが初めて上陸したのは旅の3日目、南大西洋の果てにありウェッデル海の外壁とも言えるサウスオークニー諸島だった。33日間の抱卵が始まったばかりのコロニーは、エネルギーを温存するため、いつになく静かだった。旅の行程の4分の1が過ぎた3週間後、南極の万年雪から三日月形に海にせり出した花崗岩地帯、スカリン・モノリスでもアデリーペンギンたちがじっと座っているのを見た。この前年、大規模な雪崩が発生して防護柵をなぎ倒したらしく、コロニーにも甚大な被害があったようだ。生き残ったペンギンたちは乾いた気候でミイラ化した仲間の死骸が散らばる中にうずくまっていたのだ。

旅を始めて1カ月ほどでガードナーおよびピーターソン諸島についた。アデリーペンギンを最初に見かけたところから南極大陸の真裏にあたる場所だ。クリスマスが近づいており、真夏の太陽が水平線に沈まない時期だった。あちこちで黒灰色のヒナたち

左上：綿羽から正羽に生え換わり、親離れの準備をしているジェンツーペンギンのヒナが、秋の換毛期間のため陸にいるゾウアザラシを興味深げに見ている。（サウスシェトランド諸島、リビングストン島）
上：頭頂部に綿毛を半分残した若いアデリーペンギンが、大規模なコロニーから初めて海へ出ようとしている。（ロス海、アデア岬）
左：春の吹雪に立ち向かう、抱卵中のジェンツーペンギン。（南極海峡、ブラウン・ブラフ）

が卵から文字通り飛び出してきていた。かよわい鳴き声で小さな頭を振りながら、必死で餌をねだっている。ここからは時間との闘いなので、アデリーペンギンはにわかにせわしく動き出す。親鳥は十分な餌をヒナに与えるために必死で動き回る。小さくて頼りないヒナを立派に羽根の生え換わった若鳥に育てあげるための時間は6週間から9週間しかない。

航海の45日目、私たちはロス海の奥にあるロイド岬に着いた。現存する最南端のアデリーペンギンのコロニーがそこにある。親鳥の半分くらいの大きさまで成長したヒナがおり、生まれたときの羽毛から防水性の高い羽根へと生え換わる時期を迎えていた。ちょうど緯度77度33分にいるとき、ペンギンの鬼気迫る大きな鳴き声をはっきり聞いた。早く育たなければ、死ぬしかない。

2週間後の1月23日、私たちは南極半島の西側からサウスシェトランド諸島に戻ってきた。旅を終えるまであと3日。ペンギンたちともお別れだ。それと時を同じくしてアデリーペンギンも南極大陸を離れた。まるまると太ってほぼすべて羽根が生え換わった若鳥はもう巣でじっとしている必要はなく、あたりをうろうろしていた。ところどころ残った古い羽毛の束が北米のモーホーク族の髪型を思わせて面白い。目の周りが白くなりかかっていて、まだ無垢な印象の若鳥たちは、好奇心と恐れを抱きながら海を目指す。あと数日も経てば、コロニーのあった場所は静まりかえり、また厳しい冬がやってくる。

ジェンツーペンギン
ヒナを心配しながら餌採りをして帰ってきた親鳥が集団で砂浜に押し寄せるのは、アシカの攻撃をかわすためだ。（東フォークランド島、ヴォランティア・ビーチ）

到着したペンギンと出発するペンギンが運悪く鉢合わせして空中戦になってしまった例。（西フォークランド島、ホープ港、デス・コーブ）

餌採りのために、ハマナが咲いている砂丘をゆくペンギン。(東フォークランド島、ヴォランティア・ビーチ)

餌採りから戻ってきた親鳥がアシカの待ち伏せを恐れて海面に飛び出したところ。タイミングをはかって波に乗ることもある。(西フォークランド島、ホープ港、デス・コープ)

2：南極のしっぽトリオ　069

Olearia lyalli の茂みに隠されたコロニーに向かう前に体をかわかすスネアーズペンギン。（ニュージーランド、亜南極諸島、スネアーズ諸島）

3
島のおしゃれなやつら——冠羽をもつペンギンたち

　ペンギンのうち冠羽（飾り羽ともいう）をもつ7種は変わった連中だ。種によって形は違うが、いずれも大きな金色の飾り羽根を頭に誇らしげに戴いている。マカロニペンギンとロイヤルペンギンは扇状の羽根がおでこから後頭部にかけて流れるようにはえているし、スネアーズペンギンやフィヨルドランドペンギンには整ったブラシ状の眉毛がある。シュレーターペンギンは立ち上がった剛毛が2列にツンと生えていてパンクファッションのようだ。ミナミイワトビペンギンとキタイワトビペンギンについては別の章で詳しく言及するが、いずれも無造作で滑稽な頭飾りをつけていて、エレガントな冠のように見えるときもあれば、ドレッドヘアのように見えるときもあって、髪型がいまいち決まらない日の人間のようだ。

シュレーターペンギン

　シュレーターペンギンはユーディプテス属の中で最も人の目につかない種で、ニュージーランドの南、亜南極の海に浮かぶ嵐の多い島々に住む、けばけばしい小型のペンギンだ。1羽でも目にすることが出来ればとても運がいい。私もある夜、数時間だけ観察に出たとき自分にそう言い聞かせていた。テントの周りでは、耳をつんざくようなスタッカートの鳴き声が絶えず聞こえていた。11月半ば、バウンティ諸島ではちょうどヒナが孵化する時期だった。数千のつがいが昼夜卵を温めており、卵の中からはかわいい鳴き声が聞こえる。親鳥は頭をたれて数分おきにリズミカルな鳴き声で応え、生まれてくるヒナが親の声を聞き分けられるように準備していた。満足した私は、寝袋にもぐりこんで眠ろうとした。上空では風がうなり、崖の下で大波が打ちつける音も聞こえる。ペンギンの巣がある花崗岩の急な斜面に張ったテントの環境は荒涼としていることこのうえない。私はペンギンの楽園にいるのである。

　ニュージーランドの南島から南東に650kmのところにあるバウンティ諸島や、さらに220km南下したところにあるアンティポデス諸島は、全世界で

上：長時間お互いを羽づくろいして絆を深めあうシュレーターペンギンのつがい。（ニュージーランド、亜南極諸島、アンティポデス諸島）

シュレーターペンギン
コロニーをスコールが襲った。(アンティポデス諸島)

　6万7000のつがいがいるとされるシュレーターペンギンの生息地である。南極海の激しい波間にかろうじて顔を出している花崗岩からなる13の島々は、1788年にウィリアム・ブライ船長に発見されたので、彼の船の名にちなんでバウンティ諸島と名付けられた。いわゆる「バウンティ号の反乱」が起こるのはその数カ月後である。バウンティ諸島やアンティポデス諸島はニュージーランドの亜南極諸島の中でも訪れる人が少ないのは間違いない。今では5つの諸島群が世界遺産に指定され、ニュージーランド自然保護局が国立自然保護区として厳重に管理している。合わせても1.35平方kmくらいの面積しかないが、バウンティ諸島の陸地はどんなに小さくてもペンギンやアホウドリ、ウミツバメ、オットセイなどの貴重な繁殖地なのだ。

　私たちは2004年にマヘーリア号という全長13mのヨットで個人的にバウンティ諸島を探検する計画を立てた。この本の共著者で写真も提供してくれているマーク・ジョーンズが船長だった。他に3名、データ収集を手伝ってくれるボランティアも乗船した。嵐をやり過ごすためにマークがマヘーリア号を屹立する岩々の間の安全な場所に停めてくれている間に、私は岸に上がることができた。この島に上陸した人間はここ7年で私たちだけだったし、部外者による探検としては、オットセイ猟をする人たちが1880年代に毛皮を求めて島内に入って以来のことだった。

　同行者のひとりジャシンダ・アメイは、アホウドリとペンギンの全数調査を統括するために乗船していた。前回と同じ方法で調査したところ、私たちが滞在したプロクラメーション島には2788の巣があり、1997年の調査時より14減っていたが、統計学的に有意な減少ではなかった。他の場所に生息する他の種と比べると、辺境の地では今でもシュレー

左：バウンティ諸島では巣を作れる場所が限られているので、ペンギンはサルビンアホウドリやハシブトクジラドリと共存している。
右：シュレーターペンギンは硬い冠羽を自在に持ちあげられる。

2004年にバウンティ諸島を探検した際、プロクラメーション島に立ち寄ったマヘーリア号。

東部のオード・リーズ島には大規模なコロニーがある。（アンティポデス諸島）

3：島のおしゃれなやつら——冠羽をもつペンギンたち

| シュレーター・ペンギン
溶岩の岩棚に深く刻まれた溝。何世代にもわたってペンギンたちが混み合ったコロニーと海を行き来するために登ったり下りたりした跡だ。(アンティポデス諸島、オート・リーズ島)

ターペンギンの数は安定していることが再確認されたわけだ。

シュレーターペンギンが混み合ったコロニーの中に貴重な独立空間を持てるのは、この種が喧嘩っ早くて屈強な生まれながらのガードマンであり、またその鋭いくちばしや強烈な翼の攻撃から距離を置きたいアホウドリやオットセイがペンギンの営巣地の周りを取り巻いてくれているからだ。それでも人間を見ると好奇心が勝ってしまうらしく、もっと入念に調べようと寄ってきては、手袋をつけた私の手やブーツ、レギンスなどをついばんでいた。人里離れたバウンティ諸島での海鳥三昧の時間は、かけがえのない思い出となった。

その後、アンティポデス諸島にある最大級のシュレーターペンギンのコロニーも訪れた。活気に満ちたコロニーはあまりに混み合っていて、せっかく無数のペンギンの足で踏み固められた地面があるのに、観察しようにも入り込む余地がなかった。仕方なく、

上：若いカップルたちはコロニーの隅々まで巣作りの場所を探してまわる。平らな場所に巣を作れれば運がいい。すでに完成した巣が下の斜面を埋めつくしている。（アンティポデス諸島、オード・リーズコロニー）
下：孵化したばかりのヒナが親鳥の温かい足の間で体を乾かしている。（バウンティ諸島）

3：島のおしゃれなやつら——冠羽をもつペンギンたち

スネアーズペンギン

繁殖期が終わって1カ月ほど経つと、ペンギンは換羽のためスネアーズ諸島にあるコロニーに帰る。森の中はぬかるんでいるので倒木の幹や木の根の上を伝って歩いて行くことが多い。

腰まである深い茂みの中を行き、騒々しく活動しているペンギンを遠くから眺めることになった。その日の早い時間に私たちは、ヨットが接岸した入り江の崖の下で、ペンギンの皮を巻いてまとめた梱（こり）が朽ちている脇を通り過ぎた。100年以上前にオットセイ猟のために上陸した人たちが、あとで船で取りに来るつもりで隠しておいて、そのままになってしまったものだ。少なくとも、こんな辺境にまで人間が略奪に訪れていた当時と比べれば、ペンギンの生活環境が大幅に改善しているという証拠ではある。

スネアーズペンギン

冠羽を持つペンギンたちはわざわざ離島に住む性質があるようだが、繁殖場所がスネアーズ諸島に限られているスネアーズペンギンはその顕著な例だ。スネアーズ諸島は、ニュージーランドのスチュアート島からさらに100km南にあり、ニュージーランドで人が住んでいる場所としては最南端だ。

たった3.3平方kmしかない急峻な森を営巣地としており、およそ3万のつがいが毎春戻ってくる。

彼らは花崗岩の急な崖を登り、深くてぬかるんだ雨裂を越えると密生したキク科の常緑低木、*Olearia lyalli* と *Brachyglottis stewartiae* の暗くて湿った木陰に素早く姿を消す。スネアーズペンギンはケルプの茂るところから上陸するので、私はそこから後をつけて島内に入り、泥でぬかるんだくぼみに作ってある小さなコロニーをいくつも見つけた。複雑に絡み合った木の根をよけたり、グリスのようにぬるぬるした地面で足を滑らせて転んだりしながら、そこここにあるハイイロミズナギドリの巣穴を壊さないように避けて通るのは至難の業だった。急に甲高い鳴き声がしたので見てみると、2mはあるかという木の幹の上にある高い安全な場所を取り合って、ペンギンが言い争っていた。木の上にペンギンがいるのが信じられなかったので、思わず二回見てしまった。

コロニーにいる残りのペンギンたちは、湿地でゴロゴロして胸の白い毛を泥だらけにしながら、まるで泥浴びするブタのように楽しそうだった。居住環境が全体的にペンギンらしくないのだが、嵐やトウゾクカモメから身を守るのに適しているのは疑いもない。幻の動物レプラコーンが出てきそうな世界で、

076　1　二つの世界のあいだに

ペンギンが上陸する場所は、めまいを起こしそうなくらいの急斜面で、崖の上にある森へ向かうためには、まず生い茂るブルケルプをかき分けていかなければならない。

左：森の中で、シダの葉の下から控えめにこちらのぞくペンギン。
右：花崗岩でできた海岸に雨水がたまっているところ。通行するペンギンの水飲み場になっている。

078　1　二つの世界のあいだに

スネアーズペンギン

Olearia lyalli の森からなだれ出てくるスネアーズペンギン。寝ているオットセイの横を通り、生い茂るケルプをかき分けて大きな群れで海へ向かう。(スネアーズ諸島)

つがいが交わす恍惚の挨拶の声は大きくて耳障りだ。甲高く鳴きながら頭を振る。

海に出る手前の潮だまりに立ち寄って激しく水浴びをし、泥がこびりついた羽根を洗う。

3：島のおしゃれなやつら——冠羽をもつペンギンたち　079

フィヨルドランドペンギン
ペンギンがシダやツタで覆われた森の中を歩く姿は予想外の光景だった。(ニュージーランド、ウエストランド地方)

同じく入り組んだ木の根やルバーブのような大きな葉をもつ Stilbocarpa に巣をつくる色鮮やかなニュージーランドアホウドリと共存している。夕闇がせまる頃になると、ハイイロミズナギドリの大群で空が暗くなる。やがて不気味な鳴き声が島のあちこちで響き渡り、まるで島自体が吠える動物のようだ。他のウミツバメ類も闇に紛れて静かにそこに加わる。モグリウミツバメはマルハナバチのような音をたててはばたき、クジラドリたちは岬のあたりでガのようにバタバタ飛び回っている。こうしてみると、ペンギンのすみかとして悪くない環境だと思う。

フィヨルドランドペンギン

フィヨルドランドペンギンは冠羽のあるペンギンのうち、スネアーズペンギンに一番近い種で、巣作りのパターンも似ている。ただ、生息域はニュージーランド本島だけだ。ニュージーランドの南島にある森、特に南西の海岸沿いのフィヨルドランドは、暗くてシダやコケが生い茂っており、地球上で他に類を見ないくらい原始的でミステリアスだ。化石を調査した結果によると、フィヨルドランドの森は、恐竜が闊歩していた 8000 万年前、まだゴンドワナ大陸の一部だった頃と比べてもほとんど変化していないという。つい数世紀前まで、ハルパゴルニスワシが 3 m もある翼を広げて急襲し、飛べない恐鳥モアを襲っていたのだ。化石から推測して 11 種いたと思われるモアのうち最大級のものは、どうやら当時ニュージーランド中の開けた山腹にいたようだが、体高 3.6 m、体重 250 kg もあったモアは、体重 15 kg 程度の猛禽類最大のワシにかなわなかったのだ。

臆病で引っ込み思案なフィヨルドランドペンギンが生き残ったのは不思議ではない。海岸近くまで茂る森をこそこそ出入りするフィヨルドランドペンギンは、小さな集団に分かれ、できるだけ深い茂みを選び、闇夜に紛れて巣に戻る。十分な距離を置いて

海岸沿いの洞窟が、ひんやりした多雨林の奥にある
小さなコロニーへの秘密の抜け道になっている。
(ニュージーランド、西岸)

フィヨルドランドペンギン

生息域の南限付近。小さなコロニーがシダの茂みに隠れている。(コッドフィッシュ島)

観察していても、神経質そうに慌てて海からあがって戻ってきた親鳥が細い川床をさかのぼって姿を消したあとにどこへ行くのかを見極めるのには相当時間がかかった。腹ばいになって静かに進み、長いこと耳を澄ませていると、餌を欲しがるヒナのか細い声が聞こえた。この声と、喧嘩をする成鳥の鋭い声に導かれながら、腹ばいのままじわじわと近づくと、枯れた木の枝や絡み合った木の根にツタが絡まって目もろくにあたらないような場所にいくつか巣があるのをやっとのぞき見ることができた。親鳥たちはヒナに餌をやったり、1羽ずつ羽づくろいしてやったりするのに忙しくて、私になかなか気づかなかったのだが、私が小枝を折る音を立ててしまったところ、ペンギンたちは驚いて一斉に上を向き、急いでさらに暗いところに逃げ込んだ。態度のふてぶてしいシュレーターペンギンとは対照的だ。

フィヨルドランドペンギンは、比較的大きい島を唯一の生息地としているため、問題も多い。現代マ

夕刻きびきびとした足取りで巣に戻る成鳥。(ニュージーランド西島、マーフィーズ・ビーチ)

082　1　二つの世界のあいだに

左：下草の生い茂った森に静かに隠れて、1羽もしくは小さな集団で親鳥の帰りを待つ育ち盛りのヒナ。（ニュージーランド、ウエストランド地方）

右：生まれて1〜2週間、ヒナはオスの親（写真左）に温めてもらう。餌を持ち帰るのはもっぱらメスの役割だ。（ニュージーランド、南島、ジャクソンヘッド）

例外的に人目につくところに巣をつくったペンギン。岩の隙間を隠れ場所にしている。（ジャクソンヘッド）

ロイヤルペンギン

上陸したペンギンで混み合う浜辺。うるさく言い争う声が絶えない。（マッコーリー島、サンディ・ベイ）

オリ族の祖先であるポリネシア人が800年から1200年前に移住してきたとき、ペンギンは人間の主な食料となった。このために絶滅した種も多く、フィヨルドランドペンギンの生息域もだいぶ小さくなった。その後、ヨーロッパから人間が家畜をともなって移住してきた。ニュージーランド固有の哺乳類といえば2種のコウモリだけだったところに、猫、豚、テンなどの肉食動物が持ち込まれ、ペンギンを食い荒らした。現在、森の奥深くで臆病なフィヨルドランドペンギンが2500から3000つがいも生き残っているのは、ひとえに彼らの不屈の精神の成果としか言いようがない。

ロイヤルペンギン

オーストラリアのマッコーリー島は、タスマニア島の南東1500 km、ニュージーランドからは1000 km南西の地点にある、典型的な亜南極の島だ。緑色のタソックグラスが生い茂り、大きなメガハーブ類が咲き誇っているが、絶えず吹く偏西風の影響で木は生えていない。海に住む鳥や哺乳類がたくさん集まってくる場所だ。ハイイロアホウドリは空中で求愛行動に励み、ミナミゾウアザラシは蒸気に包まれた海岸に大挙して上がり、眠り、パートナーを探し、闘い、産み、育て、転げ回り、換毛を済ませる。夏の間、マッコーリー島沖の海はキングペンギンの大群で文字どおり沸き立つ。冠羽のあるペンギンの例に漏れず、ロイヤルペンギンはこの島だけを特に好んで生息し、85万ものつがいがいる。

最大でも体重8 kg、体長70cm程度だが、冠羽のあるペンギンの中では大型だ。また、社交的な反面、喧嘩っ早くて恐れ知らずのため、混み合ったコロニーの中ではいつもどこかで小競り合いが起きている。まだ換羽を済ませていないような若鳥でも海岸をうろうろしては仲間に因縁をつける機会をうかがい、自分より大型で温厚なキングペンギンにさえケンカを売ろうとする。

手の付けようがないほどの大声で鳴きわめくロイヤルペンギンに取り囲まれたことも1度や2度で

くちばしが大きく、口元がピンク色なのがロイヤルペンギンの特徴だが、若い鳥では頬や喉のあたりが灰色がかっている。この色は年を経るにつれて薄くなっていく。

隣近所と口論せずにはいられないようだ。

営巣地はとても混み合っているので、草の生える余地もなく、タソックグラスの間に泥地ができてしまっている。（すべてオーストラリアの亜南極地帯、マッコーリー島）

マカロニペンギン

ヒゲペンギンの大群と距離を置いてたたずむマカロニペンギンたち。人がほとんど訪れないサウスサンドイッチ諸島の活火山帯では、夥しい数のマカロニペンギンが巣をつくっていることが、近年衛星写真の解析から確認されている。（キャンドルマス島）

はない。温かく黒い砂浜に寝転がっていたところに、海からコロニーに帰る途中の集団が詮索するようにやってきて、私のブーツや服を興味深げにつついたり叩いたり引っ張ったりしたこともある。これらはペンギンにまつわる最良の思い出のひとつだ。

マカロニペンギン

　冠羽があるペンギンの多くは特定の島で暮らすことを好むのだが、マカロニペンギンは極めて例外的で、南米大陸の南端、南極半島、インド洋の南側に至るまで、50余りの島や半島に分布している。サウスジョージア諸島、クロゼ諸島、ハード島、マクドナルド諸島、ケルゲレン諸島の5つの島群に住むマカロニペンギンは増えすぎていて、100万以上のつがいがいるとされている。世界中あわせると、900万ものつがいがいると推測され、その数に5歳以下の若鳥は含まれていない。したがってマカロニペンギンは他のどの種よりも数が多い。
　エレファント島で波に削られた急な岩場を登っていく姿、サウスサンドイッチ諸島の離島のキャンドルマス島で深い雪をかき分けていく姿など、マカロニペンギンは容易に観察することができた。行動範囲が広く、かつ群れていたい習性があるので、コロニーから遠ざかってしまった場合、ときどき他の種のペンギンのコロニーの中に落ち着くものもいる。たとえば、南極のサウスシェトランド諸島では、より背の高いヒゲペンギンの中に複数のマカロニペンギンのつがいがいるのを見たことがあるし、フォークランド諸島では、より小型のミナミイワトビペンギンの中にマカロニペンギンが数羽いたこともあった。キッドニー島では、ひとりぼっちのマカロニペンギンがイワトビペンギンとつがいになり、形も大きさも中間的な「イワロニ」とでもいうべきヒナが生まれていたが、おそらく生殖能力はないだろう。数が多いからといって必ずしも訪ねやすいところにいるわけではない。私はこれまで何度か間近で魅了された経験があるが、いつかマカロニペンギンのメガロポリスを訪れてみたいものだと思っている。

左：マカロニペンギンは俊敏で、急な岩場も楽しんで登っているようだ。（サウスジョージア島、ハーキュリーズ湾）

下：マカロニペンギンの名前は18世紀の上流階級が用いた、羽根の頭飾りに由来する。（サウスシェトランド諸島）

抱卵期の最初の3分の1は両親とも巣にいて、交代で卵を温める。（サウスシェトランド諸島、リビングストン島、ハンナ岬）

冠羽のあるペンギンの多くは喧嘩っ早い。マカロニペンギンとヒゲペンギンが口論している。（サウスシェトランド諸島、リビングストン島）

3：島のおしゃれなやつら——冠羽をもつペンギンたち　　087

滝の下で水浴びを楽しむミナミイワトビペンギン
（ヒガシイワトビペンギン）の小規模なコロニー
（ニュージーランドの亜南極諸島、オークランド島）

4
苦境に立たされたイワトビペンギン

　イワトビペンギンを一度でも目にすれば、誰もがその魅力にとりつかれる。特に一万羽の群れが行ったり来たりしているところや、ぴょんぴょん跳んだり喧嘩をしたり、求愛や羽づくろいにいそしんだり、声高らかに鳴き声をあげたりするところを見ればなおさらである。彼らの陽気な性格や、勝ち目のない敵にも立ち向かっていく勇気とエネルギーに魅了されない者はいない。イワトビペンギンの体重はおよそ2.5～3kgで、南極海に生息するペンギンのなかでは一番小さい。それどころか、極寒の海で何カ月も過ごす温血動物のなかで、もっとも小型なのがイワトビペンギンだ。

　イワトビペンギンは、どんなときでも目的意識を持って行動する。そして常に集団行動をとる。彼らは小さな体をぶつけあい、激しく打ち寄せてくる波やぬるぬるとまとわりつく海草を大群でくぐりぬけ、大きな波しぶきとともに上陸する。ほぼ垂直に切り立った岩肌をよじ登るときは鋭いくちばしと爪で足がかりを探し、岩の足場から足場へと跳び移る。理由は彼らにしかわからないが、巣作りはたいてい打ち寄せる波や雨風にさらされた、島の風上の沿岸で行われ、なかでも切り立った岸壁が一番のお気に入りだ。なかには50m以上の高さの岸壁もある。重力に逆らい、何度転げ落ちてもめげることなく、イワトビペンギンはロッククライミングの技術と卓越したバランス感覚で、通いなれた足場へ大きくジャンプして巧みに崖を登っていく。亜南極諸島のいたるところにある極めて険しい岩場の表面には、何百万ものずんぐりとした小さな足（水中では舵、陸上では滑り止め付きブーツの役割を果たす足）の通過した跡が、深い溝となって残っている。紛れもなくイワトビペンギンが残したサインだ。しかし、そこにはぞっとするような現実もある。過去数十年に存在していた膨大な数の群れをしのばせるのは、いまやこのサインだけしかない。なぜかはいまだにはっきりとしないが、何百万というイワトビペンギンが死滅し、その甲高い声は絶え間ない波と風の咆哮にかき消された。

上：他の種のペンギンとは比べ物にならないほどの立派な冠羽を持つキタイワトビペンギン。（南大西洋、ゴブ島）

ミナミイワトビペンギン

モニュメント港の火山壁から75m下の海を見下ろすミナミイワトビペンギンの成鳥。低い傾斜地で行動するアシカを避け、この場所で換羽期を過ごす。(ニュージーランド亜南極諸島、キャンベル島)

ミナミイワトビペンギン

　ペンギンとつきあって27年になるが、とても愉快だった体験がふたつある。どちらも長期間にわたってフォークランド諸島の自然を撮影してまわった夏のことで、1度目は1986年、2度目はちょうどこの本を執筆する直前だった。ミナミイワトビペンギンの活発で猪突猛進のライフスタイルは、見飽きるということがまったくなかった。

　最初に訪れたときにたまたまキャンプすることになったのが、イーストフォークランド島にある最大のコロニーのそばだった。場所はマクブライズ岬。そこでシーズン最大の嵐に見舞われた。防水服をしっかりと着込んで大きな岩の後ろにしゃがんでいた私は、そのとき信じられない光景を目にした。遠方の海から戻ってきたペンギンの大群が沖合いに集まり、これから上陸しようとしていたのだ。まるで最後の突入にそなえて勇気を奮い起こそうとでもするように、しばらくの間あたりをぐるぐる回ったり、さかんに「イルカ泳ぎ」を繰り返したりしていたが、突然群れ全体が猛烈な勢いで岸を目指し始めた。波打つ海からペンギンたちが湧き出てくるさまは、小型ミサイルがうなりをあげて海草の隊列を突き破り、切り立った岩肌に飛んでいくようでもあった。数羽がわずかな足がかりを見つけ、次に打ち寄せる波に追いつかれまいとして一心不乱に岩肌を駆け上る。

なみはずれた好奇心の持ち主であるロッキーズ（イワトビペンギンのフォークランド諸島での愛称）は、コロニーの近くに見慣れないやつが現れると念入りに取り調べずにはいられない。（シーライオン島）

だが、成功するものは少ない。大多数は波にさらわれて慌てふためき、もう一度やりなおすことになる。そしてもう一度。さらにもう一度。冠羽は乱れ、体はずぶぬれになりながらも、ペンギンたちは次々とコロニーに到着する。まさに彼らの粘り強さがなせるわざだ。

当時は知るよしもなかったが、それほど大群の「ロッキーズ」（フォークランド諸島でのイワトビペンギンの愛称）を見ることができた私は幸運だった。ボーシェース島ではアホウドリの巣と入り混じった巨大なコロニーを目にしたが、そこにも30万ほどのつがいがいた。だが、その夏が終わるころには奇妙なことが起こり始めていた。最初はペブル島で、それからシーライオン島で、さらにはキドニー島でそれは明らかになった。幼鳥が巣立って間もない頃、換羽のために戻ってきた成鳥たちが大量死し始めたのだ。なかには、ペンギンの死骸がどんどん積み重なっていき、死肉を漁るオオフルマカモメやヒメコンドルの恰好の餌場と化したコロニーもあった。

上：「しまった！」卵を奪ったトウゾクカモメを追いかける親鳥。（フォークランド諸島、シーライオン島）
右：耳障りな甲高い鳴き声は、求愛の挨拶だ。（ウエストフォークランド島、デスズ岬）

ミナミイワトビペンギン

上：タイミングよく上陸するには、次に打ち寄せてくる波の少し前を泳ぎ、岩棚から岩棚へ必死にジャンプして波に引き戻されないようにしなくてはならない。
下：ミサイルのように水中から飛びだして、すべりやすいケルプ地帯を越え、足場を得ようとするミナミイワトビペンギン。

数年かけて組織のサンプルを分析し、個体数をモニタリングし、繁殖成功率を調査した結果、主な死因は単なる食糧不足だということがわかった。つまり、体の負担が大きい繁殖シーズンの後、餌の足りない成鳥たちが十分な体力を取り戻すことができず、陸で三週間の絶食を強いられる換羽期を乗り越えることができなかったのだ。

ペンギンたちの食糧危機は世紀の変わり目にも続いていた。繁殖成功率が低下し、大半のコロニーは縮小した。長期間にわたる調査もむなしく、食糧不足の原因は依然として不明のままだ。ただ、海水の温度が2℃上昇していることと関係している可能性は十分にある。2002〜2003年には致命的な赤潮や有毒なアオコが発生してペンギンたちにさらなる打撃を与え、それ以後、彼らの個体数は安定していなかった。

最初の奇跡のような出会いから四半世紀たった今、嬉しいことにイワトビペンギンの状況はようやく回復の兆しを見せている。昔の栄光に比べればまだまだだが、それでもここ数年のペンギンたちは十分な餌を得ているようだ。以前に比べて肉付きがよく、より活動的になった親鳥たちは大半が双子の幼鳥を育てていて、その幼鳥たちも丸々と太って羽毛のつやもよい。波しぶきが目に染みるのを感じながら、私は何千羽ものペンギンの大群が丸一日の採餌を終えて家路につくのを見守った。小さくジャンプしながらくねくねと曲がる道を進み、険しい岩棚を上り、雑草に覆われた断崖を越えていく。ふたたび胸に熱いものがこみ上げてきた。これまで彼らが耐えてきた苦境を思えばなおのことだ。

最初の出会いと二度目の出会いの間に、私は他の島々の営巣地にも出かけた。遠いところでは、同じ亜南極諸島でもフォークランド諸島とは南極を挟んだ反対側、オーストラリア大陸の南方に位置するマッコーリー島にまで足を延ばした。その大半はフォークランド諸島の営巣地よりも厳しい状況下に

コロニーは嵐が吹きつける風上の険しい場所につくられる。
通い慣れた道を進むペンギンの長い列。
(フォークランド諸島、オールウエストポイント島)

ペンギンのなかでは珍しく、ミナミイワトビペンギンは清潔で新鮮な水のある場所（湧水や小川）の近くにコロニーをつくる。ヒナ守る成鳥たちはそこで水を飲んだり水浴びをしたりする。（フォークランド諸島、ウエストポイント島およびソーンダース島）

| ミナミイワトビペンギン

上と下：ここ数年で見事に回復したフォークランド諸島のコロニー（上 ソーンダース島）。いっぽう、他のコロニーは相変わらず見る影もない（下 シーライオン島）。

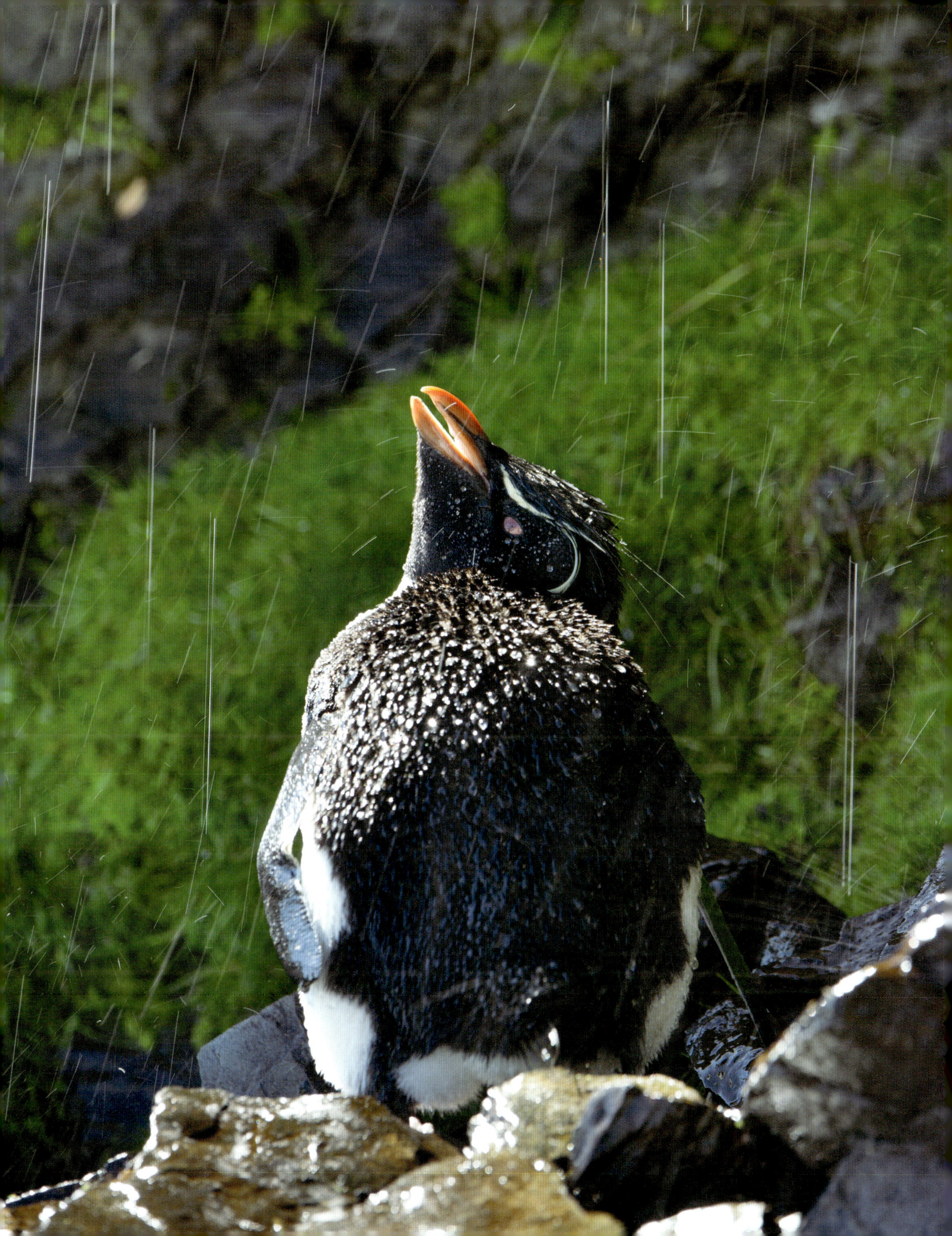

ミナミイワトビペンギン
海から戻ってけたたましい声で挨拶を交わすつがいの親鳥とヒナ。(ウェストフォークランド島、デスズ岬)

彼らはたとえ平坦な地面の上でもぴょんぴょん跳んで移動するのを好む。頭と翼を低くしたポーズは、上陸したてでまだ羽根も乾いていないことを表わしている。(フォークランド諸島、シーライオン島)

あった。

　ニュージーランドの真南にあるキャンベル島のペンギン・ベイでは、ペンギンのような群生種の個体数が95％近く減少するということがどれほど悲惨であるかを目の当たりにした。かつての広大なコロニーは点在する小さな群れに変わり、数で圧倒するトウゾクカモメに囲まれていた。トウゾクカモメたちはたびたび急降下してはペンギンの卵やヒナを奪っていく。

　もっと厄介なのが、コロニーへ通じる道で海から戻ってくるペンギンたちを待ち構えているオオフルマカモメだ。彼らはうまく攻撃をかわせないような小さな群れを選び、健康そうだが無防備な成鳥を引きずり出して、ばらばらに解体してしまう。

　キャンベル島から少し北へ向かったところにオークランド諸島がある。そこは長い間、ペンギンの宝庫と考えられていた。しかし、2004年に私が調査したときには、すべてのコロニーで巣の数は100以下に減っていた。イワトビペンギンの行動すら、大規模な繁殖地で見てきたものとはまるっきり違った。広い場所にびっしりと巣を作るのではなく、大きな岩の陰や植物が密生している場所に身を隠していた。そして上陸した成鳥たちは岩の間の狭い道をこそこそと移動し、すばやく姿を消すのだ。

　チリのディエゴ・ラミレス諸島には、南緯56度36分の位置にミナミイワトビペンギンの南限の生息地が存在する。そこは唯一ペンギンの数がそれほど減っていないコロニーだ。このコロニーと、今は個体数が増加傾向にあるフォークランド諸島の例だけが、現在厳しい状況に置かれているペンギンたちにとって明るい話題といえる。

左：すぐれたバランス感覚で、岩の足場から足場へ跳びはねて高い崖を行き来するミナミイワトビペンギン。固い岩肌にはペンギンたちが何世代にもわたってつけた爪の跡が刻まれている。（フォークランド諸島、ニュー島）

右上：翼でバランスをとり、足を前に突き出したかっこうで岩棚からジャンプするミナミイワトビペンギン。（ウエストフォークランド島、デスズ岬）

右下：ひとたび海に入ると、足は舵になり、翼は推進力を生み出す。（フォークランド諸島、ニュー島）

ヒナに餌を与えるため、親鳥たちはまだ朝日のささないうちから日課の漁に出かける。
タソックグラスが茂った泥道をぞろぞろと進む。（ナイチンゲール島）

キタイワトビペンギン

　ミナミイワトビペンギンのカリスマ的な人気が頭の飾り羽（逆立った冠羽からカーブを描いて伸びる細い羽）のおかげだとしても、キタイワトビペンギンには完全に負けてしまう。これまであまり注目されなかった新種のキタイワトビペンギンには長く垂れ下がった見事な冠羽が生えていて、実際に見るとよくわかるが、どこか威厳さえ感じるほどである。

　2006年、ケープタウンからロブスター漁船に乗ること7日間、水平線にトリスタンダクーニャ島の輪郭が浮かんで見えたとき、不可能に近いと思っていた私の夢がかなったのを実感した。この雄大な半休火山の島は、南アフリカとアルゼンチンの中間あたりに位置する世界でもっとも孤立した有人島だ。261人の島民はすべて英国民であり、およそ2世紀前に定住した先祖の7つの姓を名乗っている。最初に本格的に定住したのはイギリス陸軍を除隊したウィリアム・グラスで、1816年のことだった。私は、このすばらしい自然の驚異——とりわけアホウドリやペンギンたち——を撮影するために島評議会（アイランド・カウンシル）から招待されたことを、ことのほか光栄に感じていた。それにトリスタンダクーニャ島とその周辺の島々は、大西洋におけるキタイワトビペンギンの本拠地で、ここには原因不明のまま絶滅しかかっている世界中のキタイワトビペンギンの80％が生息している（残りの20％は、インド洋の二つの島、フランス領南方・南極地域のアムステルダム島とサンポール島に生息している）。

　公式にはエディンバラ・オブ・ザ・セブン・シーズという名称の風光明媚な集落に上陸した日は穏やかな天候だった。だが、それも束の間であった。トリスタンダクーニャ島が位置するのは南緯37度で、北半球で言えばジブラルタルやサンフランシスコと同緯度にあたる。そのため理論上では温暖な気候のはずなのだが、実際は亜南極の自然環境に驚くほどよく似ている。それに加え、2060mのそそり立つ火山の頂には笠雲が生じ、霧がうずまいて強風が吹

キタイワトビペンギン

頑丈なくちばしに赤い目、そしてぼさぼさのヘアースタイル。ヒナの番をする親鳥は、威嚇する目つきで侵入者を寄せつけない。（ゴフ島）

4：苦境に立たされたイワトビペンギン

壮観なグレン渓谷。キタイワトビペンギンたちは岩だらけの険しい斜面に巣をつくる。(すべてゴフ島)

| キタイワトビペンギン
抱卵の最終期を迎え、お腹のひだの下にある温かい抱卵斑で卵を抱き、巣にうずくまる親鳥。

上を向いて伸び上がり、頭を振りながら挨拶と求愛のポーズをとる。鋭い鳴き声をあげ、翼をばたばたと振っている。

4：苦境に立たされたイワトビペンギン　101

■キタイワトビペンギン
左：両親に守られ、餌をねだる生後一日目のヒナ。（南大西洋、ゴフ島）
右：一群となって海を見下ろすナイチンゲール島のキタイワトビペンギン。胸の汚れの度合いはコロニーにとどまる時間に比例している。海の向こうに見えるのは、トリスタンダクーニャ島の火山。オリバ号の石油流出事故が起こったのはこの数年後のことだ。

く。これは一年中ほとんど変わることのない特徴だ。到着して一週間後に再び天候が落ち着いたので、私は警察の小型スピードボードに乗って有名なナイチンゲール島へ渡った。案内人はジェイムズ・グラス。当時、自然保護局の局長だった人物だ。

齧歯類や外来生物に悩まされることのないこの美しい小島には、トリスタンダクーニャ諸島に生息するイワトビペンギンのおよそ四分の三が営巣する。私たちが島に上陸した日は、文字通り洪水のようなペンギンの群れが出迎えてくれた。彼らはぴょんぴょん跳ねながら険しい岩場を上に下にと行き来しているところだった。ふだん私は動物と人間の姿を重ね合わせたりはしないのだが、このときばかりはさすがに人とペンギンは似ていると思わざるをえなかった。せわしげに行ったり来たりしているペンギンの素敵な飾り羽は、あるときには豪華なティアラのようであり、またあるときはドレッドヘアのようでもあった。

私は慌ただしく島の奥へ向かうペンギンの群れについていった。「道」を行けばいいだけだが、道といっても島の大半を覆う鬱蒼としたタソックグラスの草むらを島民たちが刈った跡にすぎない。もっと南方に位置する典型的なペンギンのいる島とは違って、ここのタソックグラスはむしろミニチュアの竹林といったほうが近い。そのため簡単には入り込めないのだ。ペンギンの列は人間の作った道を数百メートルほど進むと、あとはタソックグラスをくぐって、踏み固められた通路へ潜りこんでしまった。

私はよつんばいになって後を追い、アヒルのような騒がしい鳴き声と生まれたばかりのヒナのピヨピヨいう声をたよりに、草の天蓋で強風やトウゾクカモメから守られた営巣地を見つけようとした。そしてそれは思ったよりも早く見つかった。私はいつの間にかペンギンたちに交じって、藁に囲まれた小さな地下世界に潜りこんでいた。その間もずっと私の靴のそばをペンギンの行列が通り過ぎ、いっぽうで頼もしいつがいの親鳥たちが、黒いふわふわのヒナたちを守ろうとして踏ん張っていた。

1 二つの世界のあいだに

そのわずか数年後、この小さな島は恐ろしい石油流出事故の現場になってしまった。考えただけで胸がはりさけそうになる。ミナミイワトビペンギンと同様に、有史以来世界中で個体数が90％も減少し絶滅寸前と見なされているキタイワトビペンギンが、何千羽と命を落としてしまったのだ。

　ナイチンゲール島を離れて二週間後、再びキタイワトビペンギンと出会ったのは、400kmほど南東にある隣のゴフ島だった。それはいっそう野生味あふれる状況だった。嵐が吹きつける険しい岩山、そびえ立つ尖峰や断崖、霧のたちこめる渓谷と強風にあおられる滝、シダに覆われた原野や湧水湿地、ぼろぼろの地衣類をまとって水滴を滴らせているフィリカの林と点在するたくましい木生シダ……世界でもっとも奇抜な風貌をしているペンギンにとって、これほどふさわしい生活の場所はないだろう。

　彼らは岩でごつごつした険しい斜面（まさにイワトビペンギンが好む地形）や、緑に輝く腹の底のような渓谷の入り口に巣を作るが、見た目によらず攻撃的な

キタイワトビペンギンのコロニーを通りぬけるアナンキョクオットセイ。
ペンギンの巣や卵やヒナをうっかり踏み潰してしまうことがよくある。（南大西洋、ゴフ島）

4：苦境に立たされたイワトビペンギン　　103

キタイワトビペンギン

「ヘアスタイルが決まらない日」の典型的な場面。険しい岩山をスコールが襲い、若い成鳥の美しい冠羽を風がもてあそんでいる。(ゴフ島)

アナンキョクオットセイたちと押し合いへし合いしながら居場所を確保しなくてはならないし、とびぬけて数の多いトウゾクカモメにも気をつけなくてはならない。怒ったオットセイは抱卵中のペンギンを巣から叩きだそうとするし、かたやトウゾクカモメたちは隙あらばヒナをかっさらおうと常にあたりをうろついている。だが生来イワトビペンギンは不屈の精神の持ち主で、敵の体の大きさや本気具合にかかわらず、断固として立ち向かっていくのである。砕け散る波と吹きすさぶ風の音、合間に聞こえるオットセイのむせび鳴きと峡谷にこだまするハイイロアホウドリの耳をつんざくような鳴き声——そしてもちろん、潮風が荒々しく吹き付けるたびに、ふんぞりかえった小さなペンギンたちの金色の飾り羽が気ままにはためくさま、それがいつまでも心に残るゴフ島の思い出である。

ゆるやかに垂れ下がった金色の飾り羽。かつてはトリスタンダクーニャ島の女性職人たちが繊細なショールを編むのに用いていた。（ナイチンゲール島）

4：苦境に立たされたイワトビペンギン　105

用心深く、たいてい単独行動をとるキガシラペンギン。
タソックグラスの茂みを抜けて、エンダービー島の奥地へ向かうところ。
巣はうっそうと茂る草木の下に隠されている。（亜南極、ニュージーランド）

5
夜の妖精たち——コガタペンギンとキガシラペンギン

　絵に描いたような黄昏が澄んだ青空を濃い金色へ少しずつ染めてゆき、フィリップ島の西岸沿いに打ち寄せるさざ波はきらきらと輝く。私たちは待っている。夕闇があたりを包み、夜の涼しさに誘われたワラビーが奥の茂みから現れて、海岸沿いの崖の草を食む。そして、ついに彼らの登場だ。たくさんの小さなペンギンの頭が、ブロンズ色に光る波の合間から一瞬躍り出る。すでにカメラと三脚を用意していた私と友人は、まだ彼らの姿がよく見えないうちから撮影を始める。おそらく営巣地での大胆なクローズアップより、こちらの写真のほうがずっと臨場感があるはずだ。

　これが、夜行性の小さなペンギン——正式な名前はコガタペンギン——の基本的な生活パターンである。彼らはペンギンのなかでもっとも体が小さい。その姿形からニュージーランドではリトルブルーペンギンと呼ばれ、オーストラリアではフェアリーペンギン（妖精ペンギン）と呼ばれることもある。私はこのフェアリーペンギンという名前が一番好きだ。

小さくてなかなか見つけられないといった彼らの特徴をよく捉えている。

　フィリップ島はメルボルンに近いオーストラリアの南海岸にある。世の中には人間の行為に翻弄される生き物たちの悲しい物語があふれているが、この島は幸せな物語を見つけられる数少ない場所のひとつだ。外来の捕食動物、営巣地の自然破壊、魚の乱獲などが原因で、コガタペンギンの個体数と生息領域は何十年も減少傾向にある。しかし、フィリップ島には管理の行き届いた見学ツアーを主な資金源とした民間の保護プログラムがあって、住民もペンギンもその恩恵をうけている。他にもこのプログラムは、あらゆるペンギン種についての総合的かつ長期的な調査活動を支援している。

　夜空に星が瞬きはじめた頃、私たちがせっせとペンギンの到着を撮影している磯場では、動きがあわただしくなった。海には次から次へと群れが現れ、打ち寄せた波がぬるぬるした岩場に叩きつける瞬間、何十羽ものペンギンたちが転がるように上陸を果た

上：打ち寄せられた波の間からこっそり顔を出す、臆病なコガタペンギン。黄昏のかすかな光の中、ヒナに餌を与えるために帰還したところ。（南オーストラリア、フィリップ島）

5：夜の妖精たち——コガタペンギンとキガシラペンギン　　107

コガタペンギン

黄昏の色が徐々に薄くなるころ、海から戻ってきた群れがひっそりとした海岸沿いにぞくぞくと集まり、島の内地にある巣に向かって突進する。フィリップ島における自然保護のサクセスストーリーは、観光マネーに支えられている。(オーストラリア)

　す。そのとき私は彼らがどんなに小さいかをあらためて思い知った。身長は 30cm あるかないかで体重は 1 kg、1 リットルの牛乳瓶よりほんの少し大きいくらいだ。彼らが震えながら羽づくろいをして体を乾かしている間にも、さらにペンギンたちが海から戻ってきて、全体の数が増えていく。すると群れ全体がざわつき始め、最初に到着したペンギンたちが列を離れてひとかたまりになったかと思うと、急勾配の坂を駆け上り始めた。体の小さなコガタペンギンは他のペンギンと違って神経質でおとなしく、沿岸の植物を踏み固めた曲がり道をそそくさと移動する。だが、いくら臆病な性質といっても、ペンギンたちの動きを予測してじっと待っていさえすれば、彼らはこちらをさして気にすることなく、すぐ側を通りすぎていく。地面に置いてリモコン撮影していたカメラを踏んでいくペンギンもいる。海抜 20 m ほどの平坦な場所にたどりつくと、ペンギンたちは四方に広がり、それぞれの巣穴のある低木の茂みに姿を消した。ただ、お腹をすかせたヒナたちの控え目な鳴き声だけが、見えなくなったペンギンたちの行動を窺わせるのだった。

　それから数日もしないうちに、私は別の海岸沿いにいた。今回は、東の空に現れる夜明けの兆しを眺めていた。前の晩はコガタペンギンたちと過ごして一睡もしていないが、彼らに夢中になっていた私はみじんも疲れを感じていない。ここはタスマニア州東海岸の沖合いにあるブルニー島。ネック自然保護区（島の真ん中よりも少し北にある細長い砂浜）があり、ペンギンやミズナギドリのお気に入りの営巣地だ。

　島には午後遅くに到着した。そのときは暗闇にまぎれて始まる夜の生活がこんなに賑々しいとは予想だにしていなかった。数羽のカモメとつがいのカラスがのんびりとパトロールする三日月形の細長いビーチには、吹きさらしの細かい砂の上に小さな足跡の列がかすかに残っていて、そこがペンギンの通り道であることをほのめかしていた。日が落ちてし

踏み固めた道を通って、ブルニー島の砂丘に向かうコガタペンギン。リモコン操作のカメラを怪しむことなく、少数の集団が砂の上をすり足で歩いていく。

　しばらく経つと、第一陣が2、3羽ずつにまとまって海からこそこそと姿を現した。いつもの道に見慣れない物があるので驚いたのか、ペンギンたちは光を反射するカメラのレンズをものめずらしげにつつき、それから茂みに消えていった。

　真夜中になる頃には、すべてのペンギンの行進が終わっていたが、あたりの砂丘にはヒナの声が響いていた。その悲しげな甲高い声は、人間の子供のすすり泣きに不気味なほど似ている。物音をたどっていくと、かすかな星明りの下でつがいのペンギンたちの姿がかろうじて見えた。ワラビとビーチグラスの茂みのなかで求愛や交尾をしているものもいれば、巣穴に並べる草を運ぶものもいた。巣の掃除をしているペンギンもいて、ときおり白い砂が噴水のように舞い上がった。年かさの親鳥たちはみな丸々と太った健康なヒナを2羽ずつ抱えていた。ヒナたちは新月の暗闇に乗じて巣穴から出てくると、体を伸ばしたり、あたりを散策したりした。

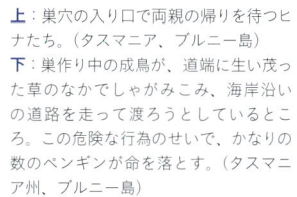

上：巣穴の入り口で両親の帰りを待つヒナたち。（タスマニア、ブルニー島）
下：巣作り中の成鳥が、道端に生い茂った草のなかでしゃがみこみ、海岸沿いの道路を走って渡ろうとしているところ。この危険な行為のせいで、かなりの数のペンギンが命を落とす。（タスマニア州、ブルニー島）

5：夜の妖精たち——コガタペンギンとキガシラペンギン　　109

夜中の12時をまわったころ、ペンギンの家族たちは巣穴の外で一緒にまどろみはじめ、沈黙のひとときが訪れた。深夜に再び慌ただしい動きが始まったのは、ハシボソミズナギドリの群れが到着し始めたときだ。彼らはさわやかな海風に乗って上空を旋回したり急降下したりしながら、夜の演奏会にくぐもった奇妙な鳴き声を添えていた。まもなくハシボソミズナギドリはペンギンの群れのなかに強行着陸し、自分たちの巣穴を探してちょこちょこと動き回った。

私は雲の合間から顔を出した夜明けの光にほとんど気づかなかった。しかし、夜の妖精たち——ペンギンやミズナギドリ——にとって、それは警報にも似た明確なサインなのだ。突然のスクランブルに、ヒナたちは巣穴の奥深くに引っ込み、成鳥たちは皆すばやく海に向かって姿を消した。やわらかな薄明かりが誰もいない砂浜をそっと撫で、沈黙が再び広がる。私はだんだん色づいていく水平線上をぼんやりと見つめた。餌場に向かうペンギンたちが泳いで

ブロンズ色にうっすらと染まる夕暮れの薄明かりのなか、こっそりと行き来するコガタペンギン（フィリップ島）。いっぽう夜明けのブルニー島には、夜に行き来したペンギンたちのおびただしい足跡が残っている。

1　二つの世界のあいだに

いる。なんて魅力的な夜だったんだろう！

ハネジロペンギン

　ニュージーランドのコガタペンギンはオーストラリアでいうフェアリーペンギンと同じ種である。だが、ニュージーランドのコガタペンギンは小さめのコロニーを多数つくり、北島・南島の海岸沿いとスチュアート島に散らばるようにして居住している。それ以外にもニュージーランドはコガタペンギンについて興味深い見方を与えてくれる。それは、南島の東海岸沿いにあるバンクス半島あたりにしか営巣しない稀少個体群のハネジロペンギンのことだ。他のコガタペンギンとあまりに違うため、別種のペンギンとして扱われることもある。しかし別種であれ亜種であれ、個体数の減少率を見ると、他の大半のペンギンの場合と同様、暗澹たる気持ちになる。ただし、ひとつの希望もある。古火山でできたバンクス半島にある深い入り江で、二人の人物がペンギンたちと深い友情を結んでいるのだ。

コガタペンギン
上：掘りたての巣穴から顔を出しているコガタペンギン。（タスマニア州、ブルニー島）
下：真夜中に巣穴の外でくつろぐ親鳥とヒナ。（ブルニー島、ネック保護区）

5：夜の妖精たち——コガタペンギンとキガシラペンギン　　111

右頁（二枚）：営巣地ではなにごとも闇にまぎれて行われる。夜になって営巣地に戻ってきたペンギンたち（上：オーストラリア、フィリップ島）と、夜明けとともに再び巣を離れるペンギンたち（下：タスマニア州、ブルニー島）

抱卵中の成鳥。写真のように、巣穴を掘らずに真っ暗な洞穴に巣作りするペンギンもいる。（ニュージーランド、ウエストコースト地方、チャールストン近郊）

コガタペンギン

沿岸の茂みを通りぬける。体の小さなペンギンにとっては骨の折れる日課だ。（ブルニー島）

夕方、巣穴のすぐそばで親鳥に見守られている成長したヒナたち。（タスマニア州、ブルニー島）

112　　1　二つの世界のあいだに

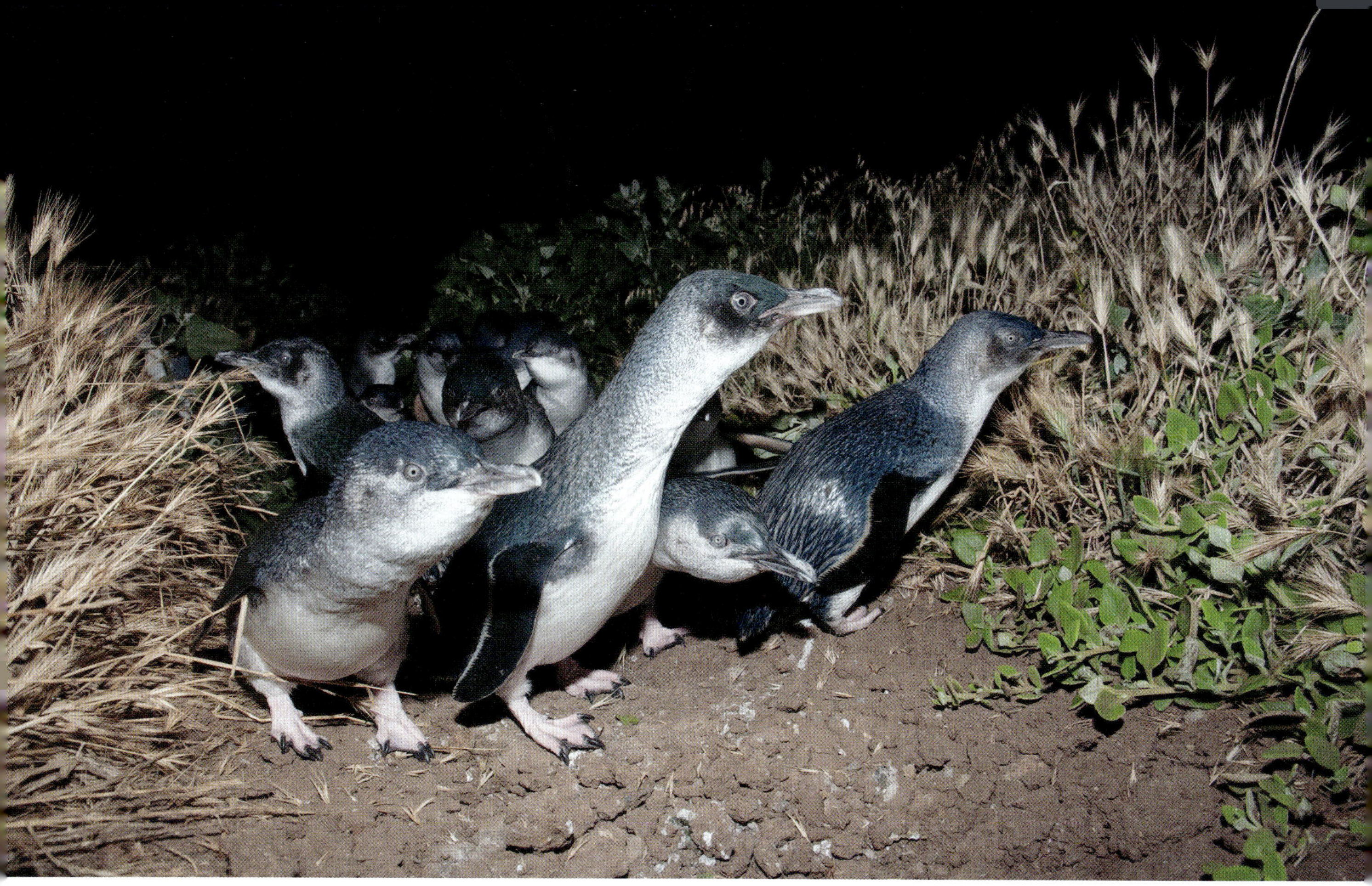
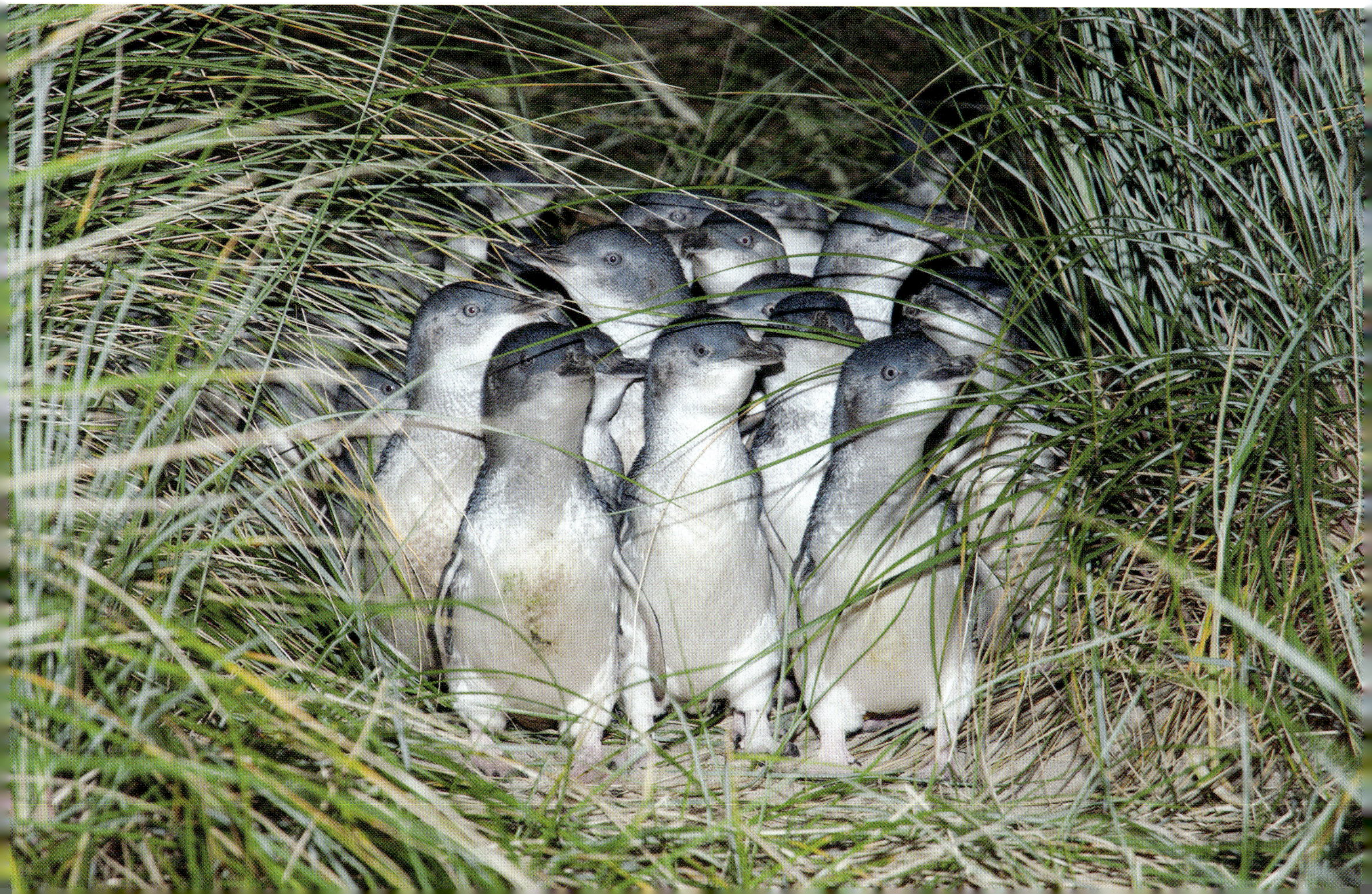

この見開き：コガタペンギンの亜種であるハネジロペンギンは、ニュージーランド南島の東海岸に位置するバンクス半島にのみ居住している。最大の繁殖コロニーは、ポハツ海洋保護区に隣接する海岸沿いの「ポハツ・ペンギンズ」だ。そこでは、安全な避難場所、捕食者の駆除、海岸植生の移植、巣箱の設置が行われている。資金源の一つは、よく管理されたペンギン観光ツアーである。

地震に見舞われたクライストチャーチを後にして、ごつごつした休火山の縁を車で越え、曲がりくねった尾根に沿って進む。そこでは、濃いコバルトブルーの湾を見下ろしながら羊と牛が黄金色の牧草を食んでいる。氷河時代に氷河が玄武岩質溶岩層を削り取り、円形の古火山を海に咲いた睡蓮のような形に彫り上げた結果、無数の入り江が生まれた。そのなかでも最大の二つが、リッテルトン湾と、初期にフランス人が移住したアカロア湾だ。どちらもかつてはハネジロペンギンの主な居住地だった。ペットや野生の捕食者が持ち込まれたせいで、コロニーは次々と縮小して消えていった。そして不幸なことに、事態は今もなお進行中である。

車で二時間も行くと最後の尾根に到着し、砂利道は何の警告もなく途切れ、向こう側には外洋が広がっていた。ここから南アメリカ大陸までの間の海に、島は一切存在しない。坂道を下りきったところにあるフリー・ベイと呼ばれる見事な小型フィヨルドの裏手に、こぢんまりした農家と羊の毛を刈るための広々とした裏庭があった。私がやってきたのは「ポハツ・ペンギンズ」。自然保護局のポハツ海洋保護区に隣接した、民間主導の保護区である。

1991年以来、シリーンとフランシスのヘルプス夫妻はこの湾のペンギンたちを救うことを自分たちの使命と考えてきた。少人数向けのペンギン観光ツアーの収入を資金源にして、二人はフェレットやオコジョ、そして野良猫のような導入種を駆除している。さらに夫妻はこれまで多くの海岸植生を移植し、所有地のあちこちにペンギンの巣箱を置き、不漁の年にはお腹をすかせたヒナたちに餌を与えて、生存率を高める手助けをしてきた。その結果、いまではここが（ペンギンの種類にかかわらず）ニュージーランドで最大のペンギンコロニーである。たいていのシーズンで700以上の巣があるというのは驚くべき成果であり、正しい場所で、情熱をもって、粘り強くことにあたれば、個人でもでこれだけのことを達成できると教えてくれる。

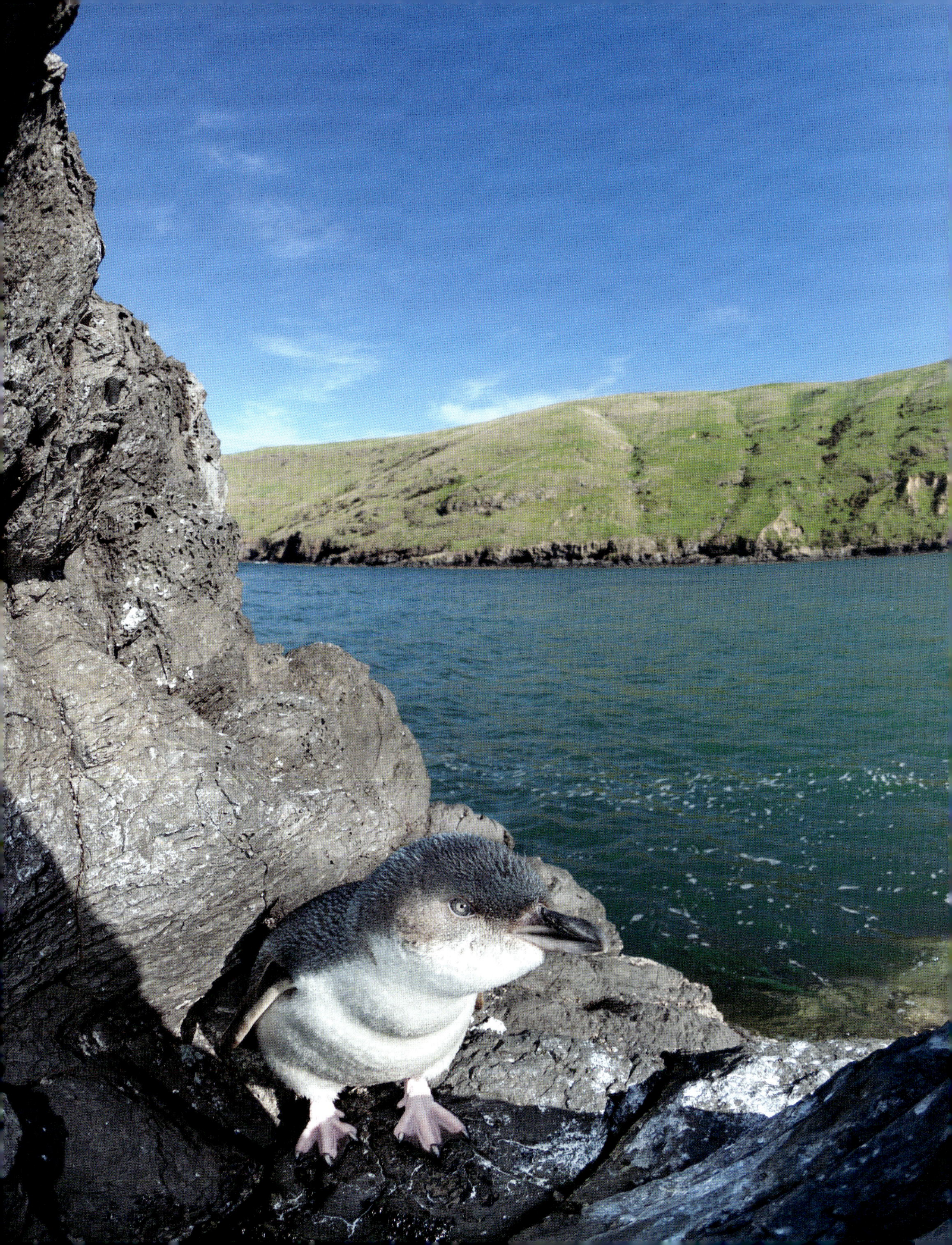

| キガシラペンギン

左：巣から外を眺める成鳥。(オークランド諸島、エンダービー島)
右：ノースウエスト湾のドラコフィラムとヒリュウシダ属のシダの茂みにうまく隠れたキガシラペンギンの親子。巣立ちの近いヒナのそばで親鳥がくつろいでいるところ。(ニュージーランド亜南極諸島、キャンベル島)

枯れたシダを屋根にした巣で雨をしのぎ、眠っているヒナの番をする親鳥。ヒナの体は周りの色にうまく溶け込んでいる。(キャンベル島、ノースウエスト湾)

キガシラペンギン

　ニュージーランドにはコガタペンギンのほかにもう一種類、夜が好きなペンギンが生息している。めったに姿を見せないキガシラペンギンは厳密に言えば夜行性ではないが、とても臆病な性格であることは間違いない。巣は密生した茂みのなかにあって孤立している。彼らがそこを行き来するのはたいてい夕暮れと夜明けだ。キガシラペンギンは謎めいた種である。およそ1500万年ほど前に他の種から分岐した、ペンギンの進化系統において現存する最古のペンギンだと考える者もいる。さらに最近になって、およそ1000年前までニュージーランドの主要な海岸には「ワイタハペンギン」という種がいたことがわかっている。これはキガシラペンギンよりも

116　1　二つの世界のあいだに

先に存在した近縁種で、形は似ているもののわずかに小型で、太平洋諸島から初めて人間が移住してきたときに絶滅したらしい。代わって登場したキガシラペンギンは、南方の亜南極諸島からやってきてコロニーを作った。ひとつの種が絶滅するいっぽう、同じ場所で別の種がうまくやっていけたのはなぜか。それはおそらくこれからも謎のままだろう。

現在、ニュージーランドにおけるキガシラペンギンの主要な営巣地は、フォーヴォー海峡からオタゴ半島に存在している。そしてオタゴ半島でも、ペンギンに味方する農場主が自分の土地を保護区にし、営巣用の小屋を特別に造って提供している。その名も「ペンギンプレイス」だ。ペンギンを見たがる観光客は、砂丘に隠されたトンネル状の通路から、警戒されることなくペンギンたちをこっそり覗くことができる。毎日のツアーが生む収益は、捕食者のコントロールと緑化プロジェクトに用いられ、ペンギンの居住環境の改善に役立てられている。

ニュージーランドの最南部にある亜南極諸島のキャンベル島は、もともとキガシラペンギンの本拠地である。「狂う50度」（「吠える40度」と「叫ぶ60度」の間）と呼ばれる範囲にすっぽりと入っているキャンベル島は、一年のうち300日以上雨に見舞われ、一週間のうち最低6日は毎時40kmの強い風が吹きつけている。山の頂上では、最大風速225kmの風が観測されたこともある。4カ月におよぶ私たちの探検旅行も終わりに近づき、停泊していた私たちの小型ヨット、マヘリア号は、かつて捕鯨船やアザラシ猟船のたまり場だったノースイースト湾に吹き降ろす嵐に悩まされることなく、二つの

金色の目と顔周りの黄色い羽がこのペンギンの特徴だ。（エンダービー島）

5：夜の妖精たち──コガタペンギンとキガシラペンギン　117

暗い茂みのなかの聖域で、餌をもらおうとしているヒナ。

キガシラペンギン

上：自分たちの巣で挨拶を交わすつがいのキガシラペンギン。その耳をつんざくような鳴き声から、マオリ族は彼らを「ホイホ」と呼ぶ。「うるさく叫ぶ人」という意味だ。（エンダービー島）
左：挨拶や求愛行動では、頭をぐいっとあげたり、鳴かずに直立不動のポーズをとったりすることが多い。
右：シダやイラクサの天蓋の下に隠された巣。強風で曲がった沿岸低木に囲まれている。（すべてエンダービー島）

5：夜の妖精たち——コガタペンギンとキガシラペンギン

嵐の外界からは姿を隠し、コケの生えた地面を静かに移動するキガシラペンギン。頭上は密生して絡み合ったドラコフィラムに覆われている。ニュージーランド亜南極諸島の最南部にあるキャンベル島は、キガシラペンギンの生息地であり、島全体が自然保護区に指定されている。（キャンベル島）

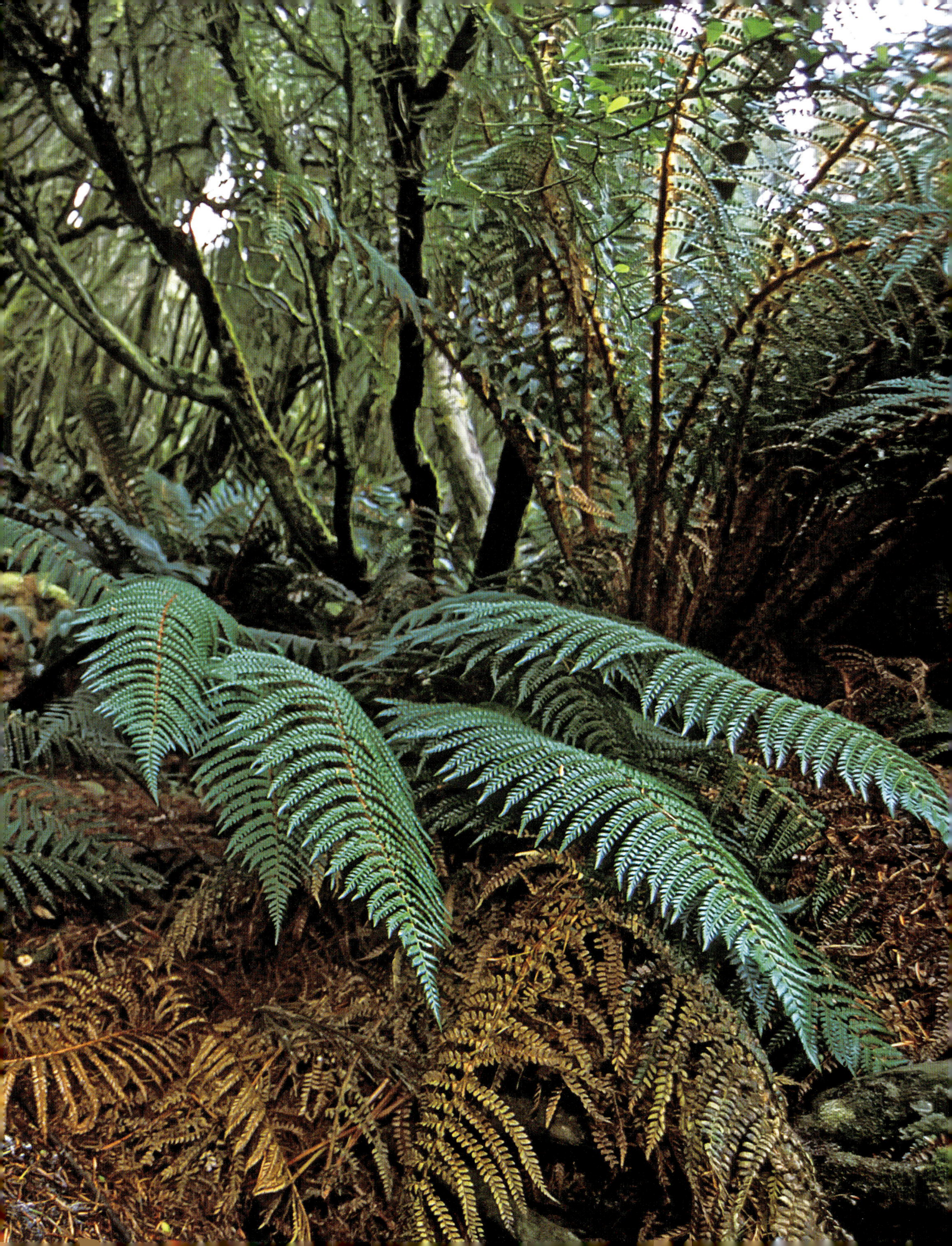

キガシラペンギン

海から戻ってきてタソックグラスの茂みを進むキガシラペンギン。写真のように少数の群れになって内地をめざすこともまれにある。(エンダービー島)

左:挨拶を交わすつがいのペンギンたち。
右:風のない天気のよい日には、体を冷やす必要がある。ほとんど羽根の生えていないフリッパーの裏側が明るいピンク色に染まっているのは、放熱のために血液が集まっているからだ。(二枚ともエンダービー島)

122　I　二つの世界のあいだに

アニソトメ属のメガハーブに囲まれたキガシラペンギン。この写真のように、たいていのキガシラペンギンは一羽で移動する。巣まで数キロの道のりを歩くこともある。(キャンベル島)

　錨を下ろしてゆったりと漂っていた。いつものように風がうなり声をあげ、ときには暗い海面の水を切り裂き、横なぐりの雨とまじりあう。だがそのとき、驚くことに、100m先の海岸線から嵐の咆哮の中に、甲高い鳴き声がはっきりと聞こえてきたのだ。
　あらゆるペンギンのなかでもっとも騒々しいキガシラペンギンのつがいが、低木の茂った坂道のどこかで求愛している最中だった。次第に濃くなっていく黄昏のなか、私は声を頼りにゴムボートで上陸し、身を屈めて、ほとんど先が見えないほど密生したドラコフィラムの茂みに分け入った。ドラゴンブッシュとも呼ばれるこの低木は、この島に生える唯一の樹木だ。どれも3mくらいの高さがある。しっとりと濡れて目の詰まったドラゴンブッシュの天蓋の下で、雨と日光から守られたペンギンたちがあちらこちらで鳴き声をあげ、私を導いてくれた。私はしっかりと絡み合った枝の間を這ったり身をよじったりして奥に進み、妙な静けさに包まれている濡れそぼった地下世界へそっと入り込んだ。かすかに聞こえてくる小川の流れる音は、暗闇に潜むニュージーランドアシカのぞっとするようなうなり声にときおりかき消された。思わせぶりなペンギンの声に誘われてさらに進んでみたものの、彼らに近づいているという実感がまるでない。夜が迫ってきたので私はとうとうあきらめた。あとになって、島の反対側にあるノースウエスト湾でペンギンの家族を発見した。その内気で小さな生き物たちが住んでいたのは、もこもこしたカゴシダ、ふわふわのコケのクッション、フリルのような地衣類に囲まれ深緑に染まった、まるで妖精の世界だ。もっとも稀少で、もっとも秘密めいたペンギンにふさわしい居住地である。

5: 夜の妖精たち——コガタペンギンとキガシラペンギン　　123

キングペンギンのヒナは、かつての船乗りたちから「オーカム・ボーイズ」と呼ばれていた。漏水を防ぐため甲板などの隙間に詰めたオーカム（古い麻綱をほぐしたもの）に似ているからだ。
写真は、群れから離れて雪解け水の流れに自分の足場を見つけたヒナ。
（南大西洋、サウスジョージア島）

6
南極の王者たち──キングペンギンとエンペラーペンギン

　現在18種類といわれているペンギンのうち、本物の王者はキングペンギンとエンペラーペンギンだ。彼らは、数千万年前に南半球の海を我が物としていた巨大ペンギンにもっともよく似ている。巨大ペンギンたちは、その後ライバルの哺乳類や捕食動物に居場所を奪われてしまった。

　だが、巨大ペンギンより数の少ない現代の王者たちは、いまだに南方の海の支配者である。いっぽうは氷上の生き物として知られ、もういっぽうは、もっとも自然の厳しい南極海の海原を占有し、亜南極諸島に広く点在する生き物として知られている。とはいえ、この区分は彼らの繁殖習性をどう捉えるかに関わっている。衛星追跡調査によれば、長い冬の間、彼らは氷で覆われた南極海の端にある同じ餌場にいる可能性もある。実のところ、この二つの種が他のペンギンともっとも違う点は、彼らが共通の問題を解決した方法にある。その問題とはヒナの育て方だ。彼らは体が大きいので、亜南極の短い夏の間にヒナが巣立ちできないのだ。その解決方法は彼らの体格と同じように桁はずれである。エンペラーペンギンは南に向かい、冬の最中に9カ月の繁殖シーズンを迎える。いっぽう、キングペンギンは緑あふれる亜南極の島々をめざして北に向かい、長々と続く繁殖サイクルを始め、季節を度外視して一羽のヒナを18カ月かけて育てる。さらに、キングペンギンとエンペラーペンギンにはずいぶん変わった習性がある。ほとんどすべての鳥類とは異なり巣を

上：氷海に生息するエンペラーペンギン。（ウェッデル海、エクストレム棚氷付近）

求愛中のキングペンギンのつがい。（オーストラリアの亜南極圏、マッコーリー島）

｜キングペンギン

上：エサをもらおうと親鳥のお腹の下から出てきた生後わずか数日のヒナ。まるで毛布にくるまれているようだ。

右上：たっぷりとした幼綿羽をまとっているため親鳥よりも大きく見えるヒナ。巣立ちを目前にしてエサを食べ続け、一気に成長する。(サウスジョージア島、ゴールド湾)

右下：集団求愛のさなか、メスの目の前で二羽のオスどうしが激しく翼を振り回しているところ。(イーストフォークランド島、ヴォランティアビーチ)

作らないのだ。その代わりに卵をバランスよく足の上に乗せ、だぶだぶのお腹の皮を分厚い毛布のようにかぶせて運ぶ。エンペラーペンギンはすり足で移動できる滑らかな氷の上を、キングペンギンは渓谷や氷河の下方に広がるアウトウォッシュプレーンという平野を子育ての場所に選ぶ。

キングペンギン

タソックグラスの茂った見晴らしのよい尾根から、10万羽のキングペンギンとそのヒナたちが行進する姿を見下ろす光景ほど荘厳な眺めはない。コロニーは地形に沿って敷き詰めたカーペットのように、あたりにびっしりと広がっている。遠くから見ると、美しいシナモンブラウン色の筋が平野に渦巻き模様を作っていて、まるでカプチーノの泡に描かれたマーブル模様のようだ。その正体は、ふわふわの羽毛をまとい丸々と太った巣立ち前のヒナの大群が、冷たい雪解け水の流れに沿って集まっている姿である。おびただしい数のヒナがひっきりなしにさえずり、それが二重のトランペットのような成鳥の鳴き声と混じりあう。荒々しいみぞれ混じりの突風が弱まると、たちまち彼らの鳴き声の波がどこからともなく立ち上がる。いくつかのバリエーションがあるにしても、こういった心を強くゆさぶる風景が繰り返される場所は数少ない。それは、冷たい海水が比較的温かい海水の下に流れ込む場所（だいたい南緯50度から60度くらいに位置する亜南極収束線付近）に点在する島々のみである。

そんな島のひとつ、南大西洋のサウスジョージア島にあるキングペンギンの巨大コロニーは壮観だった。鋸歯状の山脈に囲まれた氷の谷には滑降風が吹き下ろし、上空にはハイイロアホウドリが旋回し、砂浜には鼻息の荒いゾウアザラシが並んでいた。だが、もっとも心に残ったのは、オーストラリアの南

集団求愛と交尾行動(連続写真)。
(イーストフォークランド島、ヴォランティアビーチ)

6：南極の王者たち——キングペンギンとエンペラーペンギン 127

キングペンギン
午後の虹のもとで海岸沿いを散策するペンギン。

浅瀬の潟で水浴びの最中に喧嘩を始めた二羽のオスが、翼で相手を叩いているところ。

「恋人求む」。空に向かってくちばしを突き出し、二重音声でトランペットの音のような鳴き声をあげる。（すべてイーストフォークランド島、ヴォランティアビーチ）

　方、サウスジョージア島とは経度でいえばほぼ真反対にあたるマッコーリー島の光景だった。島の痛ましい歴史を思えばなおさらである。

　マッコーリー島の植物が生い茂った断崖に船で近づくにつれて、海が沸騰しているように見えた。好奇心たっぷりのキングペンギンたちが大群で海に泳ぎ出て、跳ね上がったり水を叩いたりしながら私たちを出迎えてくれたのだ。上陸するためにさらに近づくと、ルシタニア湾の大陸棚にひしめく大群に初めて気づいた。船のまわりを取り囲んだ群れはただの偵察隊に過ぎなかったのだ。ゴムボートで浜に向かうころには、興奮しきったエスコート役のペンギンたちのなかには、ボートのなかを一目見ようと海面から完全に飛び出してしまうものがいたり、ときにはゴムボートのフロート部分にぶつかって跳ねとばされたりするものもいた。海岸沿いをボートで流していると、浜辺の向こうから鼓動のようなリズムで繁殖コロニーのざわめきが漂ってくる。だが、群れの真ん中には錆びた機械が聳え立っていて、この異様な光景が島の暗い過去を物語っていた。

　1889年、ジョゼフ・ハッチという男がこの同じ浜辺に船を停めた。しかし島にやってきた目的は私たちのそれとはかけ離れていた。当時は、それまで油の採取用に獲っていたクジラが各地で数を減らしつつあり、北半球の工業化を支えるための油を世界中が欲しがっていた。最初にジョゼフが目を付けたのは、浜辺に並んだゾウアザラシの群れだった。ゾウアザラシたちは殺戮され、油にされた。やがてこの脂肪の多い巨人たちが獲りつくされてしまうと、次に狙われたのはペンギンだった。それから40年以上にわたり、彼の工場はおよそ300万羽ものペンギンを釜茹でにし、そのための燃料には釜からとりだして乾燥させた死骸が使われたという。釜を炊く火はつきることなく、油を詰めた樽が浜辺にずらりと並んだ。そしてとうとう残っているキングペンギンは3400羽のみとなった。元の個体数に比べれば、ほんのわずかな数でしかない。それ以降、キングペンギンは厳重に保護されてきたが、今日その数はまだ回復途中にあり、ほぼ100年かかってようやく50万羽に届こうとしているところだ。

巨大なコロニーを離れて沖合いに集まり、
水浴びをするキングペンギンの群れ。
(マッコーリー島、ルシタニア湾)

にぎやかなサウスジョージア島の日常風景。繁殖期のゾウアザラシたちの間を縫うようにして行き来するキングペンギンたち（サウスジョージア島、ゴールド港）

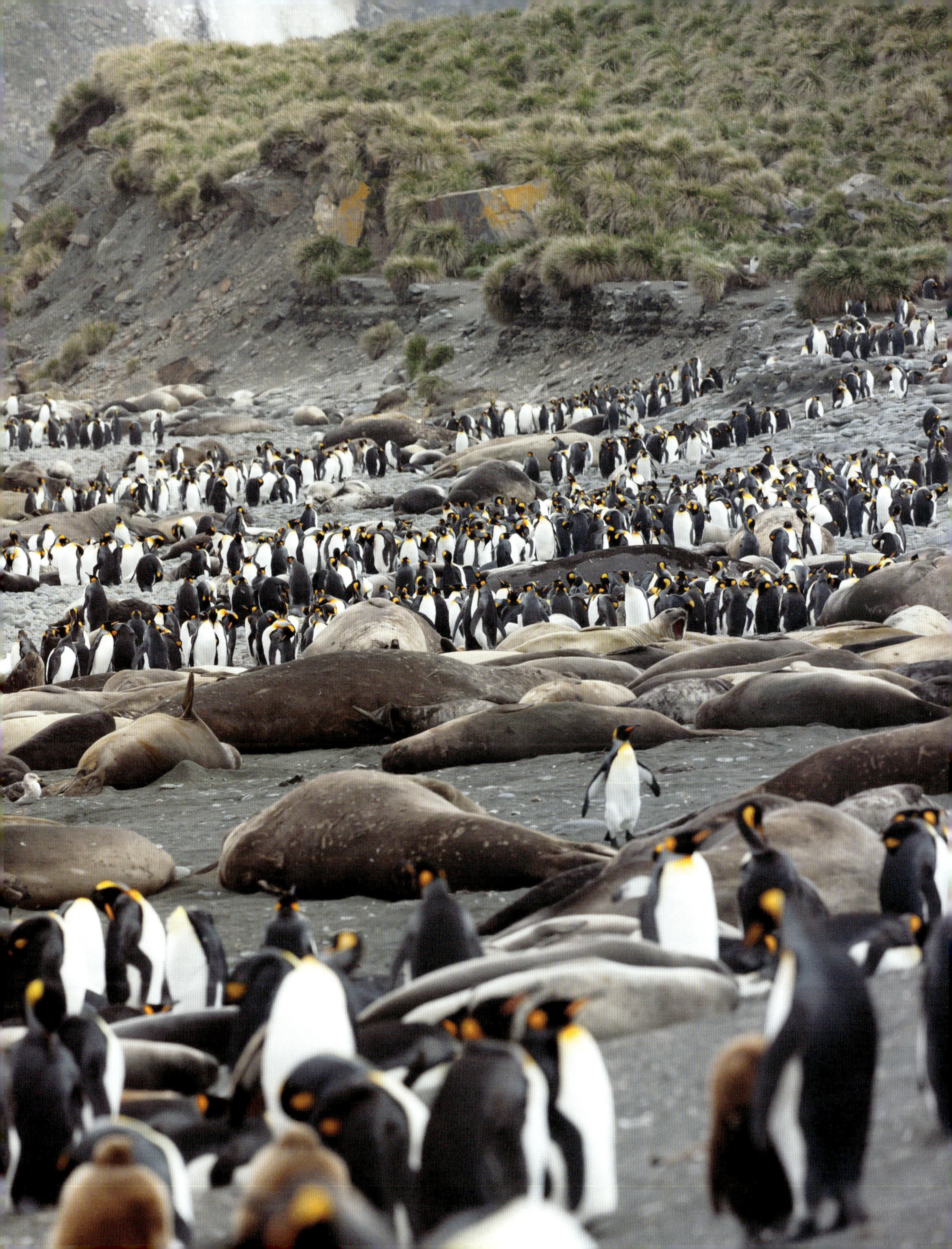

■ キングペンギン
上：視界をさえぎる雪嵐のなか、そろそろと歩いて海へ戻る群れ。
下：めずらしく風のない日、うだるような暑さに換羽中の成鳥が涼を求めて雨溜まりに集まっているところ。水面が鏡のようだ。（ともにイーストフォークランド島、ヴォランティアビーチ）

欲深い人間たちはほかの場所でも南極海の豊かな生態系を壊してきた。フォークランド諸島のキングペンギンはいったん絶滅したが、現在はマッコーリー島と同様に、勇敢にも小さな群れが数カ所に戻ってきている。そのおかげでレッドリストではLC（軽度懸念）に分類されているのだが、現実には新たな脅威が迫っている。ペンギンの生活様式とは関係なく、魚の乱獲、海洋汚染、温暖化など、人間の活動があらゆるペンギンを危険にさらしている。

キングペンギンの場合、問題は温暖化だ。彼らの生息地である寒帯前線付近は、餌となるハダカイワシ科の小魚や深海生物（440mまで潜水するキングペンギンの記録もある）がふんだんにいる海域だ。その寒帯前線の位置が、水温の上昇に伴って南方に移動しており、その距離は10年でおよそ40kmにも及ぶという。しかもその周りには営巣できるような島が存在しない。いずれ、親鳥はヒナを養うために往復で最大700kmも移動しなくてはならなくなるだろう。たとえばクロゼ諸島にはキングペンギンの二番

ふだんペンギンが雪の上を歩くことはあまりない。時期はずれの積雪で必死にバランスをとっているキングペンギンの成鳥。（サウスジョージア島、グリトビケン）

目に大きいコロニーがあるが、ある調査によると、そこでも40年以内にはそのような事態が起こり、個体数に大打撃を与える可能性があるという。

エンペラーペンギン

　オーストラリアの砕氷船オーロラ・オーストラリス号がコンクリートなみに固い定着氷を辛抱強く砕きながらなおも進み続けている間、私たちは南極の東海岸に近づき、デイヴィスステーションを目指す。抑えがたい期待とともに待ちわびていたいくつかの言葉が耳に響く。「準備して、絶好の天気よ！」私はオーストラリア南極局の後援を得て、高名なエンペラーペンギンの研究者、バーバラ・ウィーネケの調査に同行するためにここにいる。目的地はプリッ

左：ゾウアザラシどうしの争いの脇を泳いでエサを獲りにでかけるキングペンギンの群れ。（マッコーリー島）
右：太ったペンギンにとって波に乗っての上陸は骨の折れる仕事かもしれない。（サウスジョージア島、ソールズベリー平野）

キングペンギン

右：体を伸ばすディスプレイを行う、つがいのペンギン。いっぽうが首をめいっぱい伸ばすと、もういっぽうもその動作に従う。動作はごくゆっくりと行われ、体を伸ばしきるとそのまま30秒かそれ以上じっとしている。(イーストフォークランド島、ヴォランティアビーチ)

下：前の年に生まれたヒナたちはまもなく羽根が抜け換わり巣立ちを迎える。(サウスジョージア島)

上：季節ごとに変化するコロニーの特徴。春には、子育てをしていない換羽中の成鳥が、冬を越して大きく成長したヒナたちから分離する。(サウスジョージア島、ソールズベリー平野)
右：初夏には、たいていの成鳥が卵をあたためている。(ヴォランティアビーチ)
左：夏の終わりごろにはヒナが孵りはじめ、さらに多くの成鳥が繁殖期にはいる。

6：南極の王者たち──キングペンギンとエンペラーペンギン

エンペラーペンギン

およそ生後3カ月になると、ヒナの移動能力は高くなり、仲間どうしであたりを散策し始める。コロニー全体が1、2kmほどゆっくりと移動することもある。
上：行進を先導するヒナ。

ツ湾アメリー棚氷の近く、アマンダ湾のルッカリーだ。そこは現実世界とはかけ離れた地、まさに私が一度訪れたいと願っていた場所である。

海上で16日間過ごした後、私たちは不意に行動に移ることになった。私たちは二つの小さなヘリに乗り込み、南極圏の広大な空を飛んでいった。下を見ると世界の尺度が変わっていた。ベストフォールドヒルズの岩肌にへばりつくようにしてひとまとまりに並んだカラフルな建物（1957年に開設されたオーストラリアの南極観測基地）は、周囲があまりにも広大なせいでマッチ箱にしか見えない。同様に、私たちが乗っていた真っ赤な砕氷船もぎらぎらと光る巨大な氷山に囲まれて、まるでおもちゃの船のようだ。

ヘリコプターは、営巣中のミズナギドリやアデリーペンギンの邪魔をしないように空高く飛ぶ。縞模様の岩層、水晶のような氷結湖、刻み目のある氷河、ターコイズ色の氷崖、そして果てしなく広がるアクアマリンの海面に紙ふぶきのように羽をはためかせているユキドリ……眼下の世界はめまぐるしく移り変わる。南に伸びているのはドーム状の極冠氷だ。北方に広がる海氷は鏡のように春の陽光を反射してまばゆく光っていた。50kmばかり飛んだところで、ヘリコプターは棚氷のなかにできた湾の上空を旋回し、中央にあるチョコレートブラウン色のごつごつした島に向かって着陸態勢にはいった。私はそのとき初めてコロニーの存在に気づいた。ヘリの回転翼からおよそ1km下にある汚れのない海氷に、それとすぐわかるウグイス色のグアノ（糞の堆積物）がこびりついているからだ。一瞬にして昔の記憶が脳裏によみがえる。それは15年前、探検隊のリーダーとしてロシアの砕氷船に乗っていたときのことだ。南極大陸を4分の1周ほど回ったところで、ヘリコプターに乗り換え、30年前に目撃されたのを最後に「失われた」エンペラーペンギンのコロニーを探そうとした。目標のラザレフ棚氷は最後の調査からすっかり形が変わっていて、どこを探した

氷河の前に立つ成鳥。

右：脱ぎ捨てられた羽根とたわむれるヒナたち。
左：ある暑い一日、雪を食べようとして幼鳥の集団が滑りやすい氷の小山をよじ登っているところ。（すべて東南極、アマンダ湾のコロニー）

6：南極の王者たち——キングペンギンとエンペラーペンギン　　137

| **エンペラーペンギン**

右上：12月の末ごろ、コロニー付近の海氷が割れ始めるため、まだ完全に羽根が生え換わっておらず体重も成鳥の半分くらいしかないヒナたちは勇気をふりしぼって初めての海に飛び込む。最初の仕事は、翼をぎこちなくばたつかせながら泳ぎを覚えることだ。(東南極、デービス海、ダーンリー岬)
右：エンペラーペンギンは成鳥になると、どのペンギンよりも高い潜水能力を発揮する。長い時間潜れるのみならず、驚くべき深さに達する。

左：成鳥の美しい羽毛を接写したところ。
右：親鳥がヒナをいつくしむ瞬間。(東南極、アマンダ湾)

らよいのか皆目見当がつかなかった。真夜中をすいぶん過ぎて太陽が南極近くに顔を出し始めたころ、ついに私たちはペンギンの群れを発見した。それは、元のコロニーから10 km以上離れた氷山の合間にたたずむ亡霊たちのように見えた。

　今、私は再び畏敬の念に打たれている。月面のごとく生命の存在を感じさせない世界に溶け込めるのは、エンペラーペンギンしかいないだろう。そもそも他の温血動物がそんな暮らしを選ぶとは思えない。エンペラーペンギンの生活はこれまでも、南極大陸を扱った本やドキュメンタリー映画で紹介されてきた。それでも彼らの驚くべき生活ぶりには、あらためて語るだけの価値がある。

　南極の長い冬が始まると、太陽は顔を隠し、海は氷で覆われる。たいていの温血動物は北を目指し始めるが、エンペラーペンギンは違う。夏には氷の周

東南極の真夜中。たそがれの光が広大な氷と海の風景をうっすらと染める。幽玄の世界にたたずむ世界一大きなペンギン。(アマンダ湾)

りで餌を獲り、冬の夜には南を目指し始める。最初は泳ぎ、そして数十キロ、ときには何百キロの道のりを歩いて、いつもの繁殖地に向かう。通常コロニーは氷山や氷河によって風を避けることのできる定着氷につくられる。5月になって、しばらく見納めとなる太陽が沈むとき、メスは巨大な卵を1つ産み、すぐにつがいのオスにまかせてコロニーを離れる。オスはそれから2カ月間、大きな足の上に大切な卵を抱えて暗黒の絶食期を過ごす。マイナス60度という、どんな動物も経験したことのない寒さをみんなで生き残るために、オスたちはお互いににじり寄ってぴたりとくっつき合い、外気にさらされる時間を最小にとどめようとして常に場所を交代しあう。太陽が再び水平線を美しく染めるとき、メスたちが氷の向こうからとぼとぼと戻り始める。海でたっぷり食事をしてきたメスは太ってつやつやと

ゴーグル模様のヒナの顔を見ると、誰もが感嘆の声を漏らす。

6：南極の王者たち——キングペンギンとエンペラーペンギン　　139

| エンペラーペンギン

上(二枚):気温が氷点下のとき、長い距離を行き来するのに最適なのは、凍りついた雪の上を腹ばいで滑るスタイルだ。これをトボガンという。だが暖かくなって雪が粘いついてくると歩かざるをえなくなり、余計な体力を消費する。(クロア・ポイント)

している。春はもっとも海氷が発達しているので、メスたちの旅路は200 kmかあるいはそれ以上に及ぶこともある。だがそうであっても、ほとんどの場合、孵化したばかりのヒナの世話を引き継ぐタイミングにぴたりと合わせて戻ってくる。驚くことに、たとえメスの帰還が少し遅れても、オスは胃液や胃粘膜を濃縮したものをくちばしに集めてヒナに与え、なんとか数日をしのごうとする。ヒナは春と初夏を通して順調に育ち、およそ生後5カ月で海に出られるようになる。体重は10 kgそこそこで、親鳥の3分の1程度しかない。すべてが順調にいけば、夏になって生まれ育ったコロニーの氷が割れる時期にヒナも巣立つことになるだろう。

はっと我に返ると、すでに装備一式は地面に積み上げられ、ヘリコプターも飛び去っていた。後に残るのは深い静寂。声を出すのは冒瀆のように思える。凍てついた島の頂上から見渡せば、周りにはどこまでも広大な空間が広がっている。あらゆる方向を見渡したくて、ぐるぐる回ってみずにはいられなかった。空気は、うっとりするくらいすがすがしい。

すぐに尾根をひとつ越えた私たち一行は、岩だらけの岬に座って足下の魅力的な光景を静かに眺めた。1万羽のエンペラーペンギンとそのヒナたちが四方に広がっている。風がないため、大気はヒナの甲高いヨーデルに満ち、合間にあちらこちらから成鳥の美しい「二重音声」の鳴き声がトランペットのように響き渡る。真珠色がかった灰色の幼鳥の大群は、すでに生後4カ月になっていて、ひとりで動けるようになったのが楽しいのか、あたりを散策し始めていた。通り過ぎる成鳥についていくものもいれば、幼鳥どうしでつつきあって点在するサブコロニーに向かうものもいる。あらゆる方向に首を伸ばして、初めて見るものすべてに興味津々といった様子だ。白いゴーグルをつけたような顔が驚きの表情をいっそう強調している。

翌朝の気温は氷点下をわずかに下回る程度で、暑

爬虫類のような頑丈な足は、恐竜の足のようでもある。
雪や氷の上で 40 kg 以上の体重を支えるにはこの足が必要だ。（プリッツ湾）

6：南極の王者たち――キングペンギンとエンペラーペンギン

エンペラーペンギン

上：海から戻ってきた成鳥たちの縦列が、迷いのない足取りで大陸氷河舌端部の先に出来た平らな氷の上をとぼとぼと歩き、アマンダ湾のコロニーに向かう。

右頁（上）：トボガン滑りで進むエンペラーペンギン。目印のない世界を迷うこともなく移動する。（西南極、ウェッデル海）

右頁（下）：風に磨かれた海氷の上を歩くまるまると太った成鳥。引っかかって動けなくなった卓状氷山に夕日が当たっている。（東南極　プリッツ湾）

　い朝となった。ヒナたちは順番につるつるした氷の丘へよじ登り、真っ白な雪のかたまりをついばんで体を冷やしつつ同時に水分も補給している。その間、子育てをしていない成鳥（繁殖はまだ先と見られる比較的若い成鳥）の大群がコロニーから離れ、私たちを間近で観察するためにやってきた。雪の上に体を投げ出して温かい紅茶を飲んでいた私たちは、気がつくと、首をアーチ状に曲げ、こちらを覗きこむようにしてそびえたつ彼らを見上げる格好になっていた。しわが寄って鱗の生えた足はいかつくて、まるで恐竜の足のようだ。その足で30〜40kgの体重を支え、雪をざくざくと踏みしめている。それに比べて、胸の白い羽毛にはシルクのような光沢があり、鮮やかなオレンジ色をした「耳の斑紋」は金襴のように滑らかだ。機能的で優美——なんてすばらしい組み合わせだろう。

　島の高い位置からは、はるか遠い北の海から戻ってくる成鳥の行列が見えた。コバルトブルーの壮大な氷河の下を進み、あるものは腹ばいになってトボガン滑りをし、あるものはリズミカルに軽く首を振りながら直立して歩く。背後から夕日の光がかすめるように氷冠を照らし出していた。エンペラーペンギンの暦の上では今が特別な時期であることを、私は意識した。およそ6、7週間経つと真夏になって、親鳥が戻らなくなり、ヒナたちは海での新しい生活に踏み出してなにもかも自分で判断しなくてはならなくなる。

　再び昔の記憶が蘇った。あれは何年も前の12月19日のことだ。場所はプリッツ湾の反対側にあるダーンリー岬。私はその日そこでエンペラーペンギンのヒナが巣立つところを偶然に目撃した。彼らは羽根が生え換わったばかりだった。どんな鳥よりも密生している羽根は驚くほど水をはじき、この羽根があるからこそペンギンはペンギンでいられるのだ。コロニーは崩壊が始まった氷縁から約3kmのところにまだ存在していた。親から餌をもらえなくなったヒナの大群は巣立ちを始めたばかりで、親鳥たちの行く先を追って氷上をてくてくと歩いていた。生まれて初めて大海を目にしたときは怖気づいたのかびりびりした雰囲気で氷縁にそって集まり、最初の

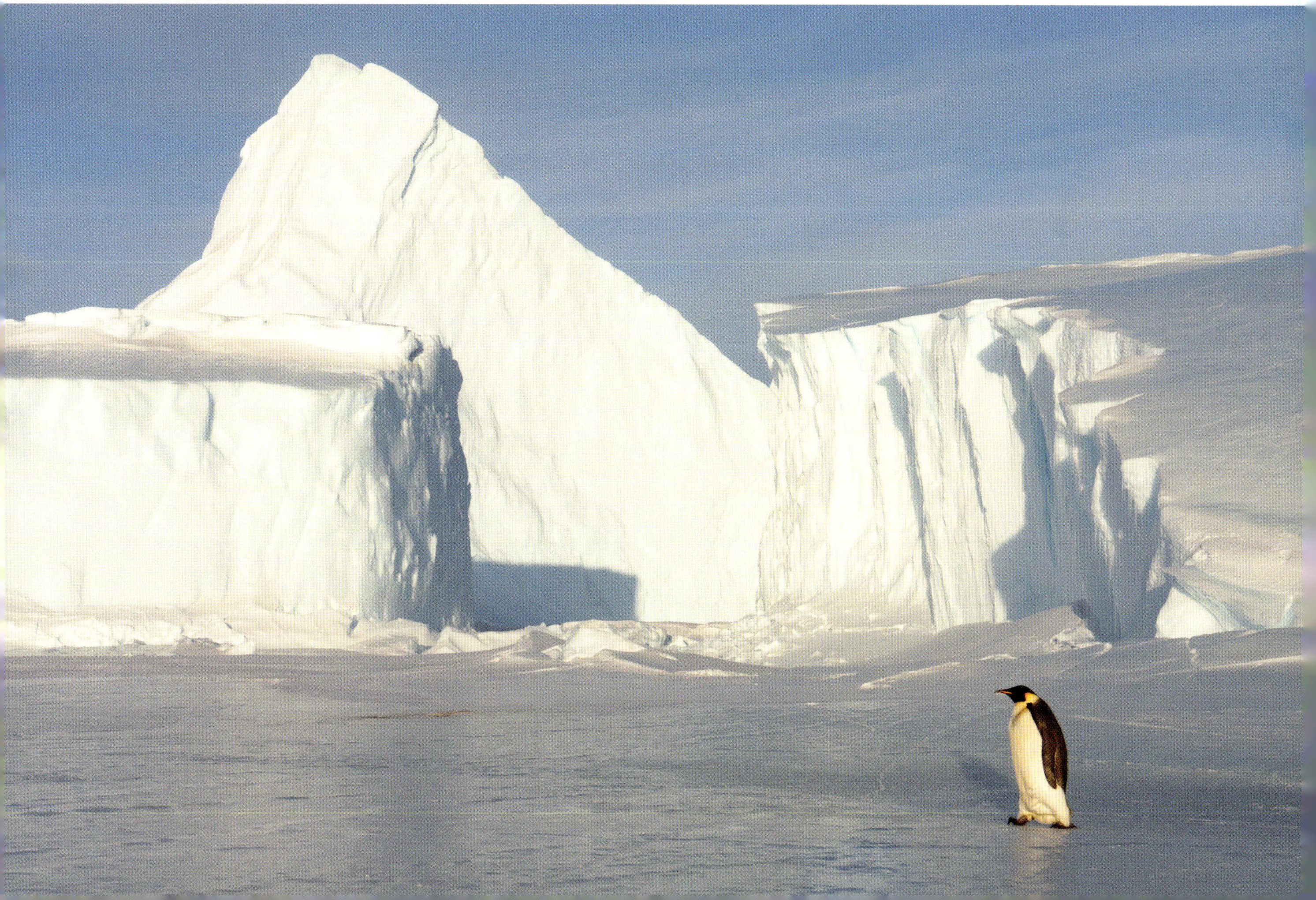

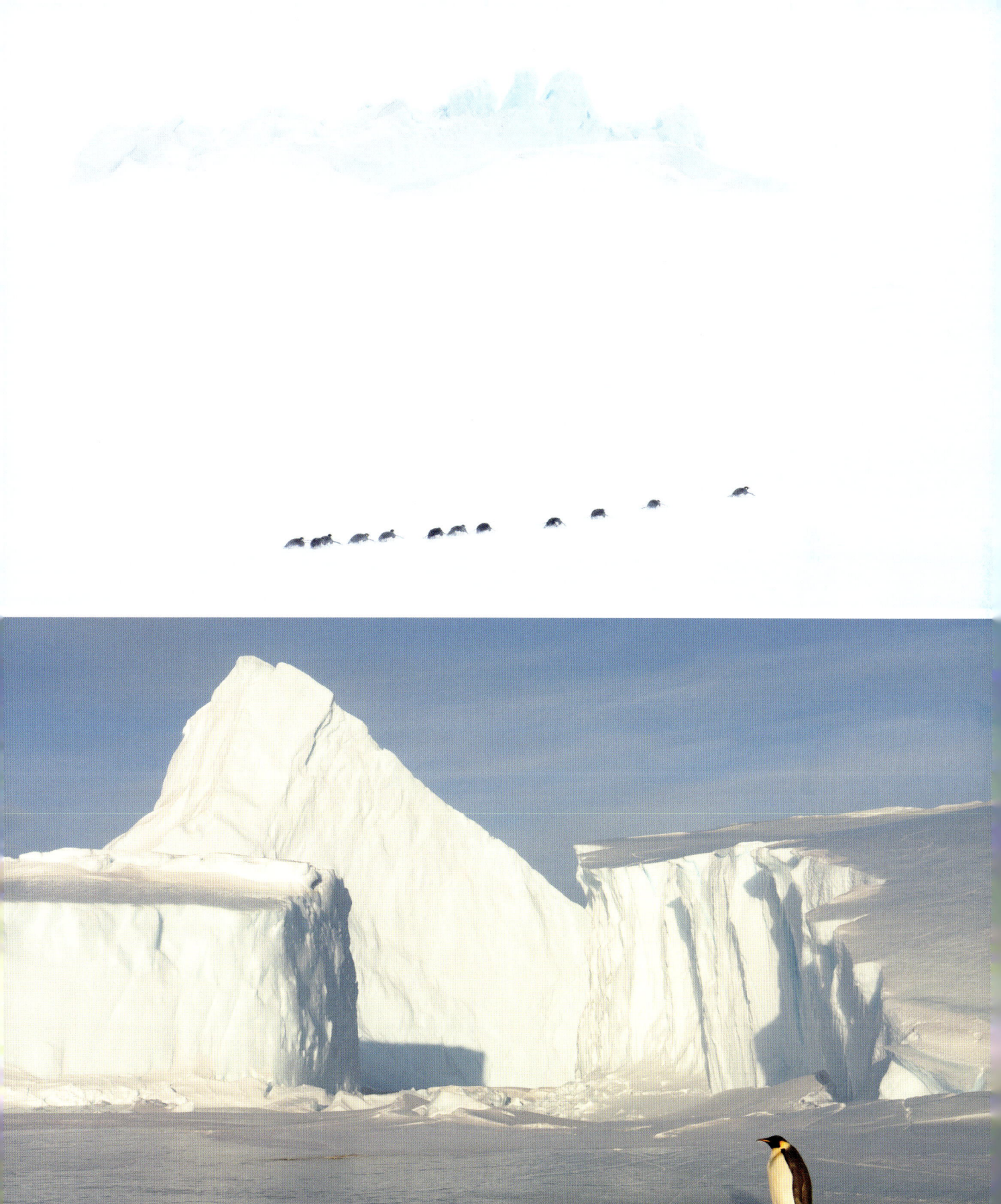

■ エンペラーペンギン
アーチ状の卓状氷山の近所を散策する生後4カ月のヒナたち。（ウェッデル海　アトカ湾）

　1羽が心構えのないままよろめいて飛び込むと、すぐに次から次へとペンギンの体が滝のように落ちていった。最初はばちゃばちゃ水を叩いたり悲鳴のような鳴き声をあげたりして大騒ぎだったが、そのうち潜水の本能が目覚めたようだ。夕暮れになって私たちの船が出発したとき最後に目にしたのは、半分は幼綿羽のまま、半分は大人の羽根に生え変わったグレーと白のヒナたちの群れだ。彼らは多くの幼いヒナたちが犠牲になった厳しい冬を生き残り、海に漂い出た浮氷の上に寄り集まって、新生活を始めようとしているところだった。

　今この場に勝る瞬間はないにしても、ペンギンにまつわる宝石のような記憶のなかで、もっとも貴重な思い出は、ダーンリー岬を出発してわずか3日後の出来事である。クロア・ポイントのコロニーはまだ解散しておらず、氷縁もまだ遠方にあり、たくさんの成鳥が海とコロニーの間を行ったりきたりしていた。それは完璧な夜だった。真夜中の太陽の光が氷河の表面をかすめて氷上に赤い筋を投げかけ、遠くに生まれた嵐が背景の空を藍色に染める。私は海氷をわたって、引き込まれるようにペンギンの行列を追った。長い列は巨大な卓状氷山（その底は、凍てついた海面から数百メートル下の海底に根づいている）の間をしなやかに縫っていく。風はそよともせず、どこまでも静寂が広がっている。そのとき、やわらかいかすかな音が耳に入った。氷の下に隠れている求愛中のウェッデルアザラシがベルのような鳴き声を震わせ、それが氷山の壁にこだましたのだ。私は立ち止まって、エンペラーペンギンが遠ざかっていくのを見守りながら、うっとりとその声に聞き入った。まるで自分がすばらしいペンギンの世界の住人になったような気分だった。

親鳥とヒナの挨拶。

11月の初めに上空から見た写真。黒い汚れがアマンダ湾のコロニーを示し、海氷もまだ水平線に向かって伸びている。衛星写真に写る染みを数えれば、南極中のコロニーの数がわかる。

リーセル・ラーセン棚氷からアマンダ湾にかけて、夏の暑さと冬の嵐はヒナ鳥の命を奪ういっぽう、春の解氷期にトウゾクカモメに餌を供給することになる。

6：南極の王者たち──キングペンギンとエンペラーペンギン　　145

エンペラーペンギン

右:夏になると氷が溶け、定着氷から氷山が解放される。まもなく海に出て３カ月間を過ごすつがいのペンギンが、さざなみを眺めているところ。(エクストレム棚氷の近く)

下:巨大な嵐の前の不気味な静けさ。広い氷盤の上で休むエンペラーペンギンの一群。(東南極、エドワード８世湾)

氷の上に群がっている、ふわふわの羽根をまとったヒナたち。水平線にまで広がっているように見える。(東南極、ウェッデル海、プリンセスマーサ海岸)

長時間ヘリコプターで探しまわった末に見つかったコロニーは、ほぼ30年ものあいだ行方がわからなかった。真夜中の金色の太陽に照らされた、静かな大氷原に存在するたった一つの命の証。息を呑むような光景だ。

6:南極の王者たち——キングペンギンとエンペラーペンギン　147

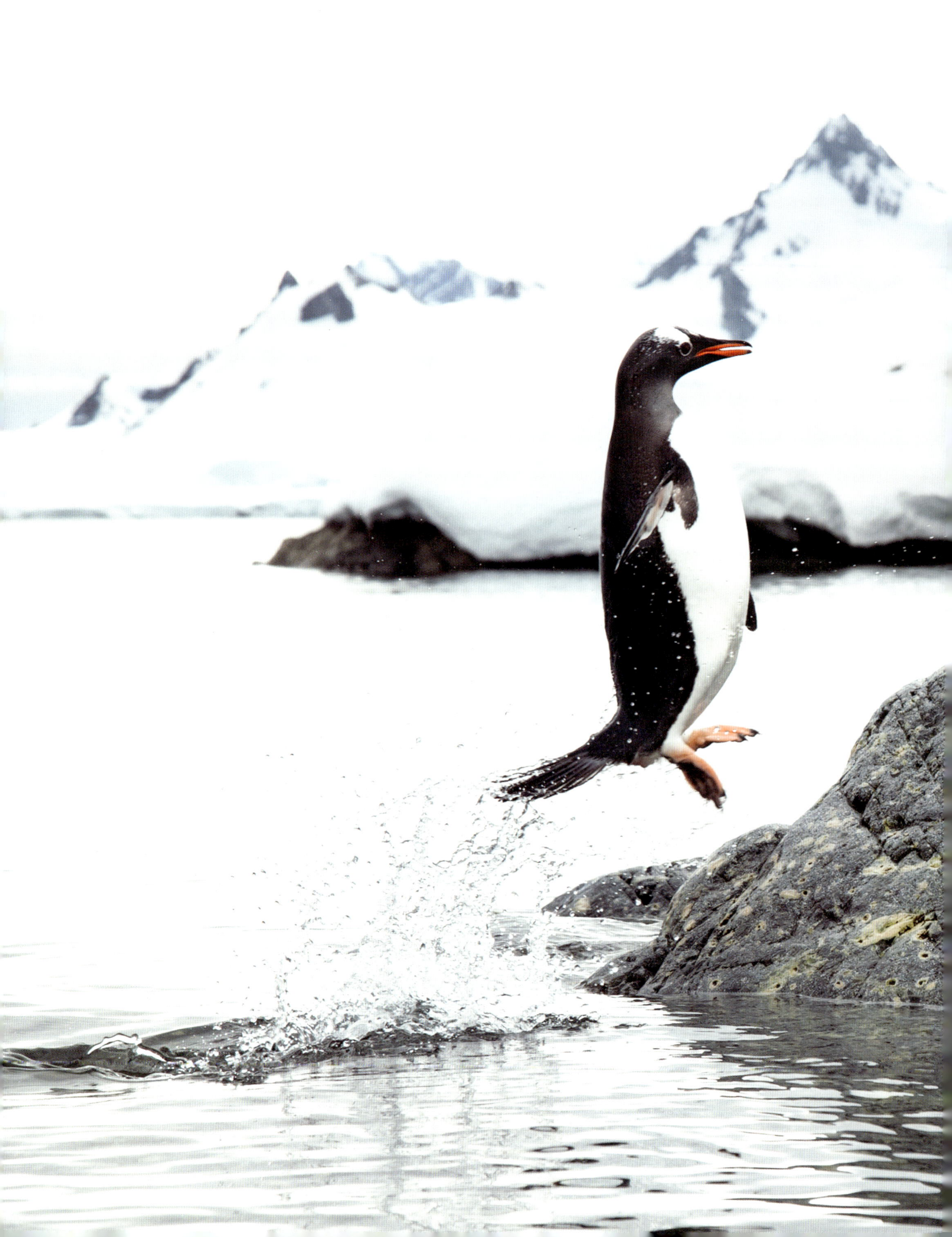

② 最新科学と保全活動

マーク・ジョーンズ

ペンギンと人間
――過去を振り返って
マーク・ジョーンズ

私はしばしばこんな思いにとらわれることがある。
ペンギンにとって、人間はただ別種のペンギンにすぎないのではないか。
見た目が変わっていて、なにをしでかすか予測がつかず、
ときには凶暴だが、じっと座って好きなことをしているぶんには、
そう悪い仲間でもないのだろう、と。
――バーナード・ストーンハウス（経験豊かな南極生物学者。著述家・教育家。1968 年）

人生最悪のペンギンの日

「ママ見て！ あのひと指からペンギンがぶらさがってるよ！」思い出すといまだに身が縮まる思いがする。人生でもっとも恥ずかしい瞬間の上位にランキングする記憶である。私はずっと自分のことを、自然の特異性をわきまえ、動物の行動を本能的に理解できる人間だと自負してきた。動物の気持ちになって考え、彼らの世界と彼らのあり方に心から敬意と感謝の念を抱いている人間だ、と。しかしそのときの私は、手から血をしたたらせていた。そう、マゼランペンギンが私の人差し指にしっかりと嚙みついていたのだ。

プールから引きずり出しながらなんとか引き離そうとがんばってみたが、ペンギンは興奮して翼をばたつかせるばかり。かみそりのように鋭く、かすかに鋸歯状になったくちばしが指の骨まで食い込んでいる。このペンギンとの綱引き（そして、意地の張り合い）にどうみても私は負けていた。まだペンギンはぶらさがったままだ。「しつこい奴だね、おまえは」なんでもない風を装おうとしたのだが、子供たちはぎょっとした顔つきでこちらを見つめ、母親たちは怖気づき、びしょ濡れの喧嘩からわが子を遠ざけようとしている。

「痛いって言ってるだろ！」やけになった私は、最後の手段に出た。怒りに燃えるペンギンの首根っこをひっつかまえようとしたのだ。それを見てペンギンはようやくくちばしを離し、ばちゃばちゃと水を叩きながら小さく輪を描いて、やる気満々の顔つきで次の攻撃機会をうかがっている。私はすばやくあとずさり、裂けた指を縛って、「みなさん、大したことじゃありませんよ！」と、ショックを受けて静まり返っている家族たちに冗談めかして声をかけた。そうやってひそかに傷ついた自尊心を癒そうとしていたのだ。

> かわいくいけよ、みんな。かわいくな！
> ――ペンギン隊長（声：トム・マクグラス）、アニメ映画『マダガスカル』（2005 年）より、セントラルパークの動物園を逃げ出した場面。

幸いなことに、自分の愚かさから生じた深い傷はそのうち消えたが、その日の午後の記憶はそうはいかなかった。現場はサンディエゴにあるシーワールドの屋外ペンギンプールだ。私は低い囲いの向こう側へ無造作に手を伸ばしてしまった。その日、あらゆる自然環境において役立つ、鋭いフィールド感覚やスキルといったものはなんの頼りにもならなかった。観客たちの笑い声や遠くを行きかう車の音、飲食店や動物のぬいぐるみだらけのみやげ物店に気持ちがたるんでしまい、「かわいい」ペンギンというありがちなイメージにすっかりつられてしまったのだ。だが、私は本物の自然のなかにいるのではなかった。カリフォルニアの日の光を浴び、もったいぶるように歩いたり泳いだりしている小さくて機敏な連中も、「野生」ではない。私の行為は、彼の個人的な空間（パーソナルスペース）への侵入ととられるかもしれないことを、すっかり見逃していた。

おかげで教訓を得た。「何があっても、絶対に、マグ（マゼランペンギン）には手を出すな！」多くのペンギン研究者が証言するように、マゼランペンギンはもっとも攻撃的なペンギンと言える。ぎざぎざの鋭いくちばしで嚙みつき、足で引っ搔き、骨ばった翼であざができるほど激しく敵を連打して、見事に自分の身を守るのだ。考えればそれも当然だろう。彼らの同胞たちはたいてい孤立した海洋島にコロニーを作るが、マゼランペンギンの本拠地は南アメリカ大陸の海岸である。そして、そこには多くの狡猾な捕食者が同居しているのだ。マゼランペンギンは深い巣穴の中から、キツネや猛禽類、そして人間でさえも手際よく撃退する。

上と下：かわいくて愛嬌のあるマゼランペンギンだが、侵入者から身を守るときは好戦的なことで知られている。密集したコロニーと巣穴で捕食者を寄せつけない。（アルゼンチン、ドスバイアス岬、パタゴニアの海岸にて）

100 年前、写真のような 3 羽のキングペンギンが、エジンバラ動物園の熱狂的な観客を前にデビューを飾った。以来、エジンバラ動物園はペンギンを繁殖させ続けている。

凍りついた南極の真ん中で、特別に許可された2、3のツアーグループとエンペラーペンギンが交流する貴重な時間。地球でもっとも隔絶した地域で生活するペンギンたちは、人間に興味津々といった様子。

彼らを侮ってはいけない。以後、侵入者たちは二の足を踏むことだろう。

教育的な経験

野生動物の写真家としてキャリアを積んでいる頃、人里離れた、嵐の吹きつける壮大な自然のなかにひっそりと隠れ、騒々しいペンギンの大群に囲まれて長い時間を過ごせたことは、本当にすばらしい幸運だった。だから私は捕獲された動物の展示にふだんは魅かれたりしない。しかし、現代の動物園や海洋水族館に正当な評価を与えるために、見方を変えつつある。一般的に、動物の健康や快適な暮らしをないがしろにした、見世物として客を楽しませるためだけの動物園や水族館というものは、もうすでに存在しない。今日では、それを洗練された教育の機会に高めることにますます重点が置かれている。もちろん、ペンギンのおどけた仕草を生で見て面白がらない人はいない。だが、それよりも重要なのは正しい観察眼と、動物との出会いによって生まれる自然保護の倫理観だ。その点、シーワールドの超高精度に整備された「ペンギン・エンカウンター」で、極寒気候を好む5種のペンギンすべてがのんびりと幸せそうに活動しているのを見ると、私はとても感心する。驚くほど巧みに南極大陸に似せた人工の生息地があり、異なる種類のペンギンたちが現実の世界でどのようなライフスタイルを送っているか、興味深く見通すことができるのだ。そこには子育て中のエンペラーペンギンもいる。南極のサイクルにあわせた照明を備える、このハイテクの冷凍施設は、毎日1.8トン以上の雪を降らせていて、そのおかげで来場者は魅力的な氷点下のペンギン王国を眺めながら、そこで繰り広げられるペンギンたちの交流やあらゆる行動──求愛、営巣、子育て、水中での高速の動き──を観察できる。しかも背景には、実際には触れられない世界を立体的に再現してある。入り口に掲げられた「厳しいけれど美しい環境からやってきた、きわめて特殊な鳥類」という紹介文が、そのすべてを物語っている。

昨今、南半球のしかるべき場所まで赴けば、それほど苦労せずに全種類の半分くらいのペンギンを見ることができる。とはいえ、インドで絶滅寸前の野生のトラを目撃したことのある人よりは、南極の奥地でエンペラーペンギンと出会えた人のほうが少ないのは明白だと思う。

わかってる、こう言いたいんだろ。「かわいいーっ！」
──オズワルド・コブルポット（別名ペンギン）（ダニー・デヴィート）、映画『バットマンリターンズ』（1992年）より。

ペンギンが世界中でもっとも人気のある動物園の呼び物であるのは驚くことではない。旅をしない人々の大多数にとって、生きたペンギンを見るとしたらそういう場所しかない。こうして、ロンドンからオークランド、ニューヨーク、北京、ドバイ、東京、テネリフェ島、フィリピンまで、何十万という人々がペンギンの展示を見に集まってくる。なかには他と比べて手の込んだ展示もある。比較的温かい気候に耐えられる種類のペンギン（マゼラン、フンボルト、ケープ、ジェンツー、イワトビ、マカロニ、キング）を呼び物にするのがふつうだが、このペンギンプールともいうべき場所については、教育的でとても心を揺さぶられるものから、ひどく浅ましい、いかさまめいたアトラクションまで多岐にわたっているというのが私の意見だ。

意義深いことに、1980年代から海鳥の管理が進歩し、孤立したキガシラペンギンや、限られた地域にしかいない数種類の冠羽ペンギンをのぞいて、すべてのペンギン種のコロニーが、世界中の多くの特殊な繁殖用施設で見事に維持されている。絶滅寸前の哺乳類のなかには、野生群を再生するための生きた予備在庫として捕獲された繁殖用の群れに、未来がかかっているものもある。幸いなことに、ペンギンの個体数はまだそこ

好奇心は年齢や生物種や環境の違いを乗り越えるものだ。子供と水槽のなかのフンボルトペンギンがお互いに興味を抱いているところ。（ドイツ、シュプレーヴェルテン親水公園）
creativecommons.org attribution 3.0

ノルウェー陸軍近衛部隊を視察するマスコットのサー・ニルス。高級士官の階級を持つ、生まれも育ちもエジンバラ動物園のキングペンギンだ。2008年には初めて公式にナイトの称号を授けられたペンギンとなった。
© crown copyright 2008

量子物理学の分野において基本的なペンギンダイアグラム（ここにあるのはヒゲペンギンに重ねたファインマンダイアグラム）は、素粒子崩壊のさまざまなプロセスを表わしている。ペンギンダイアグラムという呼び名は1977年、CERNの物理学者ジョン・エリスが名づけた。メリッサ・フランクリンとの賭けで、負けた場合はボトム・クォークについての論文にペンギンという言葉を挿入するという約束だった。
diagram by m. jones

まで追い詰められてはいない。その代わり、彼らの行く末に影を落としつつあるのは、世界的規模の問題である。気候変動、生息地の減少、ますます緊迫している食糧資源の問題、これらは、動物園に繁殖用ペンギンを隔離することで対応できるような問題ではなく、もっとスケールが大きく、もっと厄介な問題である。

　　　　ペンギンを見て腹を立てるのは不可能だといっていい。──ジョー・ムーア（アメリカのテレビタレント）

ペンギンが他の動物と比べて圧倒的に有利な点は、生まれついての優れた親善大使だということである。ペンギンは屈指の人気者だ。彼らを見ると楽しくなるし、笑みがこぼれる。しかも人々は喜んでペンギンに自分の姿を重ねているように思える。どんな階級、どんな地位の人であれ、楽しげにペンギンを擬人化し、戯画化する。まっすぐな姿勢、よちよち歩き、白黒のさっぱりとした出でたち、堂々とした雰囲気、活発な性格。こういったものから、私たちはペンギンに、人生の困難に立ち向かう姿を見出す。

ペンギンはあの有名な格言「今を楽しめ」を堂々と体現するカリスマ的存在なのだ。

ペンギン熱と文化

ペンギン人気は20世紀の最初の数十年に始まった。偶然にも、私がこの文章を書いている100年前のことだ。ノルウェーの捕鯨船が、リース港の工場で精製した鯨油を積んで、南極諸島のサウスジョージア島からスコットランドへ向かった。そこに、3羽のキングペンギンも積み込まれていた。それが生きたまま北半球に運ばれた初めてのペンギンだ［監修者による注：この一文は誤り。詳しくは巻末の解説を読まれたい］。3羽は、1913年の1月に開園したエジンバラ動物園の目玉として連れてこられたのだった。その後、ペンギンたち

のかなり本格的な肖像画が、現代的なロゴとともに、スコットランド王立動物学協会の紋章に描かれた。

その約60年後、スコットランドとノルウェーとペンギンとの奇異な関係は思わぬ進展を遂げる。1970年代の初め、エジンバラ育ちのキングペンギンはニルス・オーラブと名づけられ、ノルウェー陸軍近衛部隊の公式マスコットに採用された。ニルスはそのままスコットランドの動物園に住み続けたが、ノルウェーの兵士たちがかの有名な「エジンバラ・ミリタリー・タトゥー（軍楽隊の祭典）」に参加するために英国にやってくるたびに彼らを視察した。それからだんだん出世して、1982年には伍長、その後は軍曹、名誉連隊長の階級にまで昇りつめた。2008年、異例のセレモニーが行われ、ニルス・オーラブ──初代と二代目は高齢のため死去し、今は三代目──はノルウェーの国王ハーラル5世から騎士（ナイト）の称号を受けた。熱狂的な見物人の前で行われた叙勲式は大々的に報じられた。人間の肩にあたると思われる場所に小さな儀式用の剣を巻きつけたサー・ニルスは、ぴかぴかの軍服を着た130人の近衛兵が行うパレードを、神妙に、そして誇らしげに見守っていた。

軍隊のマスコットとなったのみならず、ペンギンは朝食のシリアルやパソコンのOS同様に現代生活の一部となっている。そういえば、ペンギンパフというシリアルがあるし、リナックスOSのマスコットはペンギンの「タックス」だ（OSの開発者リーナス・トーバルズはオーストラリアで「凶暴な」コガタペンギンに噛み付かれたことがあるという）。風刺のきいた政治論評マンガ（バークリ・ブレスエットの「オーパス」シリーズ）から、7歳から14歳までの1500万人の子供が利用しているソーシャルゲームサイト（ディズニーの「クラブペンギン」）まで、ペンギンの概念やイメージは私たちの精神文化に共通のものとして浸透している。スポーツの分野から学問の殿堂、そして子供から政治家まで、世の中は「ペンギン」依存症になってしまったようだ。ペンギンは異質なものと組み合わされてびっくりするような使われ方をすることもある。ビスケット、アイスクリーム、デザイナーズブランドの服、ビデオゲームにソフトウェア、歌手グループにオーケストラ、アイスホッケーチームにラクロスチーム、大手出版社、よくある家庭用品、

マゼランペンギンのうるさくて耳障りな鳴き声を聞いた船員たちは、海岸でロバが鳴いているのだと勘違いした。（フォークランド諸島、ソーンダーズ島）

152　　2　最新科学と保全活動

ナチの爆撃計画、マンガのキャラクター、ヒーロー、悪役、賞、おもちゃ、本、切手、コイン、島、英国海軍の艦船（1757年以来、7隻）、無数の私有船やヨット、ワイナリー、そしてタスマニア島にはペンギンという名の町（人口4000人）まである。インターネットで「ペンギン」を検索すれば、1億7500万以上のページがヒットするようだ。ところで、あなたがANDやORといったブール演算子を使って得た検索結果は、ウェブスパムを防止する複雑なプロトコルを通したものかもしれない。2012年インターネット検索サービスの巨人グーグルが導入したこの強化アルゴリズムは、その名もペンギンアップデートだ。

いっぽう、量子論や素粒子論の難解な分野において物理学者たちは、グルオンやクォーク、ボソン粒子やフェルミ粒子の働きなど、深遠な概念を説明するときペンギンに言及する。「電弱ペンギン効果」「ペンギン振幅」「ペンギン崩壊」といった科学用語が編みだされたのは、亜原子の相互作用を表わす図式や略図が丸くてまっすぐ立ったペンギンの姿になんとなく似ているからだ。いわゆるペンギンダイアグラムである。本当のところは（伝えられているところによると）1977年、有名なCERN（欧州原子核研究機構）の科学者たちがバーで賭けをし、負けたらペンギンという言葉を次の論文に使わなければならないということになったらしい。とはいえペンギンダイアグラムは、世界最高の頭脳の持ち主以外には理解出来ないような高度な方程式や特殊な表記法を、図で生き生きと表現するものである。

> ［ペンギンは］……あたかも午後のガーデンパーティで行儀よく会話に熱中している風を装っていた。人間の登場なんぞ気にかけず、会合に没頭しているようだ。
> ——ジョン・ウェバー（キャプテン・クックの3度目の航海に同行した画家）、「ケルゲレン諸島のペンギンについて」（1776年12月）

ペンギンダイアグラムに関連する「大型ハドロン衝突型加速器」といった難解な名前の地下施設や、自然の法則をより深く理解しようとする知的分析作業は、豊かな思想の糧になるかもしれないが、私たちの祖先たちにとってペンギンは実際の「糧」でもあった。最初にペンギンと遭遇した人間が、南アフリカ沿岸の部族民、南アメリカの温暖な沿岸地域に住むアメリカ先住民、オーストラリアとタスマニアの南部アボリジニといった人々であることは間違いない。それから数千年もの間、そういった地方のペンギンは、自然に再生する資源のひとつとして、肉や脂肪、卵や便利な皮を目当てに捕獲されたと思われる。そこに遅れてやってきたのは海に生きるポリネシア人だ。彼らはわずか1000年前かそこらに、誰も住んでいない島に移住するため太平洋を南下し、ニュージーランドにたどりついた。彼らはそこで手つかずの豊かな自然環境に出会い、動物を狩り、魚を獲って、繁栄することができた。しかし残念ながら、その過程において彼らがもたらしたのは多数の在来鳥の絶滅（あるいはいくつかの種にとってはその始まり）だった。そのなかには、謎のペンギン種、ワイタハペンギンもいた。だがその後は現在と同じように、たいていのペンギンが辺鄙な離島を好んだため、比較的最近まで人間の手から逃れることができていた。

歴史と発見

しかし、南極海のペンギンを見てほしい。これらの鳥は「腕でもなく翼でもない」中間的形質の前肢を持っているといえないだろうか？……それがペンギンの変容した子孫の利益になるかもしれないと考えること、つまり最初に海面に沿って羽ばたくことができるようになり……最終的には海面から上昇して滑空していくと考えることに、特別どんな困難があるだろうか？
——チャールズ・ダーウィン『種の起源』第6版（1872年）

南極半島近くのクーバービル島に上陸するジェンツーペンギン。この写真のように、海から跳ね上がってすべりやすい岩場に上陸するペンギンたちを見ていると、ダーウィンの勘違いもいたしかたないと思える。ダーウィンは、これを起源として現代の鳥が飛べるようになったと考えたが、こればかりは彼の間違いだ。

ペンギンと人間　153

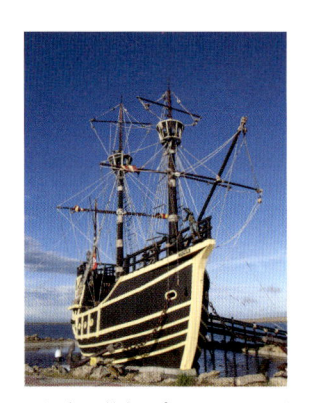

パタゴニア地方、プエルト・サン・ジュリアンの沿岸を華やかに飾るのは、マゼランが率いた帆船ビクトリア号（初めて世界一周を果たした帆船）のレプリカ。1520年、マゼランに同行した記録係がパタゴニアで、後にマゼランの名前を冠するペンギンについての記述を残した。

今回ばかりは、ダーウィンの間違いだ。ペンギンの水中飛行は、空中飛行のなごりなのであり、その逆ではない。あらゆるペンギンは南半球で進化した。再構成された系統樹と、生物地理学的履歴によれば、およそ7100万年前の南半球では、ペンギンとアホウドリは共通の飛べる先祖を持っていたということだ。そこから枝分かれして、ペンギンは独自の進化経路をたどり、単に飛べなくなったというだけではなく、海での生活に大胆に、そして見事に適応したのである。古代のゴンドワナ大陸がすでに割れ始め、資源豊かな大洋や海が新たに誕生しつつある合間に、恐竜が絶滅して新しい分類群が爆発的に増えた。それからの3000万年ほどは地球寒冷化の時期にあたる。それは現代の生物相が進化し、急速に広まる要因となった。その後南極大陸がさらに極地へ移動して凍結すると、他の大陸は北へ移動して、南極海のもとになった周極流が発達し、それが先史時代のペンギンに有利に働いた。彼らはさまざまな種類の群れとなる。そしてこれまでに相当な数（50種以上）の絶滅して久しいペンギン種が発掘されてきた。現生ペンギンの先祖は、キングペンギンとエンペラーペンギンの系統から始まり、時期はおよそ1300万年前にさかのぼる。しかし、知られている最古のペンギンとそれほど変わりはない。

ペンギンはすぐれた移動能力を持つが、赤道域の熱の壁を超えて北半球にコロニーを作ることはない。そのため人間とペンギンの物語の糸がずいぶん複雑な形で絡み始めたのは、15、16、17世紀にヨーロッパの冒険家や開拓者が世界中を旅するようになってからのことだ。最初のカラベル船に乗船してペンギンの国に足を踏み入れたのは、ポルトガルの探検家ディオゴ・カンだった。彼は1486年、西アフリカはナミビアの海岸にたどりつく。しかし、そこがケープペンギンの生息範囲内であるにもかかわらず、カンの目撃談は残っていない。同様に、1488年に「嵐の岬」を回った同国人のバルトロメウ・ディアスも、誰もが望んでいた香辛料諸島への直接ルートを切り開いたものの、ペンギンについては何も語っていない。結局、初めてペンギンについてはっきりと文書を書き残したのは、ヴァスコ・ダ・ガマのインドへの処女航海に同行していた名もなき船員だった。彼によればペンギンは「ガチョウくらいの大きさで、鳴き声はロバのように甲高い」。その鳴き声のせいで、ケープペンギンはやがて「ジャッカス（雄ロバ）」と呼ばれるようになる。

ケープペンギンは初めてヨーロッパの探検家が目撃したペンギンである。最初の記録は、1497年、バスコ・ダ・ガマがアフリカの南端を回った際に残されている。

ある日、耳をつんざくような甲高い音があたりに響いたので、わたしは老水夫に尋ねた……「このあたりにロバがいるのか？」「だんな、あの鳴き声はロバじゃあない。ペンギンさ」彼はそう答えた。そこにロバがいたなら彼ら自身もあの鳴き声にはだまされたにちがいない……
——ジューヌ・ヴェルヌ、フォークランド諸島のマゼランペンギンについて『氷のスフィンクス』（1897年）より。

新世界の領土をめぐる紛争を解決するために、1494年、権力をほしいままにしていた当時のローマ教皇アレクサンデル6世がトルデシリャス条約を承認した。これは、ヨーロッパ以外の未知の世界はすべてポルトガルとスペインの二国間で分かち合うという取り決めである。これにより、太平洋へ向かう西側の航路開拓はスペインの支配するところとなった。その任務をまかされたのがフェルナン・デ・マガリャンイス、今日ではフェルディナンド・マゼランで知られているポルトガル人だ。経験豊かな探検家でありながら、ポルトガル宮廷の支持を失ったマゼランは、幸運にもスペイン王の紋章旗を掲げることになった。彼は航海の途中で亡くなるが、一行のビクトリア号は1522年に世界周航を達成した。ペンギンの物語にとってそれより重要なのは、後にマゼランの名がつけられることになる海峡を通過する直前のできごとだ。1520年の冬、彼は南アメリカ大陸の南東部パタゴニアの海岸沿いを数カ月かけて探索していた。そこで、旅を記録するために同行していたイタリアの学者アントニオ・ピガフェッタが、南アメリカ版の「ジャッカス」ペンギンについて書き記している。「……我々は子連れのガンやシャチがうようよしている島を二つ発見した。とくにガンは数え切れないほどの多さだ。5隻すべてに積み込むのに一時間かかった。これらのガンは黒くて、体中に羽根が生えており、大きさも形も同じである。空を飛ばず、魚を餌にする。脂肪がたっぷりとついているので羽根をむしることはせず、皮を剥ぐことにした。彼らのくちばしはカラスのそれに似ている」

そういうわけで、これがマゼランペンギンについての最初の描写だ。と同時に、ペンギンのコロニーからの略奪について書かれた多くの記録のうち最初の記録でもある。当時、発見と略奪はワンセットだった。

女性用の懐炉に用いられるはずだったシュレーターペンギンの大量の皮。1世紀以上前に輸出用として貯蔵されていたアンティポデス島の小さな洞窟で、今日まで腐食に耐えた。

語源の混同

> 8月24日、我々はマゼラン海峡の小島に到着した。そこでガチョウくらいの大きさの飛べない鳥を大量に発見し、一日足らずのうちに3000羽殺して、すぐに備蓄用の食糧にした。
> ──フランシス・プリティ『サー・フランシス・ドレイクの世界周航』(1577年)

昔の船乗りたちは、航海中に珍しい動物に出会うと、きまってガチョウ、馬、ロバ、カラス、ニワトリにたとえている。たとえば、初めてアホウドリを見たときも「ガチョウに似た」と書き記されている。だから、新しく名前を作るにあたっては混乱が生じるのもわからなくはないが、いまや「ペンギン」で万人に通用している名前の起源を説明するには、何世紀も前の船員たちが用いていた略語や日常会話の語彙から手をつけるしかない。いろんな言語や方言の誤用や誤解から発生したという説もあるいっぽう、ブルトン語、ウェールズ語、フランドル語、ノルウェー語、フランス語、スペイン語、ポルトガル語、そしてラテン語にルーツを求める向きもある。ウェールズでは「ペン pen(n)」は「頭」を意味し、「グウィン gwyn」(いくつかの言語では女児の名前の元になっている)あるいは「グイン gouin」は「白」を意味する。また、英語の形容詞「ピングウィド pinguid」(脂っぽいという意味)の元になったラテン語の「ピングウィス pinguis」は脂肪あるいは油のことである。「ピンウィングド pinwinged」は、英語の奇抜な造語だとわかった。ドイツ語の「フェットガンズ Fettgans」は「太ったガチョウ」という意味だった。

可能性の域を出ない曖昧な説はたくさんあって、語源はまだ確定していない。だが、探検家というものは新しいものごとをなじみの型にあてはめようとするものだ。それを踏まえれば、彼らが名づけた「ペンギン」の元型が、北半球からやってきた完全に別種の鳥だったと知っても驚くことはない。3500万年かけてペンギンが進化しつづけている間、それと並行して、北洋のはずれに、とても特徴のある、互いに血縁関係にない鳥の一団が現れた。ウミスズメ、ウミガラス、ウミバト、オオハシウミガラス、ツノメドリなどだ。一般的に「オーク (auk)」と呼ばれているウミスズメ科の22種は、いわば高度な適応を果たした北のペンギンである。オークとペンギンはともに収斂進化〔系統の異なる生物種間で類似した形質を個別に進化させること〕したと見られる痕跡があり、生活様式も似ている。特に、水中で翼を使い魚を追う一流のダイバーである点だ。ただし、重要な相違点がある。一種をのぞき、ウミスズメ科の鳥は飛ぶ能力を手放さなかった。そのせいか、現在のウミスズメ科でもっとも大型のウミガラスでさえ、ペンギン科でもっとも小型のコガタペンギンとせいぜい同じくらいの大きさしかない。

言うまでもないが、人間とウミスズメ科の鳥とのつきあいは、ペンギンと人間のつきあいよりもずっと長い。それは、人が高緯度の沿岸環境で生きていけるようになったときにまでさかのぼる。私たち人間は何千年ものあいだウミスズメ科の鳥を捕獲し、食糧にしたり油や皮を採ったりしてきた。現在でも多くの北方地域では一般的な行為である。10万年前のネアンデルタール人がすでにウミガラスを捕食していたという痕跡が貝塚に残っている。

大型のオオウミガラスはウミスズメ科のなかでも特異な存在で、飛ぶことができなかった。全長は75〜85cm、体重は5kg以上に達し、ペンギンのように直立する。かつて北大西洋に生息していたオオウミガラスは狩猟者の恰好の獲物であり、主要な商品として容赦なく迫害されたところもペンギンに似ている。船が北大西洋の最果てにまで行き来するようになると、オオウミガラスは絶滅の一途をたどる。ついに1844年6月3日、アイスランドの南西沖に位置するエルディ島で発見された最後のつがいが狩られ、博物館の標本となった。

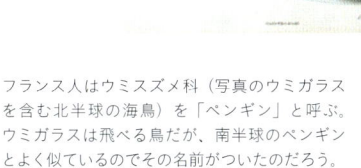

フランス人はウミスズメ科(写真のウミガラスを含む北半球の海鳥)を「ペンギン」と呼ぶ。ウミガラスは飛べる鳥だが、南半球のペンギンとよく似ているのでその名前がついたのだろう。

乱獲のため19世紀の最初の50年間で絶滅した飛べない鳥「オオウミガラス」は、船乗りたちに「ペンギン」と呼ばれていた。図はイギリスの鳥類学者ジョン・グールドの歴史的な作品『ヨーロッパ鳥類図譜』より(左)。ジェンツーペンギン(右)と外見がそっくりの上、模様までよく似ているので、同じ名前で呼ばれていたのもうなずける。
creative commons

ペンギンと人間 155

オーストラリア、マッコーリー島の海岸。キングペンギンとロイヤルペンギンの大群がずらりと並んでいて、海岸からあふれんばかりだ。悪名高き商人ジョセフ・ハッチはこの光景に目をつけ、すぐに彼らを大量の油に換えて大金を手にした。

一隻の船がやってきた……鳥を積み込んでいる。おもにペンギン[オオウミガラスのこと]だ。……何人かの乗組員はこの島で夏を過ごすことになっている。唯一の目的は鳥を殺すことだ……すぐにこの慣習をやめなければ、あらゆる鳥はほぼ絶滅してしまうだろう。ことにペンギンは。
——ジョージ・カートライト船長、1785年7月25日、ジェレミー・ガスキル『誰がオオウミガラスを殺したか?』(2000年) より。

ジャッカスペンギン(ケープペンギン)と並んでオオウミガラスも、分類学の父リンネの『自然の体系』第10版(1758年)において564種類の鳥のひとつに分類されている。そしてこの斃れた巨人は一連の貴重な遺産を残してくれたといえる。絶滅を嘆いた19世紀の自然保護活動家たちがさまざまな海鳥を保護するために陳情活動を始めたのだ。そこには、オオウミガラスと同様に乱獲されていた南極海のペンギンも含まれていた。「最後のオオウミガラス」の悲劇はドードー(17世紀に絶滅した鳥)の物語と共に、自然界とのつきあい方における過ちとして教科書の古典的存在となった。

オオウミガラスの話で有名なのは、そして混乱の種となってきたのは、その名前に関するくだりである。1600年代の初期、人々は自分たちが追いかけている大きくて太っていて飛べない鳥のことを「ピングィン pinguin」と呼び始めた。とくにオオウミガラスの最後の本拠地だったニューファンドランド島沖でそうだった。現代では、フランス語の「パングワン pingouin」という言葉が、ウミスズメ科の鳥を指す一般的な言葉として残っている。いっぽう、フランス人は南極のペンギンを「マンショ manchot」と呼ぶ。1791年、リンネの分類を解説しているピエール・ジョセフ・ボナテール(フランスの博物学者)は、オオウミガラスに *Pinguinus impennis*[翼を持たない太ったペンギン]という新しい属名を創設さえしている。これら

の背景を考慮すれば、次のようなことを容易に想像できる。潮焼けした年配のベテラン船乗りが、初めて南半球に入り込み、直立した白黒の見知らぬ鳥がよたよた歩いて海へ飛び込むのを見て、仲間に向かって宣言する。「……見ろ、ピングィンだ」……こうして、ペンギンによく似た北のオオウミガラスは、ペンギンの新しい肉体を得て復活することになったのである。

海は「マンショ[ペンギン科]」の棲息地である。探検家たちはしばしば彼らを「パングワン[ウミスズメ科]」と混同しているが、マンショとパングワンの違いは二つの目立った特徴にある。ひとつは、翼の形状だ。「パングワン」の翼はかなり短くて幅が狭く、少なくともそのおかげで飛び上がることも、ある程度の距離を飛ぶこともできる。もうひとつは、くちばしの形である。「パングワン」のくちばしは左右が平らで太いが、「マンショ」のくちばしは先がとがっていて全体は丸く円筒状だ。
——ピエール・ソネラ(博物学者)、イル・ド・フランス号とネセセール号に乗船して。『ニューギニアへの旅』(1776年)

名前の混同においてとびきり厄介な例は、ジェンツーペンギンである。学名は「*Pygoscelis papua*(ピゴセリス・パプア)」。通称も学名も由来ははっきりしていない。もう一度、博物学者ピエール・ソネラの描写をとりあげてみよう。ニューギニアの鳥類について説明している。「……私は発見した3種の"マンショ"に名前をつけた。ひとつめは"ニューギニア・マンショ"[エンペラーペンギンのことらしい]、二つめは"カラード・ニューギニア・マンショ"[ソネラの絵を見る限り、マゼランペンギンのことである可能性が高い]、三つめは"パプアン・マンショ"[ジェンツーペンギンの絵が描かれている]である」。ここからわかるのは、見識の高い知的な探検家であるはずのソネラが、多数の旅行記のなかでは、若干おおらかで想像力に富んでいるのではないかということだ。自分でペンギンの見本を集めたのではないらしいし、さらにはあれだけ何度も太平洋を旅していたソネラも現在のパプアニューギニアにあたる国は訪れていないという! 謎の通称に関しては、新しいものになじみの名前をつける例の船乗りたちのやり方を用いている。ジェンツーは、白いはち巻きを締めたようなペンギンの頭から、インド文化の白いドゥパッタ(インドの女性がかぶる伝統的なスカーフ)を連想して作られた名前と思われる。ヒンドゥーという言葉が広まる以前は、「ジェンツー」(ポルトガル語で「異教徒」を意味する「gentio」が由来と考えられている)が、インド亜大陸の先住民を指す古い、そして後に差別的な意味合いを持つ言葉だった。

更に混乱の原因となったのが、16、17世紀の学者たちが新種の動植物に学名をつける際に、航海日誌や日記、スケッチや逸話だらけの回想録から情報を得る

しか方法がなかったという事実だ。それに加えて、標本というのは名ばかりで、出所のあやしい寄せ集めのコレクションから持ち出した腐りかけの皮にすぎないこともあった（後の時代には、あのダーウィンでさえ収集物を取り違えたことがあった）。また、こういった生命科学の先人たちは動植物の分類学や体系学、ましてや遺伝学に精通していたわけではない。たとえば、1750年代までクジラは哺乳動物ではなく魚であると考えられていた。だから1781年に起こったこともうなずける。クックの二度目の航海に同行した博物学者J.R.フォースターは、ジェンツーペンギンの学名をつける際、フォークランド諸島から持ち込まれた剥製を模式標本［生物の新種に学名をつける際に、拠り所となった標本や図解のこと］にした。だが剥製には誤った札がついていた。フォースターはそれをうのみにして、どんなペンギンも存在したことのない土地の名前を学名としてしまったのだ。

いっぽう、由来がはっきりとしたペンギンの名前もある。それはフランス人探検家ジュール・デュモン・デュルヴィルの愛する妻、アデル・ペピンにちなんだ名前だ。1840年、デュルヴィルは東南極の海岸沿いに初上陸し、そこを「テール・アデリー（アデリーランド）」と名づけた。彼はこう書いている。「この名前は、献身的な妻への深い感謝を永久に思い出させてくれる。彼女は私の探検旅行が成功することを願って、三度の長く辛い別れを受け入れてくれた」やがて、デュルヴィルの弟子たちが収集した鳥たちにも、発見した土地の名前がつけられるようになった。

探検と略奪

新発見のペースが速くなり、ますます土地や海や島についての珍しい話が入ってくるようになると、儲け話に目のない金持ちたちはすぐに真の探検家たちの後に続いた。そうして、植民地帝国の建設、貿易同盟の樹立、自然環境の卑しい略奪が始まった。新たに押し寄せてきた「探検家」たちはたいていアザラシ猟師や鯨猟師だった（ナサニエル・パーマー、ジョン・ビスコー、アブラハム・ブリストウ、ジェームズ・ウェッデル、ジョン・バレニーなど）。これらの人々は、南方の海のすみずみにまで果敢に進出し、ときにはライバルたちとの争いを避けるために自分たちの発見を隠しておくこともあった。その結果、1854年までにあらゆる亜南極諸島、および南極大陸──すなわちペンギン生息地の全域──が発見された（赤道付近のガラパゴスペンギンを含む5種類のペンギンは、まだ科学的な意味では発見されていなかった）。みるみるうちに工業化して豊かになったヨーロッパと北アメリカの要求にこたえるため、人々は上質な油と生皮を血眼になって捜し、そのなかでクジラは一頭また一頭と追い詰められて銛を打ち込まれ、オットセイやアシカは容赦なく棍棒で打たれ、ゾウアザラシは撃ち殺されて解体された。確実な儲け話と名声にむらがるよ

うにして無軌道な企業も増え始めた。ときには、島が発見されて10年も経たないうちに、獲物がほぼ絶滅してしまうこともあった。当然のことながら、ペンギンも海洋哺乳類とそう変わらない状況に置かれた。船にはペンギンの卵や肉や皮が積み込まれ、かたや乗組員は一度に何カ月も海岸沿いに住みつき、食料を求めてひっきりなしに営巣地をあさる。油を精製する大鍋の火を絶やさぬように用済みのペンギンの死骸をくべることすらあった。

> 男たちは、欲しいだけのパンを持っていると言った。豆や豚、そして少しの糖蜜と小麦粉も。彼らの主食はペンギン（マカロニペンギン）で、脂肪のついた皮を燃料代わりに用いていた……
>
> H.N. モーズリー、ハード島のアザラシ猟師について『ある博物学者の記録──探検艦チャレンジャー号の航海における観察』より。

亜南極の野生動物、特にペンギンに対する最もひどい仕打ちとしては、ジョゼフ・ハッチのエピソードが群を抜いている。科学者、情け容赦のない商人、口の上手い政治家、目端のきく実業家、恥知らずの資本家だった男だ。20世紀にはいると、人々はそれまでの野生動物への態度を改めなくてはならないことに気づき始めた。ハッチの興した企業と、後に続いた世間からの激しい非難もまた、そのことを証明している。1862年以降のハッチは、「もっと生産を」という力強い掛け声とともに、さまざまな構想や関心をもちつつ、熱心に、そして容赦なくアザラシを捕獲していた。ニュージーランドの南島の南端、インバーカーギルという町で大規模な卸売店を経営し（尊敬を集める町長でもあり、下院議員でもあった）、組織的にアザラシを狩ってオークランドやキャンベル島の海岸を死骸で埋めつくした。やがて、アザラシの絶滅を恐れたニュージーランド政府が1885年以降、季節で狩猟を禁止する法律を発令すると、まもなくハッチは禁猟期に密猟したかどでひどく信用を失うことになる。オットセイ一頭の皮の市場取引価格が21シリング（現在の小売物価指数から換算すると150ポンドは優に超える）だったことを考えれば、リスクを取る価値があったのだろう。ハッチは巨大都市がペンギンとゾウアザラシのあふれるオースト

みすぼらしい小屋の横に並ぶ大量のペンギンオイルの樽。儲けの多いヨーロッパや北米の市場へ送られるのを待つばかり。（マッコーリー島）
alexander turnbull library, wellington, new zealand

回復しつつあるキングペンギンのコロニーに囲まれているのは、暗い過去の遺物、ハッチの会社の忌まわしい溶解釜である。100年前には島中に5つの圧力プラントが点在していた。

ラリアのマッコーリー島に目を向けているのを見てとると、すかさずそちらへ全力を注ぎなおした。効率と高い生産性を徹底的に追求して設置したのが、ノルウェー人が設計した「溶解釜」だった。それはゾウアザラシの脂肪のみならず、死骸全体を溶かして精製することのできる巨大な圧力釜である。乱獲の末、マッコーリー島のアシカやアザラシ（鰭脚類）がほとんど姿を消すと、ハッチは次に小型の動物、特にキングペンギンとロイヤルペンギンに目をつけた。ニュージーランド当局は油の輸送に高い関税をもうけて（マッコーリー島はニュージーランドの司法権が及ばなかったため）、彼の大胆不敵な略奪を阻止しようと試みたが、ハッチのほうは溶解釜のサイズを大きくし、さらに数も増やしていっそう事業を拡大して対抗した。1895年になるころには、1日あたり1カ所で2000羽のロイヤルペンギンを溶解していたが、1905年には3500羽に増え、さらにボイラーの火を絶やさないようにするため500羽が投入された。彼の部下たちが何カ月も満足に物資が供給されず、ほったらかしにされるいっぽうで、マッコーリー島は1シーズンで経費にたいして44%の利益を生むとハッチは豪語していた。

　　……考えられうるもっとも悲惨な地、選択の余地のなく、奴隷労働を強いられる流刑者の地である。このような場所に文明人が住んでいる理由などない。
　　——マリナー号のダグラス船長、マッコーリー島について（1822年）。

ハッチは科学的見地からの非難を一蹴し、声明書を出して反論した。「私がマッコーリーで仕事を始めてから、（ペンギンが）大幅に増えたということを証明する準備はできている……実際には、毎年かなりの数が殺されなかったら、その鳥たちはこの島を去って行方をくらましてしまっただろう……」。1912年、タスマニアに拠点を移したのち、「南方諸島開発会社」の利益を一時的に支えたのは、誰からも非難されることのない第一次世界大戦（1914-1918年）による特需であった。そのいっぽうで、この性急にのしあがった「油王（オイルバロン）」は政治的・倫理的批判にますますさらされ、ついに運が尽きるときがやってきた。世間の非難と政府の圧力が、彼の企業を衰退に追い込んだのだ。影響力のある科学者や、ダグラス・モーソン、フランク・ハーレーといった、経験もあり人々からも支持されている南極探検家たちの貴重な意見に後押しされ、マッコーリー島におけるペンギンの大規模な虐待は、野生動物を守る初の国際キャンペーンを展開する引き金となった。ロンドンからの圧力が高まり、ハッチが独占的に結んでいたマッコーリー島の賃借契約が終了すると、彼の会社も設備も用なしになった。この無愛想な89歳の老人は、1926年には破産し、その2年後に死んだ。今はタスマニア州ホバートにある貧困者向けの墓標のない墓地に眠っている。いっぽうで、錆びついた溶解釜は現在も姿を残し、ハッチの大量虐殺（推定で約300万羽のキングペンギンがハッチの製油所に送られた）によって壊滅したペンギンのコロニーがその周りにじわじわと回復しつつあるのは、なんとも象徴的な話ではないだろうか。

考え方の変化

　彼らは人間の子供に実によく似ている。この南極世界の小さな住人たちは、子供のようでもあり、老人のようでもあり、白いシャツに黒い燕尾服をまとい、大物ぶってディナーに遅れてくる輩のようでもあり、おまけにかなり太っている。私たちは彼らに向かって、彼らは私たちに向かって歌を披露したものだ。船尾に立った探検家の一団が「彼女は指にリングをはめて、爪先に鈴をつけている……」などと、声を限りに、アデリーペンギンの群れをほめたたえて歌う姿を君もしょっちゅう見かけたかもしれない。
　——アプスレイ・チェリー＝ガラード『世界最悪の旅』（1922年）より、ウィルソンの日記からの引用。

　ハッチの物語は、20世紀の最初の数十年間が、人間とペンギンの関係にとって重要な転換点となったということを示している。最初に捕獲されたキングペンギンがエジンバラ動物園で客を楽しませ始めた時期というだけではなく、新聞の読者や講演会の聴衆が、愛国心の強い新しいタイプの冒険家の旅に魅了され始めたのもこの時期である。いわゆる「南極探検の英雄時代」が全盛期を迎え、10名以上の探検家たちが凍りついた南半球の奥深くへどんどん踏み込んでいった。
　動物学者のエドワード・ウィルソンは、1901-04年と1910-13年に行われたロバート・ファルコン・スコットの有名な南極探検にどちらも同行した。エンペラーペンギンはもっとも原始的な鳥類であり、その胚を調べれば爬虫類から鳥類への進化のつながりが明ら

かになるのだというダーウィンの誤った仮説に触発されたウィルソンは、2人の仲間と試料を求めて真冬の冒険旅行に出発し、このときは幸運にも生還した。ロス島にあるエヴァンス岬の基地から、クロジール岬の唯一知られたエンペラーペンギンのコロニーへ向かう氷上の旅は、真っ暗闇のなか5週間続いた。すべては孵化する前の重要な段階にあるエンペラーペンギンの卵を持ち帰るためだ。暴風および−40℃の気温との闘いは壮大なサバイバル物語となった。夏を迎えた南極からの帰還中、悲惨にもウィルソンとバウアーズはスコットとともに命を落とす。そのため、試料の卵をロンドンの大英自然史博物館へ持ち帰るのは仲間のアプスレイ・チェリー＝ガラードの役目となった。それ以後20年間、3人の男が苦労して守った貴重な3つの卵は何も研究されずに放置され、その間に胚の仮説は否定された。

スコットの最後の探検にはもうひとつ興味深いエピソードがある。それは科学者チームのジョージ・レヴィックが1911年から12年にかけてアデア岬で観察した、繁殖期間中のアデリーペンギンの記録だ。繁殖期間の最初から最後までコロニーを観察した科学者は、その時点でも、また現代においても、レヴィックただ一人である。レヴィックの詳細な観察記録は時代の先を行きすぎていた。特に、ペンギンの頻繁な交尾活動や、オスが徒党を組んで執拗ないじめを繰り返すさま（猛々しい若鳥が手当たり次第に無理やり交尾を迫ろうとするさま）などがエドワード朝の人々にとってあまりに衝撃的だと考えたレヴィックは、学者にしかわからないようにそこだけギリシャ語で記録を残した。公式報告書を発表する際にも、世間の目には不快でいかがわしく映るとみなされ、その部分は外された。その後、ペンギンたちの「驚くべき堕落」の記録は、「アデリーペンギンの性習慣」というタイトルの小論文にまとめられ、元々の探検記のなかにまぎれたままほぼ100年間、日の目を見なかった。それが発見されたのは、スコット南極探検100周年の式典を準備していたときだ。現代の科学者たちによると、レヴィックの描写は驚くほど正確で最新の研究にも合致しているという。

> 間違った惑星に迷い込み、真の住人たちの邪魔になっている巨人かなにかになったような気がする。
> ——アプスレイ・チェリー＝ガラード『世界最悪の旅』（1922年）より。

だが、スコット探検隊のなかで、誰にでもわかりやすい形で未来のペンギンに貢献したのは、探検隊の写真家で映写技師のハーバート・ポンティングだ。彼は臆することなくペンギンを人気者にしたてあげた。フリーランスの写真ジャーナリストとしてキャリアを始めたポンティングが、南極の雰囲気やそこでの生活の

126a. Sky effect (midnight sun), penguins at ice-edge. Jan. 13th 1911.

スコットの二度の南極探検に公式に同行した写真家・映写技師のハーバート・ポンティングはペンギンの姿をかつてないほど世に知らしめた。alexander turnbull library, wellington, new zealand

厳しさを永遠に留めるのに用いたのは高品質の写真だった。彼が撮影したガラス板の写真と映像のおかげで、あの不幸な探検旅行の遺産が私たちの記憶に長く残ることになった。同様に重要な役割を果たしたのは数年にわたって続いた幻灯機（プロジェクターのような装置）による公演だ。彼は生活を共にしたペンギンたちの映像と解説で観客を喜ばせた。彼のペンギンは印刷物やポストカードにも登場し、なかでも1914年にイギリス国王ジョージ五世に贈った5枚のアデリーペンギンの写真は、王室コレクションに今も収蔵されている。だが、ポンティングの目玉作品は、毛皮、ベルベット、綿で作ったアデリーペンギンのぬいぐるみである。ほぼ間違いなく世界で初めて動画から生まれたキャラクター商品だと思われる。名前は「ポンコ」（ポンティングの南極でのあだ名）。この初の「かわいい」おもちゃのペンギンは、ポンティングの講演旅行の人気マスコットとして、子供のみならず大人をも魅了した。最近では、南極について教える子供向けの物語に、主役のキャラクターとして登場している。そしてオリジナルのポンコは引退して、今はグリニッジにある国立海事博物館を住みかとしている。

ペンギンの魅力

この100年の間に、私たちのペンギンに対する態度はずいぶん変わったかもしれないが、ハッチの時代からそれほど変わっていないこともある。すなわち、ペンギンは（どんな外見かにかかわらず）決定的にビジネスの源だということだ。それもビッグビジネスである。

売り物としてのペンギンブランドのお手本は、1935年、ペンギンブックスの創設者アレン・レーンが「威厳があって、でも軽妙な」シンボルとしてペンギンを

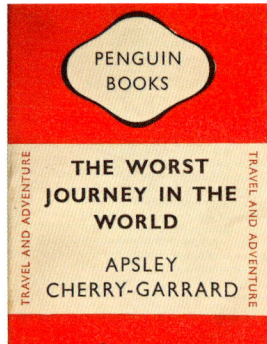

上：アデリーペンギンがモデルのマスコット「ポンコ」。これをポストカードや広告に用いたポンティングの講演、映画、スライドショーには、多くの人が押しかけた。
photo courtesy c. monteath,
www.hedgehoghouse.com

下：南極探検文学のお手本ともいえるチェリー＝ガラードの傑作冒険物語は、1937年、革新的なペンギンブックスのトレードマークを付して世に広まった。
photo courtesy c. monteath,
www.hedgehoghouse.com

採用したときに始まった。当時の法外な値段の「教養書」を、普通の人々がペーパーバック並みの値段で買えるように、というのがペンギンブックスのつつましい試みだった。やがて世界的にも有名なブランドのひとつになるペンギンブックスを始めるとき、レーンはこう言っている。「このペンギンたちは、読者を借り手から買い手に変える手段なんだ」。最初は同時代の伝統主義者たちから疑いの目で見られていたが、レーンの方針は出版界を大きく変えた。その2年後には、300万人以上の読者がペンギンブックスをポケットに入れ、ロンドンの目抜き通りでは誰もが欲しがる新刊のペーパーバックを「ペンギンキュベーター（Penguincubator）」と呼ばれた自動販売機から6ペンスで買うことができた。2010年で創立75周年を迎えるペンギンブックスは、世界有数の出版社として、年間10億ポンドの売上をあげている。

「ペンギン」と「ペーパーバック」といえば、現代ではスーパーヒーローもののコミックを思い出すかもしれない。1941年、アーティストのボブ・ケーンとビル・フィンガーは、背が低く、でっぷりとした丸い体でくちばしのような鼻をした、いじめられっ子オズワルド・チェスターフィールド・コブルポットを誕生させた。コブルポットという名前は知らなくても、傘を片手に年から年中何かを発明している架空の天才、そしてバットマンの敵「ザ・ペンギン」といえばわかる人も多いだろう。彼はいまでもDCコミックで大人気の悪役である。

ポンティングの撮影した、チャップリンのようにぎくしゃくと動くアデリーペンギンの姿は人々の好奇心を大いにかきたてたかもしれないが、それは以後公開される多くのペンギン映画の予告編にすぎなかった。1930年代の初めから今日にいたるまで、ペンギンは洗練された人気者へと進化し続けた。その道を開いたのは、ウォルト・ディズニーの才能あるカートゥーン作家たちだ。1934年9月1日、9分間の短編映画「シリー・シンフォニー」シリーズの『フグとペンギン』がテクニカラーで公開された。歌って踊る2羽のかわいいペンギンが恋に落ちてハッピーエンドを迎えるという典型的なディズニー映画だ。それ以来、ドナルドダック、ミッキーマウス、グーフィー、バッグス・バニー、ウッディ・ウッドペッカーといったアイコンと並び、ペンギンの姿を借りたさまざまなキャラクターが市場を席捲する。自分が子供のころに見て育ったキャラクターが一番のお気に入りになってしまうのは仕方のないことで、私にとっては1950年代、60年代に流行したチリー・ウィリーがそれに当たる。しかし、流行りすたりを繰り返してきたたくさんのペンギンアニメのなかで、幼児向けのクレイアニメ（粘土を用いたストップモーションアニメ）の「ピングー」は、言葉や文化の壁を越えている点で他と一線を画している。1984年、スイステレビで製作され、「とっても変わっていて……きまぐれで、あったかくて、すごく楽しい」という触れ込みのピングーは英国アカデミー賞を受賞し、そのドタバタ劇とリアルサウンド（視聴者の母語は関係ない）を用いて即興で作った「ピングー語」は、世界中の140以上のテレビ局で放送され10億人以上の人々を楽しませてきた。そして、さまざまなピングー・グッズは膨大な利益を生んだ。

映画の中ではジェームズ・ボンドは無敵かもしれないが、チケット売り場での戦いでは、CGの愉快なペンギン集団がこの温厚な二枚目スパイをみごとにやっつけた。2006年11月に公開された『ハッピーフィート』は、同日公開の『007／カジノ・ロワイヤル』をタップダンスで打ち負かし、週末興行成績でトップに躍り出た。初日にペンギンたちがかき集めた興行収入は、なんと4100万ドルだ。ペンギン映画の最たるものといえば『皇帝ペンギン』（2005年）である。自然を扱ったドキュメンタリー映画としては最高の興行収入をあげ、2012年末現在、この記録は未だに破られていない。

21世紀を迎えて

野生動物のドキュメンタリーを見て、エキゾチックな自然に直接触れたくなる人々は少なくないだろう。近年、ペンギン観光を目的としたツアー旅行が、旅行部門で競争力をつけてきている。フォークランド諸島でのキャンプ、ウェストランド（ニュージーランド）の原生自然から遠く離れた海岸へ向かうガイド付きハイキング、マゼランペンギンとケープペンギンのコロニーを訪れる船旅とピクニックの組み合わせツアー、そして特別観覧席のような展望台でコガタペンギンの帰還を観察するツアー（巻末の「野生のペンギンが見られる場所」を参照のこと）まで、内容はさまざまだ。

いうまでもなく、本格的な探検用の船に乗って南極大陸と多様な亜南極諸島へクルージングするのが、ペンギン観光の至高の目標である。南極大陸の波乱万丈の歴史、加えて荘厳な風景が、南極大陸を訪れる旅行

2011年、座礁したコンテナ船レナ号はバンカー重油を撒き散らし、ペンギンと他の海鳥たちに災いをふりまいた。（ニュージーランド、ベイ・オブ・プレンティ）photo courtesy of maritime new zealand

オーストラリアで採用された斬新なプロジェクトは、特別に訓練した犬に外来の捕食動物からコガタペンギンを守らせるというものだ。

この乗客を運ぶ砕氷船のように、バンカー重油を燃料とする船は環境へのリスクが高いため、現在南極海へは進入禁止となっている。

者にとって重要なテーマであるのは間違いないが、旅行プランを決定づけるのは魅力的なペンギン観光があるかどうかだ。実際、南極半島に限って言えば、南緯60度以南（南極条約では南緯60度を南極地域とする）における142の指定観光地は、その67%がペンギンの繁殖地にあたる。2011-12年に発行された国際南極旅行業協会のシーズンデータを基に推定すると、もっとも観光客が訪れた20の地域で、観光客が上陸した場所のおよそ86%は営巣中のペンギンを呼び物にした場所で、そうでない場所は24しかない（あらゆる研究用基地と歴史的遺物を含む）。この期間には、100以上の国から2万6000人以上の観光客が南極のペンギンを楽しんだことになる。

ここまで、人間にとってペンギンはどんな意味を持つのか、そして私たちの心を捉えて離さないこの小さな生き物との感情的なつながりを議論してきたが、ペンギン自身はどうなのだろうか。いくら南極に旅したとしても、実際のところ、彼らの本物の生活というものはほとんど目撃することはできない。多くのペンギン種は生活の75%を海で過ごすからだ。ごく最近になって衛星追跡機器が登場し、ようやく多くのペンギン種がいつもどれだけ遠くまで、そしてどこへ遠征しているのかということだけはわかるようになったところである。

　　今日では、人間が彼らに与える影響を心配せずに
　動物のことを考えることはできない。
——バーナード・ストーンハウス

最近の自然保護志向の世代は、過去に人間がペンギンに犯した過ちを積極的に正そうとしてきた。彼らが、保護区を法律で定め、繁殖に悪影響を与える外来種の害獣を駆除し、人間が生活している場所のすぐそばに住むペンギン種の居住地を率先して増やしたり回復さ

せたりしてきたおかげで、かつて大量に殺された多くのペンギン種の状況はわずか数年前と比べても良くなってきている。このような解決方法のなかには、しかるべき人手や資金があれば比較的簡単に実行できるものもある（それでも相当な労力が必要ではあるけれども）。だがいっぽうで、もっとイノベーティブな考えが必要な場合もある。その好例が、短期間でめざましい成果をあげて環境賞を受賞したミドル島の独創的な取り組みだ。オーストラリアのメルボルンからおよそ260km西にウォーナンブールという町があり、ミドル島はそのすぐ近くにある。島には約600羽のコガタペンギンのコロニーがあったが、キツネや野犬に襲われ、しまいにはわずか10羽を残すのみとなった。2006年、ミドル島はマレンマ・シープドッグを導入した。2000年の飼育の歴史があり、強い保護本能を持つイタリア原産のこの犬は、もともと熊や狼から家畜の羊やヤギの群れを守るのが仕事だったが、オーストラリアでは養鶏場を守るために飼われていた。そのマレンマ・シープドッグをペンギンの番犬として特別に訓練し直したのだ。2012年夏の調査によれば、島でのコガタペンギンの生息数は約190羽にまで回復している。近頃は、犬たちがあまりにも手際よくキツネを寄せつけないようにしているので、現在のこのプロジェクトの最大の課題は、彼らを飽きさせないようにすることである！

だがいくつかの場所で私たちが最善の行動をとったとしても、多くのペンギン種はいまだに危機的状況にある。その原因は、獲物を狙ってうろついている捕食者か、あるいはもっと複雑で手に負えない脅威か、そのどちらかだ。とりわけ懸念されるのが石油による海洋汚染である。これは一般的な海上交通と、石油の発掘およびとその関連事業によって起こる。海上の渋滞エリアはペンギンの生息地と重なっているので、事故が起これば悲惨な結果は避けられない。2011年だけ

考え方の変化：ジェンツーペンギンのコロニーに入り込んで建てられた古い南極基地（右）（パラダイス湾）。いっぽう、探検船の乗客たちは、キングペンギンに敬意を表して離れたところから彼らを眺めている（左）（サウスジョージア島）。

上：かつてはキングペンギンとその卵が捕獲されていた場所。現在の観光旅行では、まず環境の保全が優先されている。（フォークランド諸島、ヴォランティアビーチ）
下：標識だけでは誰もペンギンに道を譲ろうとしないだろう。（ニュージーランド沿岸の町）

でも、積荷を満載してペンギンの営巣地近くを航行していた貨物船の重大事故が2件も起きている。ひとつは中部大西洋のナイチンゲール島で、もうひとつはニュージーランドの港と港の間を航行中に起こり、どちらの事故でも燃料の重油が大量に流出して多数のペンギンをはじめとする海鳥が死亡した。どちらも完全に航行上の判断ミスが引き起こした事故だった。航海士の不注意によって海図にはっきりと記されている障害物に衝突してしまったのだ。これらの事故は、フォークランド諸島、アルゼンチン、チリ、ペルー、南アフリカ、南オーストラリア、ニュージーランドの周辺の沖合いで新たに始まる油層探査が、いつか再び大惨事をもたらすかもしれないという可能性に焦点を当てることになった。たとえば、ニュージーランドのバンクス半島沖のどこか（最近、探査のニュースが報じられたエリア）で一度石油流出が起これば、コガタペンギンの亜種であるハネジロペンギンは全滅してしまうかもしれない。そんな事故は起こりえないという意見もあるが、それは国際タンカー船主汚染防止連盟の統計によって反論できる。過去42年間における世界中の記録によると、7000リットル以上の流出事故は1350件、さらに700トン以上の大事故は455件起こっている。確かに以前に比べれば厳しく規制されているので、2002年以降のタンカー事故数は、それ以前の10年の半数以下となっているし、今も減り続けてはいる。しかし、流出事故、特に大手石油会社が関わる事故が一度でも起これば、あまりにも悲惨な結果になるという事実は変わらない。南アフリカには、南アフリカ沿岸鳥類保護財団（SANCCOB）という専門的なNPO団体があり、苦しむ海鳥のリハビリに全力をそそいでいる。その大多数は石油に苦しむペンギンだ。すでに9万羽のケープペンギンを救助しており、何もしなかった場合に比べておよそ19%のケープペンギンの個体数が増えた計算になる。彼らの尽力のおかげだ。人間によって引き起こされる海鳥の急激な減少を防ぐのに必要とされる努力とはこういうことだ。いまやSANCCOBは海鳥救護の世界的なリーダーである。そして悲しいことに、南アフリカや各地の海岸沿いで救助活動は後を絶たない。トリスタンダクーニャ諸島のキタイワトビペンギンの例がそうだ。SANCCOBの専門知識はこれから先何度も必要とされるだろう。

地球の生態系に対する意識は高まり、その健全性への関心は徐々に広がっている。そしてこの動きは世界中の知識人たちにもゆっくりと浸透しつつある。地球は動的な存在であり、私たちは誰もが本質的に、そして複雑な関わりのもとに、その一部なのだ。私たちの個人の活動とその影響は簡単に数字で表されるように見えるときもあるが、現実は決してそうではない。そもそもの原因が人間にあるにしろそうでないにしろ、気候変動、海洋酸性化と漁獲高の減少、氷河や氷床の融解、そして海氷の縮小、これらのことが起こっている事実は変えようがない。すでに変化は測定できるまでになっており、それを軽減するためには、行動のパラダイムシフトが必要である。

コミュニケーション理論の教えによれば、人は個人的価値観を補強するようなものごとについては効果のある決定を下すという。地球の生態系を守ることよりも重要な価値観があるだろうか？　私たちはみな既得権をもっていて、それにふさわしい行動をとる責任がある。ペンギン、すなわち社会現象ともなったあのカリスマ的な小さな生き物、人がそれなしでは生きられないほどポジティブな影響を与えてくれる小さな生き物が、これらの問題の中心に存在している。彼らの存在、そして私たちの存在は、未来の繁栄と、海の回復力にかかっている。次の章からは、世界でも優れたペンギンの専門家たちが、研究や発見、試練と苦難の個人的な物語を詳しく語っている。そして興味をそそるペンギンの生態と、発見されたばかりの謎を披露してくれている。それを読めば、彼らがペンギンの未来を心から案じているのがわかるだろう。

化石ペンギンたちの行進

ダニエル・セプカ

ペンギンは、新生代の初期に
再び飛翔能力を失った古代鳥類の系統にある。
化石に残っている証拠をもとにペンギンの系統樹を作り直して、
彼らの歴史物語を明らかにする。

ダニエル・セプカ博士はノースカロライナ州立大学の古生物学を専攻するリサーチ・アシスタント・プロフェッサー。古代ペンギンの進化史を研究対象としている。
Department of Marine, Earth and Atmospheric Sciences North Carolina Museum ofNatural SciencesRaleigh, NC 27601-1029 USA ksepka@gmail.com

ペンギンは古い鳥類である。化石によれば、最初に原始種が現れたのは6000万年以上前で、人間よりもかなり前である。私の研究はペンギンの進化の初期段階に焦点を当てていて、ペンギンの生態や進化を刻む化石証拠を追っている。そのため、海鳥の化石がふんだんに見つかるいろいろな地方、たとえばニュージーランドやペルーや南アフリカを訪れた。

ペンギンは進化の過程で、体の大きさ、形態、餌、生理機能の変更を試みた。現在、化石から判明した絶滅種は50以上にのぼり、その多くはペンギンの系統樹の興味深い分岐をあらわしている。彼らは数百万年の間は繁栄したが、最終的には子孫を残すことなく絶滅した。

古代ペンギンが生息していたのは今日とはまったく違う世界だった。南半球のゴンドワナ超大陸がまだ分裂し続けていた始新世（3400-5600万年前）には、オーストラリアと南アメリカは南極に接していた。気候も今よりずっと温暖で、「温室の地球」と呼ばれる時期のため、北極にも南極にも永久氷床はまだなかった。ペンギンの進化における第一段階の間は、イルカやアシカのような海洋哺乳類は存在しておらず、巨大な古代ペンギンたちは現在のペンギンには手の届かないいくつかのニッチ（生態的地位）を占めることができた。

私の研究の柱は、過去と現在のペンギンの進化系統樹を再構成することだ。この系統樹は進化生物学の極めて重要なロードマップになりうる。DNAを分析すれば現生ペンギン同士の関係を解明することができるが、それだけだと系統樹からすべての祖父母、曾祖父母を排除してしまうことになり、物語の大半が失われてしまう。私がペンギンの化石を系統樹の適切な位置に据える作業にとりかかったとき、ある驚くべき推測がいくつか生じた。ひとつは現代のペンギン（あらゆる現生ペンギン種と最も新しい共通祖先をわかつもの）はまだ1100万～1300万歳にすぎないということだ。つまり、

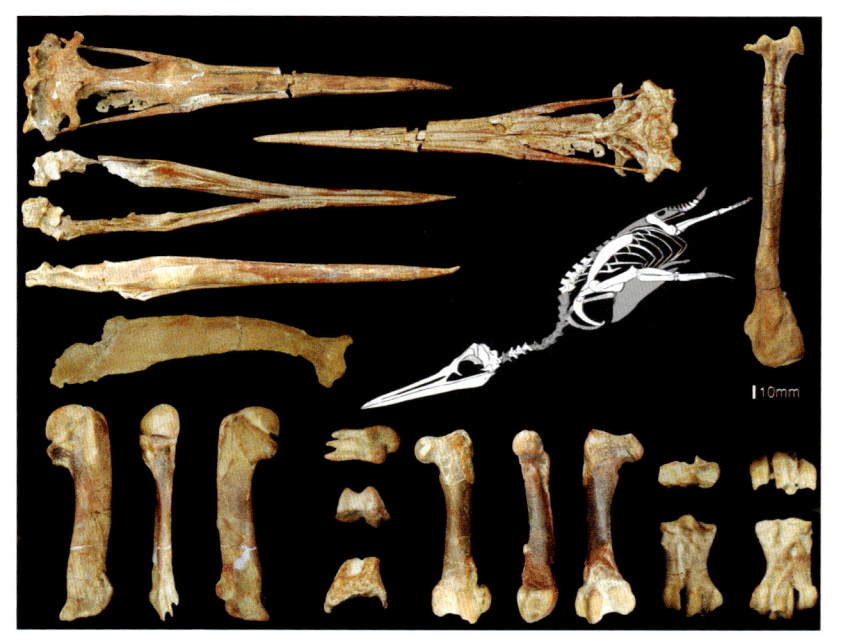

珍しく完全なまま発見されたペルーの化石ペンギン、インカヤク・パラカセンシス（*Inkayacu paracasensis*）の骨と、再現された全体像。体長は1.5ｍ、およそ3600万年前に生息していたと考えられる。photo courtesy j. clarke. art by k. brown

槍のようなくちばしを持つ3600万年前の巨大化石ペンギン、イカディプテス・サラシ（*Icadyptes salasi*）の頭蓋骨と、マゼランペンギンの頭蓋骨の比較。photo courtesy d. ksepka

カイクル・グレブネフィ (Kairuku grebneffi) の細い骨格を調べるオタゴ大学の古生物学者イワン・フォーダイス。ペンギンの進化にとって重要な場所である南ニュージーランドで、彼がこの化石種を発見した。
photo courtesy e. fordyce, geology museum, university of otago

古代ペンギンと現代ペンギンの転換期は地質学上の観点から言えば、ごく最近だったことになる。もうひとつは、化石ペンギンの系統の分布をみると、古代種の起源は温暖な亜南極地域であったことがはっきりとうかがえることだ。ペンギンといえば、氷のある環境を思いうかべるのが一般的だが、彼らが永久に氷で覆われた場所にコロニーを作るようになったのはペンギンの歴史のなかでもかなり遅い時期だった。もうひとつ化石が教えてくれるのは、ペンギンが対向流熱交換器に似た重要な体温調節機能構造を翼に発達させはじめたのは、この時期よりもかなり前だったことである。これは四肢の末端に向かう動脈と体の中心に戻る静脈との間で効率よく熱交換を行い、四肢で熱が奪われるのを最小限に抑えるというものだ。このような特徴を、外適応（ひとつの目的のために進化した形質が、後に別の目的に使用されること）と考える場合もある。5000万年前には、水中で体温を一定に保って長時間餌を探せるように進化した体温調節の仕組みが、今では凍りついた現代の南極で繁殖期を過ごすための重要な仕組みになっているからだ。

ペンギンの化石はどこにあるのだろう？　たいてい現在のペンギンが生息している地域の付近に化石の産出地があり、彼らの秘められた歴史を証言している。まず岩石露頭に沿って歩いてみるといい。そこは海の堆積物が海面上に現れた場所であり、まさに古代の海底を散策するようなものなのだ。先史時代の海洋環境から目を上げると、あたりは広大なペルーの砂漠だったり、ニュージーランドのなだらかに傾斜する牧草地だったりするのはただただ驚くばかりだ。足元の砂岩や緑砂や石灰岩は、かつて海の生物の生息環境を形成していたもので、当時はそこで底生魚が餌を探し回り、造礁サンゴが自然の芸術品を作っていたのだ。

私はフィールド調査のために世界中の化石ペンギンの産出地を訪れ、あらゆる種類の海生生物の化石とともに多種多様な環境を見てきた。傾斜地にウニのとげが転がっていたり、地面から黒光りするサメの歯が突き出していたり、ときにはそこそこの大きさの岩だと思っていたものが2500万年前から埋まっているクジラの存椎だったりすることもあった。

これらの生物はすべて古代ペンギンとともに生きていた。だからペンギンの化石自体を探すのは、海のなかに落とした小さな指輪を探すようなものなのかもしれない。6100万年以上前から現在まで、何十億羽というペンギンが存在してきたが、化石記録に残っているのはそのうちごく少数だけだ。

これまでに最古のペンギンとして知られているのは、ニュージーランドで6100万年前に存在していたワイマヌ・マンネリンギ (Waimanu manneringi) である。この「原ペンギン（プロトペンギン）」が飛べないのは明らかだが、扁平な翼骨の数はかなり少なく、ある程度まで翼を折りたためるつくりを保っている。ワイマヌ・マンネリンギが地上に現れたのは、地球の歴史においてもっとも重要な出来事が起こった直後だった。それは、白亜紀末に起こった大量絶滅だ。隕石の衝突が原因と考えられているこの出来事によって、非鳥類型恐竜とその他多くの種類の動物が絶滅した。海生のモササウルスやプレシオサウルス、さまざまな種類のサメが消えたことは、古代ペンギンにとって有利に働いたと思われる。

ニュージーランドには他にも多くの化石ペンギンが存在している。たとえば、3500万年前のジャイアントペンギンだ。推定体重は75 kgで、あらゆるペンギンのなかで最も重いペンギンである。珍しい細身のペンギンもニュージーランドの古代の海を行き来していた。それは、2012年にカイルク・ワイタキ (Kairuku waitaki) とカイルク・グレブネフィ (Kairuku grebneffi) と命名された私のお気に入りの新種だ。カイルクペンギンはエレガントな体型をしている。くちばしはまっすぐで細長く、胴体は細身、翼も長くて幅が狭い。1.2 m以上の体長を持つこの鳥たちは、2700万年前のニュージーランドのビーチで異彩を放っていたにちがいない。

ペルーもペンギンの進化にとってはホットスポットだ。今ではフンボルトペンギンしか存在しないが、ピスコの砂漠や氷河で覆われた地域に露出した古代の海の堆積物から、たくさんの化石種が発見されている。ここ数年でもっとも驚くべき発見は、4200万年前に赤道付近に生息していたペンギンである。このペンギン種は、地球の平均気温が今より5〜8℃高いといわれている時代の、もっとも暑い地域のひとつに生息していた。発見された化石ペンギン種のなかには、イカディプテス・サラシ (Icadyptes salasi) のように、大きな獲物を捕食するためにくちばしが槍のように長いも

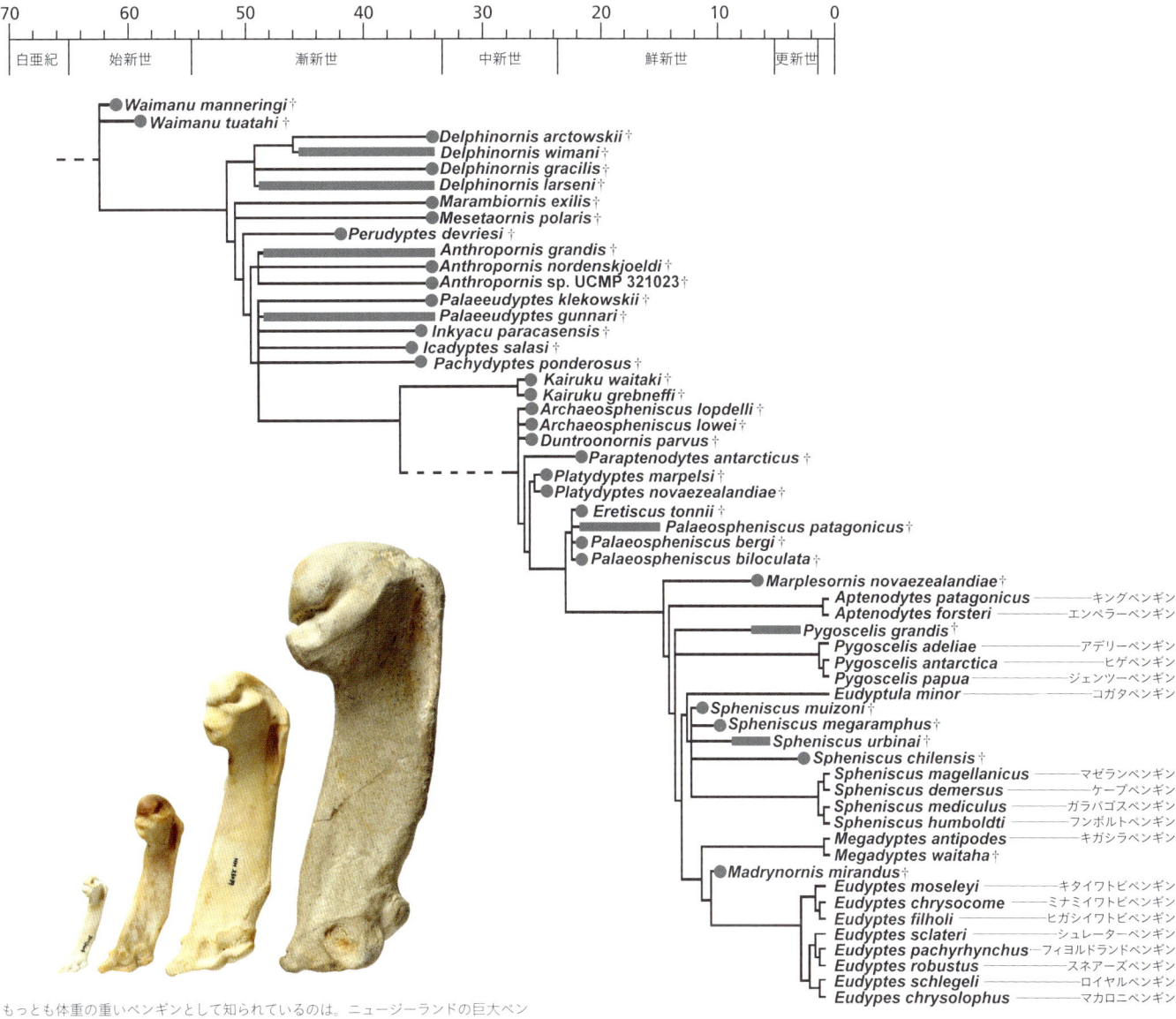

ペンギンの進化の時系列　単位：百万年前

70	60	50	40	30	20	10	0
白亜紀	始新世		漸新世	中新世		鮮新世	更新世

- *Waimanu manneringi*†
- *Waimanu tuatahi*†
- *Delphinornis arctowskii*†
- *Delphinornis wimani*†
- *Delphinornis gracilis*†
- *Delphinornis larseni*†
- *Marambiornis exilis*†
- *Mesetaornis polaris*†
- *Perudyptes devriesi*†
- *Anthropornis grandis*†
- *Anthropornis nordenskjoeldi*†
- *Anthropornis sp.* UCMP 321023†
- *Palaeeudyptes klekowskii*†
- *Palaeeudyptes gunnari*†
- *Inkyacu paracasensis*†
- *Icadyptes salasi*†
- *Pachydyptes ponderosus*†
- *Kairuku waitaki*†
- *Kairuku grebneffi*†
- *Archaeospheniscus lopdelli*†
- *Archaeospheniscus lowei*†
- *Duntroonornis parvus*†
- *Paraptenodytes antarcticus*†
- *Platydyptes marpelsi*†
- *Platydyptes novaezealandiae*†
- *Eretiscus tonnii*†
- *Palaeospheniscus patagonicus*†
- *Palaeospheniscus bergi*†
- *Palaeospheniscus biloculata*†
- *Marplesornis novaezealandiae*†
- *Aptenodytes patagonicus* ── キングペンギン
- *Aptenodytes forsteri* ── エンペラーペンギン
- *Pygoscelis grandis*†
- *Pygoscelis adeliae* ── アデリーペンギン
- *Pygoscelis antarctica* ── ヒゲペンギン
- *Pygoscelis papua* ── ジェンツーペンギン
- *Eudyptula minor* ── コガタペンギン
- *Spheniscus muizoni*†
- *Spheniscus megaramphus*†
- *Spheniscus urbinai*†
- *Spheniscus chilensis*†
- *Spheniscus magellanicus* ── マゼランペンギン
- *Spheniscus demersus* ── ケープペンギン
- *Spheniscus mediculus* ── ガラパゴスペンギン
- *Spheniscus humboldti* ── フンボルトペンギン
- *Megadyptes antipodes* ── キガシラペンギン
- *Megadyptes waitaha*
- *Madrynornis mirandus*†
- *Eudyptes moseleyi* ── キタイワトビペンギン
- *Eudyptes chrysocome* ── ミナミイワトビペンギン
- *Eudyptes filholi* ── ヒガシイワトビペンギン
- *Eudyptes sclateri* ── シュレーターペンギン
- *Eudyptes pachyrhynchus* ── フィヨルドランドペンギン
- *Eudyptes robustus* ── スネアーズペンギン
- *Eudyptes schlegeli* ── ロイヤルペンギン
- *Eudypes chrysolophus* ── マカロニペンギン

† = 絶滅種

もっとも体重の重いペンギンとして知られているのは、ニュージーランドの巨大ペンギン、パキディプテス・ポンデロスス（*Pachydyptes ponderosus*）である。3500～3700万年前、ペンギンが巨大だった頃の全盛期に生息していた。右端はその大きな左足の骨（比較のために並べられた骨は左からコガタペンギン、アデリーペンギン、エンペラーペンギンのもの）で、75 kg 以上の体重を支えていたと推測される。
photo courtesy j.c. stahl, museum of new zealand te papa tongarewa

のもいる。このことは、多岐にわたった環境への適応や形態学的適応が初期のペンギンには見られることを強調している。

　もうひとつペルーでのすばらしい発見がある。それは「ペンギンのミイラ」で、インカヤク・パラカセンシス（*Incayaku paracasensis*）と名づけられた。これまで化石ペンギンの羽根は見つかったことがなかったので、この発見は古代ペンギンの実際の姿について十分な情報を得る初めての機会となった。一見すると、インカヤク・パラカセンシスの羽根は現代ペンギンのものとほとんど同じに思える。現生ペンギンのように小型で、平らな羽軸をもち、翼の上にうろこ状の層が重なっている。だがよく調べてみたところ、羽毛にはメラノソームと呼ばれる色素を含んだ細胞小器官が残っており、どうやらこのペンギンの羽根は灰色と茶褐色だったらしいことがわかった。今日のペンギンの成鳥とはまるで違う色だ。

　古生物学者は、まだ古代ペンギンの進化の謎のほんの表面をひっかきはじめたにすぎないが、この10年で1ダース以上の新種を特定しており、発見の「黄金期」に入ったといえる。かつてないほど化石の産出地や古代ペンギンの調査に注目が集まっている今、古代ペンギンについてさらにすばらしい知見が得られるのは間違いない。

ペンギンはどうやって食料を蓄えるのか
──抗菌分子の発見

イヴォン・ル・マオ

注目すべき発見により、
抱卵中で絶食状態にあるオスのキングペンギンにおける進化的適応が明らかになった。
彼らは孵化したばかりのヒナに餌を与えるため、何週間も食物を胃のなかにとどめると同時に、
特有の抗菌ペプチドによって細菌の進入を防いでいるのだ。
この発見は、生物医科学にとってすばらしい可能性を秘めている。

イヴォン・ル・マオは、生理学の知識を生かしながら、自然条件下での生物の営みを理解すべく、40年以上もペンギンの研究を続けている。専門分野の枠を越えてさまざまなフィールドで活躍する研究者たちを引き込み、ペンギンの特異な適応の仕組みを解明して、医学に新たな可能性をもたらした。
Institut PluridisciplinaireHubert Curien, Département Ecologie, Physiologie et Ethologie UMR 7178 CNRSUniversité de Strasbourg, 23, rue Becquerel, F-67087 Strasbourg Cedex 2, France
yvon.lemaho@iphc.cnrs.fr
http://iphc.cnrs.fr

外洋で広範囲に活動する海鳥の多くは、抱卵とヒナの子育ての間、海での採餌と陸地での絶食を交互に行わなくてはならない。よって、それに耐える方法を探すことが繁殖期の課題となる。なかにはエンペラーペンギンやキングペンギンのように、餌を得るために数週間かけてかなり長い道のりの旅に出るペンギン種もいる。したがって、つがいの相手と役目を交代したときに、コロニーに残る1羽はその期間を持ちこたえるだけの十分なエネルギーを体内に蓄えておかなくてはならないし、孵化したばかりのヒナに餌を与えるために十分な食料を胃に溜めておかなくてはならない。

1990年代に、チャールズ・ボストという博士課程の学生が衛星通信を行うアルゴス送信機を用いて、クロゼ諸島のポゼッション島で繁殖中のキングペンギンが寒帯前線付近に集まるハダカイワシを主食にしていることを突き止めた。寒帯前線は亜南極の海水と冷たい南極海の海水が出会う、海洋学上の境界である。この餌が豊富にある海域にたどりつくために、ペンギンたちは寒い年には約300 km、温暖な年には約600 kmにもおよぶ距離を進んでいかなくてはならない。その年が暑いか寒いかは、基本的にエルニーニョ南方振動という現象が関係してくる。

イブ・ハンドリッチの研究に刺激を受けた私たちは、興味深い問いを掲げた。オスのキングペンギンが抱卵期の最後の2〜3週間を迎えるときにそのような温暖化が起こり、十分に餌を蓄えたメスの帰還──通常は孵化のタイミングと一致する──が移動距離の増加のせいで1週間程度遅れたらどうなるのだろうか？わかったのはメスが戻ってこなくても、10日間くらいなら、オスは海に自分で餌を採りに行くことなく、ヒナが生き延びるだけの餌を引き続き与えることができるということだ。つまり、最後にメスと抱卵を交代するために上陸して以来、オスは胃の中の餌を腐らせずに保存しているのだ。ミシェル・ゴーチエ＝クレールが中心となってこの研究成果を論文にまとめ、それが2000年12月25日発行のネイチャー誌に掲載されると、一大センセーションを巻き起こした。

これらの観察結果を踏まえて、次に解明したいと思った問題は、ペンギンが陸上で3週間も絶食している間、食料を消化させずに胃の中で保存できるメカニズムだった。当たり前だが魚は長く保存できない。ペンギンの体温よりもずっと低い温度でさえそうだ。そのままでは自然の細菌による分解で毒素が生じ、おそらく親鳥もヒナも死んでしまうだろう。そこで2001年、私はペンギンたちがそんな問題をどうやって解決しているのかを解明すべきだと考えた。

当時、私はストラスブールの国立科学研究所所長のジュール・ホフマンの研究に参加していた。それは、昆虫が分泌する抗菌分子、いわゆるディフェンシンの研究だった。そのとき、ペンギンが胃のなかで食物を保存できる仕組みも、これと同じような分子が関わっているのではないかと思いついた。ジュールはそれからおよそ10年後にこの研究成果を評価されノーベル生理学・医学賞を受賞し、それを機に私は抗菌分子を

下：7週間の抱卵期を経て、父親が足の上で温めていた卵から一羽のヒナが誕生する。
右：オスは、抱卵期の最後の2〜3週間でメスと役割を交代することになっているが、万一つがいのメスが戻ってこなくても、数日間は胃の中に保存されている食糧を孵化したばかりのヒナに与えることができる。これはメスには見られない特性である。

166　2　最新科学と保全活動

メスは孵化の時期に合わせて海から戻ってくる。オスから生後数日のヒナの世話を受け継ごうとしているメス。

上・下：エンペラーペンギンのメスは、ヒナに餌を与えに戻ってくるまでの数週間、胃の中に食糧を溜めている。しかし、万一メスの戻りが遅れたとしても、抱卵のために冬の2カ月間を絶食して過ごしたオスが、たんぱく質たっぷりのミルクに似た分泌液を胃で作り、ヒナに与える。

専門とするフィリップ・ビュレと共同研究することになった。だが、この研究に資金を投じるのには大きな問題があった。なぜならそれは私にとって、ペンギン研究という自分の専門分野から逸脱し、免疫学や分子生物学やプロテオミクス［プロテオームの構造と機能に関する大規模研究の総称］の世界に足を踏み入れようとすることだからだ。幸いなことに、アリアンスペース社によるロケット打ち上げ計画「アリアン・プログラム」の父であり元研究省大臣、このときはフランス財団の理事長に任命されたばかりだったユベール・キュリアンが、私たちのプロジェクトに救いの手を差し伸べてくれた。そのおかげで、クロゼ諸島での専門分野の実地調査に加え、博士課程を終了したセシル・トゥズーを採用して2〜3年におよぶ実験研究を最後まで続けることができたのだ。

キングペンギンは約55日間、卵を足の上に乗せて抱卵する。この期間においては、オスだけが胃のなかに食物を溜めて保存しているらしく、それも抱卵の最終期に限られている。言うまでもなく、絶食中の食物保存は抱卵期のとりわけセンシティブな段階と深く関わりがあるため、ペンギンを動揺させて卵を放棄させるようなことがあってはならない。ありがたいことに、私たちのチームにはそういった調査の専門家がいて、繁殖成功率を悪化させることなく、うずくまるキングペンギンから胃の内容物のサンプルをいくつか採取してくれた。

結果は目を瞠るものだった。通常の消化を行う非営巣中の成鳥の胃内細菌叢と比較したところ、抱卵期の最終段階に向けて食物を溜めているオスの胃の中では、死んでいる細菌、あるいは働きが抑制されている細菌が多く、そこではなんらかの抗菌機能が働いているという考えを裏付けていた。キングペンギンの胃の中の温度は38℃で、pH値は4、すなわち細菌の繁殖には好都合な酸性の状態なので、数週間にわたって食物をほとんど傷めずに保存するには、やはりそのような機能が必要であろう。

2年以上かけて私たちは胃の内容物のサンプルから目当てのものではないものを取り除いていき、二つの親分子からなる抗菌ペプチド（低分子タンパク質）を取り出した。ペンギン科の学名 Spheniscidae（スフェニスキダエ）にちなんで、私たちはそれを「スフェニシン（spheniscin）」（Sphé-1 及び Sphé-2）と名づけた。これは、哺乳類と鳥に本来備わっている免疫防御システムに関係したディフェンシンの仲間である。ディフェンシンには、細菌が耐性をつけるのを抑える働きがあることがわかっている。その点では抗生物質よりも優れている。このように、スフェニシンの諸特性を考慮すると、バイオテクノロジーや生物医学にも利用できる可能性が高いのではないかと想像できる。

この二つのスフェニシン分子について私たちが得たあらゆる構造データと生物学的データによって、これらが病原菌や病原真菌から食物とペンギンの胃の内壁を守る役割を果たしていることが裏付けられた。特に、強力な耐性菌として知られ、院内感染を引き起こす代表的な二つの病原体——黄色ブドウ球菌や真菌のアスペルギルス・フミガーツスに対して極めて効果的であることがわかった。また、胃の内容物は私たちの涙と同じような塩分を含むのだが、これまで知られているなかでは、そのような塩分マトリックスで活動を保てるデフェンシンはスフェニシンしか存在しない。いっぽう、これまで人間の眼の感染症に対抗する抗微生物質があまりにも少なかったことを考えると、そちらの方面でも医学の飛躍的進歩が期待できる。しかもすべては地球のはるか彼方の南極地帯に生きるペンギンからもたらされるのだ。

40年以上前にペンギンの研究を始めたときは、集めたデータのなかに人間の健康に適用できる何かが秘められているなんて思いつきもしなかった。もちろん、医薬品などの開発はまだ先の話だが、スフェニシンが非常に有益な生態系サービス［生物や生態系に由来し、人類の利益となる機能］の一つとなるのは間違いない。亜南極諸島で何万羽、いや何十万羽のペンギンが油のために殺されていた100年前にキングペンギンが絶滅していたら、このような発見に至ることは決してなかっただろう。

ペンギンの色に関する驚くべきいくつかの発見

マシュー・ショーキー

ペンギンは白黒の鳥だという固定観念があるが、
羽根とくちばしに
ペンギン特有の色素と発色メカニズムがあることを
複数の研究が明らかにした。
さらに、3600万年前の化石ペンギン種に予想外の発見があった。

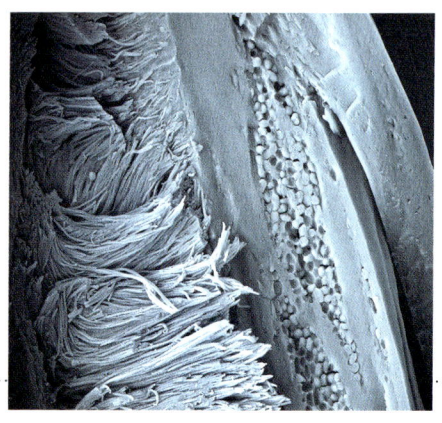

マシュー・ショーキー博士を鳥類の研究に導いたのは、高校時代の生物教師だった。オーバーン大学博士課程、カリフォルニア大学バークレー校の博士研究員を経て、現在はアクロン大学の生物学准教授として、光学および鳥の色の進化の研究にのべ12年携わっている。
Associate Professor
Integrated Bioscience Program
University of Akron
Akron, OH 44325-3908 USA
shawkey@uakron.edu
http://gozips.uakron.edu/~shawkey/

光を散乱させる特異なナノファイバー。色素ではないが、コガタペンギンの羽根が青く映る原因である。
photo courtesy l. d'alba

ふつうペンギンといえば白と黒の配色を思い浮かべるものだが、このクラシックなタキシード風の見た目は、人目を引くためにあるわけではない。むしろ、カモフラージュとして働いていると思われる。ペンギンの色は上空から見たときには海底の暗い色に紛れ、海中から見上げたときには太陽の光に紛れる。このいわゆる「カウンターシェイディング」は天敵や獲物から身を隠すのに一役買っていると考えられ、多くの海鳥や海生哺乳類に見られる生物学的な戦略である。

とはいえ、ペンギンの配色が昔から白黒だったとはかぎらない。数年前、私と共同研究者のジェイコブ・ヴィンサーは、良好な保存状態の標本に残っていることがあるメラノソームという名の色素を含んだ微細な小胞を解析して、化石生物の色を復元する科学的な方法を発見した。メラノソームの大きさと形によって現生鳥類の色がどのように決定するのかを突き止め、それを化石化したメラノソームに当てはめた結果、化石ペンギンの色を予測することが可能になったのだ。

2010年、同僚のジュリア・クラークと彼女の研究チームが、パラカス半島（ペルー）の海岸沿いで、絶滅した巨大ペンギンの化石新種を発見した。後にその化石ペンギンは「インカヤク・パラカセンシス（Inkayacu paracasensis）」と名づけられた。「パラカスの水の帝王」という意味である。

驚くことに、この3600万年前に存在した現生ペンギンの先祖には、状態の良い骨ばかりか微細なメラノソームを含むはっきりとした羽毛痕も残っていた。ペンギンの色の進化を把握するにはうってつけのチャンスだ、私たちはそう確信した。そして古代種の巨大ペンギンと現生鳥類のメラノソームを比較したところ、二つの意外な発見があった。ひとつは、インカヤクのメラノソームが現生ペンギンのものよりも小さく、どちらかというとサイズも形も他の鳥類に似ているという点である。明らかに現生ペンギンのメラノソームが進化の過程で大型化したということであり、その理由は羽毛の硬さを増すためだったと考えられる。二つめは、インカヤクの羽根全体はカウンターシェイディングの形式をとっておらず、翼の先端が灰色、裏面が茶色だったという点だ。ペンギンにとって主な捕食動物であるアザラシがこの時期に多様化していたことを考えれば、カウンターシェイディングへのシフトは、捕食圧の増加に対する適応だった可能性がある。

だが、現生ペンギンの羽根にも白黒の他にさまざまな色のバリエーションがある。たとえばコガタペンギン（リトルブルーペンギン、フェアリーペンギン）は、頭と背中の黒い部分が特徴的に青みがかっている。インカヤク研究プロジェクトのためにペンギンの色素形成を分析していた博士研究員のリリアナ・ダルバと私は、このコガタペンギンの色に興味をひかれ、何がこの青みがかった色の元になっているのかを調査することにした。各種の電子顕微鏡や光学技術を駆使して調べた結果、あの色は青の色素に由来するものではなく、髪の毛の約200分の1の細さの微細な繊維が規則正しく整列していることによるものだとわかった。このナノファイバーのサイズと配列の具合によって光の散乱が生じ、羽根に青い光が反射するのだ。鳥類や哺乳類のコラーゲン繊維にも似たような配列があることが知られているが、このコガタペンギンの羽根の色を生成するメカニズムはまったく新しいものである。というのも、鮮やかな青色をした他の鳥の場合は、羽根に空気

くちばしの明るい色をした部分が紫外線を反射する。
つがいの相手を選ぶ際に互いに健康状態を伝える手段になっているのではないだろうか。
写真はキングペンギン（左）とエンペラーペンギン（右）。

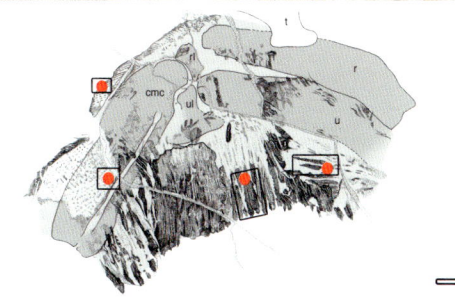

写真（上）は 3600 万年前に存在したインカヤク・パラカセンシスの翼の化石。はっきりと羽根が残っている。下の図は色の分子を分析した箇所。photo and diagram courtesy j. clarke

写真（右）は、化石化した色素細胞の顕微鏡写真（A）と現生ペンギンの色素細胞（C）。石の中に残る羽根の構造細部（B）と、これと同じものと思われる現代のエンペラーペンギンの羽根（D）。photos courtesy j. clarke

冠羽ペンギンの飾り羽の色が鮮やかなのは、これまで知られていなかった蛍光性色素が原因だった。写真はロイヤルペンギン。

コガタペンギンの青みがかった色は、髪の毛の 200 分の 1 の細さの繊維が反射した光によってもたらされる。

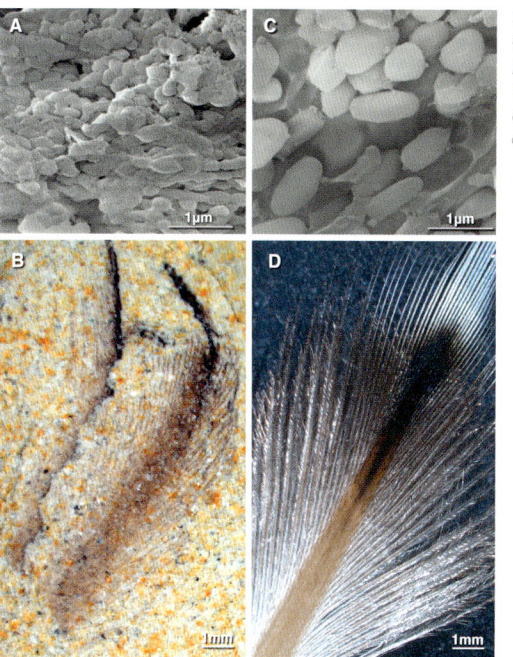

の詰まったスポンジのようなケラチンが並んでいて、それが青の波長を選択的に反射する仕組みになっているからだ。コガタペンギンの青色が適応によるものなのか、あるいは性選択に関わっているのかは、まだ答えの出ていない問題である。

さらにペンギンの色についてのさまざまな研究のなかに、胸躍る発見があった。ケヴィン・マグローらが、マカロニペンギンや他の冠羽ペンギンの黄色い飾り羽に、他の鳥類には見られない独特の蛍光色素があることを突き止めたのだ。紫外線ランプを当てると黄緑色の羽根が蛍光を発することに気づいたマグローらは、遠心分離機で色素を分離し、スキャニング蛍光分光計で定量を行ってその特性を検証した。この研究以前には知られていない色素を発見しただけではない。多くの鳥類の羽根に見られ、より一般的なカロチノイド色素やメラニン色素とは異なる、まったく新種のプテリン系色素だとも説明している。この蛍光色が自然の環境下でペンギンに見えているのかどうかは不明だが、ときに奇抜な彼らの飾り羽は間違いなく私たちの目を引くし、つがいの相手候補に対する宣伝の形として役立つ可能性がある。

マグローはその後の研究で、プテリン系色素が高密度に集まって発色しているスネアーズペンギンの黄色い羽根の鮮やかさは、体の大きさ、重さ、見た目の健康さといった身体のコンディションと関係していることを示した。これは特にメスに顕著であったという。ピエール・ジュバンタンらの研究も興味深い。キングペンギンとエンペラーペンギンのくちばしには明るい色をした部分があるのだが、そこに紫外線の波長を強く反射する特性があるという。すべての成鳥にこの特徴が見られるものの、最も反射率の高い羽根を持つのはつがいになったばかりの成鳥だということも発見した。人間と違ってたいていの鳥類には紫外線領域が見えている。そのため、ペンギンにとってこの特性はお互いにコミュニケーションをとる方法のひとつと考えられる。おそらく、非鳥類の捕食者にはわからないように、こっそりお互いの年齢、繁殖の状況、健康状態などをアピールしているのではないだろうか。

これらの例が示しているのは、色鮮やかとは思われていないペンギンたちの一風変わった配色は、海で生きるという制約の下でさえ、その生活に大きな役割を果たしている可能性が高いということである。

ワイタハペンギン
——DNAによって明らかになった生態史

サンネ・ブッセンコール

ニュージーランドで発見された
古代ペンギンの骨の DNA を分析し、
これまで知られていなかったペンギン種が
存在していたことを突き止めた。
また、キガシラペンギンの歴史も修正することになった。

サンネ・ブッセンコール博士は、オスロ大学（ノルウェー）生態系・進化総合センターの研究員。博士の研究は、古代および先史時代の生物標本からDNAを取り出し、種の変化と個体数分布を明らかにすることである。
sanneboessenkool@gmail.com

上と下：人間の移住後、キガシラペンギンはニュージーランド南島の海岸沿いに生息していたいまだ謎多きワイタハペンギンに取って代わった。

　ある DNA 分析の結果を同僚と見たときのことは今でも鮮明に思い出す。それはニュージーランドで発見された古代ペンギンの骨の DNA だった。最初はぐちゃぐちゃでよくわからないデータだと思った。だが数分もしないうちに、予想もしなかったものを目にしているのに気づいたのだ！

　ここ数十年で科学技術が飛躍的に進歩したおかげで、数百年いや数千年前に存在していた古代ペンギンの標本から DNA を取り出せるようになった。現生ペンギンの DNA と比べることによって、ある時点でどれだけ数多くの個体が存在していたか、それは増加したのか減少したのか、ときには特定の個体が移住したかどうかさえ特定できる。私は自分の研究のため、ニュージーランドに人間が移住することでキガシラペンギン（メガディプテス・アンティポデス Megadyptes antipodes）の受けた影響を調査し始めた。キガシラペンギンは固有種かつ絶滅危惧種であり、現生しているのはおよそ 1800 組のつがいのみである。まさにニュージーランドにおける野生動物保護管理のアイコンだ。

　ニュージーランドにポリネシア人やヨーロッパ人が定住して以来、多くの鳥類が大幅に数を減らし、あるいは絶滅にいたった。そのため、キガシラペンギンも過去には多くの個体数が存在したと思われた。それを確かめるために、私たちは 3 つの DNA を比較することにした。対象は、最初に定住したポリネシア人の竈の遺跡から発掘された約 1000 年前のキガシラペンギンの骨、100 年前の標本、そして現代のキガシラペンギンである。そして私たちの発見は、予想を大きく裏切るものであった。

　ニュージーランド本土で発掘された 1000 年前の骨は、実はキガシラペンギンのものではなかった。それどころか、ずっと科学の手を逃れ続けていた新種の骨だったのだ。古生物学者トレヴァー・ワーシーとポール・スコフィールドが分析した結果、DNA の違いだけではなく、姿形や大きさの違いもわかった。新種の発見は確かなものとなり、私たちはその新種に「メガディプテス・ワイタハ（Megadyptes waitaha）」、ワイタハペンギンと名づけた。ニュージーランドの最も古い先住民族ワイタハ族からとった名前だ。

　残念ながらワイタハペンギンはもはや存在しない。およそ 1000 年前に太平洋諸島からニュージーランドへ初めて人間がたどり着いてから 2、300 年の間に、多くの飛べない陸生鳥類と運命を同じくして絶滅の道をたどったと思われる。初期の移住者が狩猟に頼って暮らしていたことを考えると、それも当然だろう。一般的に彼らの集落跡から発掘される竈には、陸生・海生にかかわらず、大量の動物の骨が残っている。ワイタハペンギンの骨もそのひとつだ。脂肪の多いペンギンの肉は栄養価の高い食糧として重宝されていたにちがいない。ニュージーランドのような島国の動物種は繁殖速度が比較的ゆっくりなため、集中して狩られることにとりわけ弱い。しかもペンギンは好奇心が強くて人間を恐れない動物だ。だから簡単に捕まってしまう。特に、人間の登場まで哺乳類の陸生捕食者が存在しなかったような場合はなおさらである。

　ワイタハペンギンについてはほとんど何も知られていない。ニュージーランドで絶滅した他の動物たちと同様、絵も残っていなければ口述記録もない。骨のサイズからキガシラペンギンよりは少し小型であること、そして DNA から両者は近縁種であることがわかっている。だが、ワイタハペンギンも黄色い目をしていた

生息地の回復、捕食動物からの保護を目的に、私有のヒツジ牧場に設立された民間のペンギン保護地「ペンギン・プレイス」。（オタゴ半島）

左：キガシラペンギンとワイタハペンギンの足の骨。明らかにワイタハペンギンの骨のほうが小さい。photo courtesy b. star

右：故郷の島でメガハーブの花に囲まれたキガシラペンギン。（亜南極諸島、エンダービー島）

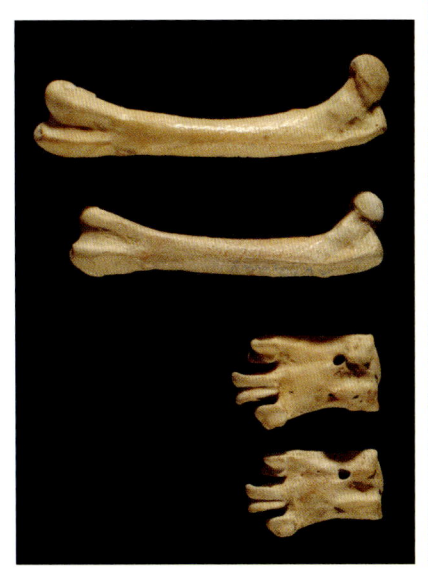

のかどうか、あるいは頭を囲む黄色い線があったのかどうかは謎のままだ。

ワイタハペンギンの絶滅は、意外にもキガシラペンギンにとってはポジティブな効果があり、彼らはさらに個体数を増やしてニュージーランド本土に生息地を広げていった。この研究でわかったのは、もともと人間がニュージーランドへ移住する前にキガシラペンギンが住んでいたのは亜南極諸島のオークランド島とキャンベル島のみだったということだ。約500kmの距離を泳いで島から本土へ渡ることに成功した個体もいるにはいたが、ワイタハペンギンが存在する間は、本土に住み着くことがどうしてもできなかった。それが可能になったのはワイタハペンギンが絶滅した後のことだ。だが、地理的に考えてキガシラペンギンの拡大範囲には目をみはるものがある。ワイタハペンギンの絶滅後に突然彼らが本土に生息地を拡大できたのは、どんな変化があったからなのだろうか。おそらく、二種間の競争がきわめて激しかったせいもあるだろう。すでにワイタハペンギンが居ついている場所にキガシラペンギンの入り込む余地はなかったのではないか。おまけにキガシラペンギンを捕食するニュージーランドアシカも開拓者たちによって狩猟しつくされ、すでに本土には存在していなかった。海岸が安全な場所になっていたということだろう。こうした環境の変化もさることながら、定住したポリネシア人たちの間で育ちつつあった文化にも緩やかな変化が訪れ、ペンギンを狩る習慣がなくなったせいではないかと私たちは推測している。

キガシラペンギンが生息地を拡大していったのは、ヨーロッパ人の入植よりもずっと前のことだと思われる。なぜならヨーロッパ人は哺乳類の陸生捕食者を各種持ち込んだからだ。これらの導入種（オコジョ、フェレット、イタチなどのイタチ科と猫）はすぐに野生化し、現在もペンギンに多大な捕食圧を与えている。最近の個体数調査によれば、ニュージーランドの南島周囲ではわずか442つがいしか確認されていない。スチュワート島においては200つがいそこそこである。

すべてを考え合わせると、キガシラペンギンの個体数が増加し、ニュージーランドまで生息地が拡大したのは、ある特定の時点で彼らにとっての好条件が珍しく重なったためのようだ。つまり自然保護の観点から見てもっとも重要なメッセージは、ニュージーランド本土のキガシラペンギンが局所的に絶滅してしまった場合、昔のような定着のプロセスが繰り返される保証はどこにもないということである。

キガシラペンギンがいまだに絶滅の危機に瀕していると考えるのは何もとっぴな話ではない。現在、キガシラペンギンの個体数は安定しておらず、ここ数十年にわたって著しく上下を繰り返している。導入種による捕食の他に、食糧供給の変化、気候変動、病気の流行といった事象すべての組み合わせが個体数変動の原因と考えられており、保護管理だけではどうにもできない。個体数変動の原因をさらに解明しようと、私たちは追加の調査を行った。それは、現在のキガシラペンギンにおける遺伝的変異のレベルと、移動範囲の調査だ。その結果、遺伝的変異は小さく、本土の個体群は亜南極諸島から移動してきた最初の小グループによって確立されたことがわかった。二つの遺伝子プールにはごく限られた交流しかなかった。結果として本土の個体群は環境の変化（新しい病気の出現など）に順応する能力が低く、それが今日観察される個体数の不安定さにつながっているのではないだろうか。

ニュージーランドの古代ペンギンと現生ペンギンのDNAは、キガシラペンギンのダイナミックな歴史の他に、先史時代にはさらに豊かな動物相が存在していたことを教えてくれた。悲しいことに、それは人間という外来種によって絶滅させられた生物のリストに新たな種を加える結果にもなった。

気候変動の指標、アデリーペンギン

デイヴィッド・エインリー

リアルタイムの観察と、
海と陸の堆積物に残された古代の記録を
結びつけることによって、
アデリーペンギンは気候変動に対して
驚くべき適応能力を持っていることがわかった。

デイヴィッド・エインリー博士は1971年にジョンズ・ホプキンス大学大学院で生態学の博士号を取得し、現在は海洋生態学者である。1968年から南極の頂点捕食者を調査している。アデリーペンギンとエンペラーペンギン、彼らの捕食者と競争者を調査するために、さまざまな分野の研究者たちによる海洋学研究クルーズに7度参加し、ドレーク海峡を9度横断、ロス島とニュージーランドの間を4度航行、ウェッデル海への3度のクルーズ、そしてクロジール岬で21回、パーマー基地で2回の夏を過ごした経験の持ち主。

Senior Associate Ecologist
H.T. Harvey & Associates
Ecological Consultants
983 University Ave, Bldg D,
Los Gatos, CA 95616, USA
dainley@penguinscience.com
www.penguinscience.com
www.lastocean.org

およそ25万の営巣中のつがい。アデア岬は最大かつ安定したアデリーペンギンのコロニーを抱えている。

アデリーペンギンは、更新世の初め頃（250万年前）から存在し、現在まで4つの主な氷河時代を体験してきた。氷河や海氷が現れたり消えたりする環境に対し、彼らは類いまれな適応力を発揮してきた。それを示す珍しい（他のペンギン種には見られない）記録が残っているのは、ペンギンの骨や卵の殻などの残骸を何千年も保存する、南極の低温で乾燥した気候のおかげである。実際、前進する氷河に破壊されていなければ、数千年前の巣に使われた石の小山もいまだにはっきりと確認できるのだ。そのため、アデリーペンギンは「気候変動の指標」と呼ばれている。

アデリーペンギンと気候変動との関係を理解するうえで忘れてはならないのが、彼らの生活には海氷がなくてはならないという点だ。1年のうち少なくとも2、3カ月の間、アデリーペンギンはもっぱら主要な餌場である浮氷帯のある場所に生息する。海の大部分が氷で覆われていても生きていけるだけの適応力を持っているし、とりわけ氷が割れるまでの絶食期間中にすばやく脂肪を溜め込む能力は特別なものである。それに、彼らは最大6分間（ふだんは2、3分）も水中にとどまることができ、そのため氷の下にいる餌にたどり着ける。いっぽうで、あまりにも海氷、とくに定着氷（陸にくっついて割れない大きな氷の広がり）が多すぎると、繁殖能力は落ちてしまう。たとえばペンギンが泳げなくなるほど氷が多くなれば、巣から餌場までの長い距離を歩かなくてはならなくなり、必要なエネルギー量の帳尻が合わなくなるというわけだ。

南極ではおおざっぱにいえば東西方向ではなく南北方向に伸びている海岸線は二つの地域にしか存在しない。それは南極半島とロス海の西海岸である。これらの地域を調査すれば、長期にわたって気候の変動が引き起こしてきた海氷の「発達／衰退」サイクルにアデリーペンギンがどのように対応してきたか、その相互関係を解明する手助けになる。地球全体が急激に寒冷化した450年から800年前の小氷河期時代、アデリーペンギンのコロニーは南極半島の北に広がった。このことが、その地域全体に流氷が増加したことと合致しているのは、海底堆積物コアからわかっている。しかし今日、南極半島の西側沿岸はこの地球上でもっとも温暖化が進んでいる地域のひとつだ。そして同時にアデリーペンギンのコロニーはこの地域で急速に消えつつあり、後退する流氷とともに南へ退却し始めている。

私たちがロス海を調査したところ、数千年前にはるか南方で同じような動きが起こっていたのがわかった。だが、南極半島の場合とは理由が異なっている。4000年から5000年前にわずかだが温暖化した異例の期間があり、その間、アデリーペンギンのコロニーはヴィクトリアランドのロス海沿岸に存在していた。しかし、その後少し気温が下がって広大な定着氷が再び姿を見せると、それらのコロニーは消滅し、それ以後は観測されていない。ただ、遠い昔に残された巣の残骸や卵殻の破片や骨がそこにコロニーがあったことを物語っているだけだ。

最終氷期の1万2000年から2万7000年前に遡ると、当時の南極の大陸棚はひとつをのぞいてすべて南極氷床に覆われていた。そして、およそ1万8000年前に氷床は極大に達した。これまでの推測では、この時代に——というよりどの氷河期においても——氷に覆われていなかった大陸棚はたったひとつ、ロス海の北西沿岸だけであり、アデリーペンギンはそこに避難して、アデア岬と呼ばれる氷のない火山岬で繁殖した。その結果、ロス海の個体群は孤立し、今では他のどの地域のアデリーペンギンとも遺伝学的に異なっている。もともとアデリーペンギンの基本系統は、深刻な氷期化を免れた北方の南極諸島から派生したと考えられ、最終的にそこから再び分散したものと見て間違いない。完新世になるとついに氷床が大量に溶け始め、ロス海のアデリーペンギンも南へ後退する氷前線の後に続いた。9000年前になるころには、現在目撃されている

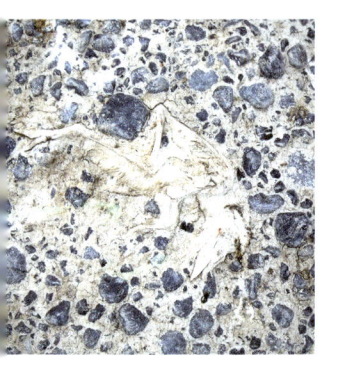

凍った地面に閉じ込められてミイラ化した死骸と、巣石の山。
過去にコロニーが存在した証だ。

場所に戻り始めている。さらに、古代の地層に当時のコロニー跡が残っており、最終氷期の前に起こった間氷期には、およそ4万5000年前とまったく同じ場所に姿を現したことを示している。

これらは主に過去の物証から丁寧に復元してわかったものだが、個体群統計学的な過程についてはよくわからないままだった。すると、2001年に驚くべき出来事が起こった。そのおかげで、局所的に氷河期の再現ともいえる自然実験の機会が得られたのだ。それはロス棚氷から巨大な一片が分離し、ロス島に引っかかったという出来事だった。長さで言えば165km（ジャマイカの大きさに相当）のこの氷山は、氷河学者によってB15と名づけられ、春には営巣のためにロス海の奥へ戻らなくてはならないペンギンたちの通行を妨げる障害物となった。彼らはかなりの回り道をするはめになったが、それだけではすまなかった。通常夏の終わりには氷が割れて成長中のヒナにすばやく餌を運べるようになるのだが、氷山が背後に巨大な海氷を閉じ込めてしまったせいで、それができなくなったのだ。私たちは1996年から4つのコロニーを調査し続けている。そのうち東の3つのコロニー（ロス島のロイズ岬とバード岬、および沖合のボーフォート島）が、氷山の外洋側にある最大規模のコロニー（クロジール岬）と切り離されてしまった。

この出来事より6年前から、私たちは毎年この4カ所で生まれたヒナ2800羽に識別バンドをとりつけ、後にコロニーへ帰還した際の各個体の居場所や繁殖ステータスを詳しく記録し続けていた。そして、数羽の亜成鳥がクロジール岬から、場所的にも餌の面でも競争の少ない小さなコロニーへ移住する傾向があることに気づいていた。だが、南行きのルートをほとんど塞がれたせいで、突然その傾向も変わってしまった。私たちが把握しているロイズ岬とバード岬のペンギンたちの多くが、障害物を迂回しようとせずに、クロジール岬にやってきてそのまま定着した。その年、ロイズ岬（世界最南端のペンギンコロニー）にたどり着いたペンギンたちは氷の上を70kmも歩かなくてはならなかった。最初はコロニーにたどり着くため、それから餌を採りに海へ戻るためだ。結局、繁殖しようとしていたあらゆる成鳥は巣を捨て、亜成鳥はやってこようともしなかった。2、3年繁殖に失敗した後、成鳥の半数は外洋への距離がより短い北方のボーフォート島やバード岬へ移動した。興味深いことに、2005年になると小さな津波が起こって海底の突き出た部分に引っかかっていた氷山を動かし、周辺海域の海氷パターンが「平常」つまり氷河期ではない状態に戻ったにもかかわらず、移住したペンギンたちが元々のコロニーに戻ってくることはほとんどなかった。

しかし、この大規模な実験からもうひとつ思わぬ展開が浮上した。1996年から2010年の間、クロジール岬のコロニーはおよそ17万羽から25万羽につがいの数を増やしたが、他の営巣地に比べてヒナの成長度合いや生存率は下回った。たとえば、巣立ち時の体重は1kg近くも減った。親鳥がヒナの餌を確保するために支障なく行き来できる距離は約100kmと考えられている。だが、クロジールのコロニーが大きくなるにつれて競争も激しくなり、親鳥はそれ以上の距離を移動せざるをえなくなった。人間で言えばいわゆる「気候変動難民」のペンギンたちの増加とは、クロジール岬のコロニーにとって自分自身を食いつぶすことに他ならなかったようだ。

結論として、安定した状況下にあるときアデリーペンギンは出生地のコロニーに戻ってきて営巣するという原則にほぼ従うが、気候が変動するとただちに作戦を変更することがわかった。今日、南極半島沿いの棚氷は割れて消滅しつつある。そのためいずれ北方のコロニーも消滅し、いっぽうで氷河が南へ後退することによって新たに露出した場所にコロニーが誕生するのではないかと予想している。今後数十年は、南極最南端の海岸沿いにあるコロニーが維持できる程度の氷が残ってくれることを期待しているが、最終的に——もしも現在の気候変動がこのまま続けば——年間を通して、この氷を愛するペンギンの生存に必要な量の流氷を維持できるのは、ロス海だけになるだろう。

南緯77度に位置するロイズ岬は、あらゆるペンギン種の最南端のコロニーである。

左：4万年以上前からロス海のコロニーは、氷量の上下と共に出現したり消滅したりを繰り返してきた。気候変動に応じてロス棚氷が広がったり縮んだりするためである。
diagram courtesy ian gaffney

右：巨大な氷山B15の軌跡。数年にわたってロス海の営巣コロニーの命運を左右した。
wikimedia public domain

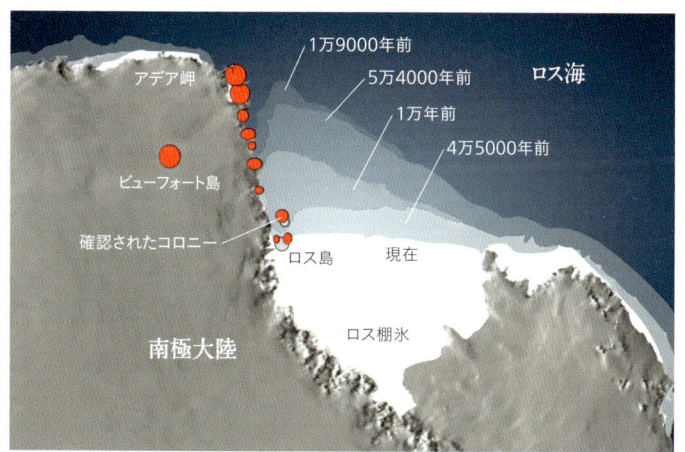

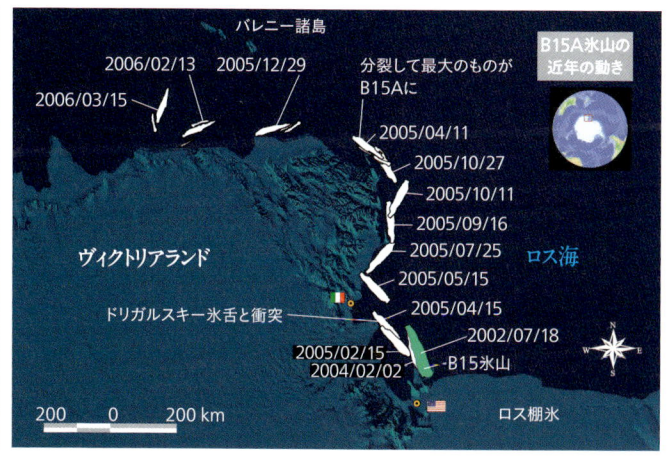

衛星で知る ペンギンの個体数
——気候変動の影響を探る

ヘザー・J・リンチ

伝統的なフィールド調査に解像度の高い衛星画像を組み入れることによって、南極半島付近で気候変動に直面しているアデリーペンギン属の研究に、パラダイムシフトを促すことになった。

気温が高いと雪は雨に変わる。体温が低下し、体を寄せ合うヒナたち。（サウスオークニー諸島）

ヘザー・J・リンチ博士は、南極大陸におけるペンギン個体数の変化の時空間モデルに着目する個体群生態学者である。もともとは物理学専攻（プリンストン大学卒業後、ハーバード大学修士号取得）でありながら、ハーバード大学で有機・進化生物学の博士号を取得。現在は、「南極現地調査（Antarctic Site Inventory）」という長期の生物学的モニタリングプログラムの共同研究者。

Assistant Professor of Ecology & Evolution
113 Life Sciences Building
Stony Brook University
Stony Brook, NY 11794,
USA
heather.lynch@stonybrook.edu
www.Lynchlab.com;
www.oceanites.org

失くした鍵を、よく見えるからという理由だけで街灯の下ばかり探す男の逸話がある。それと同じように、これまで生物学者は南極観測基地の周りのペンギンばかりを調査してきた。これらの調査場所はアメリカ合衆国とメキシコを合わせたよりも大きい南極大陸にまばらに散らばっている上、数も少ない。そこで、もうひとつ選択肢がある。船で個体数を調査するという、「南極現地調査（Antarctic Site Inventory）」の取り組みだ。それは非営利の研究教育財団「オーシャナイティーズ（Oceanites, Inc.）」のロン・ナヴィーンと私が行っている長期プロジェクトである。作業の大部分は、民間の巡航船の協力に頼っている。毎年、定期的に行われるツアーの船旅に同行し、乗客たちが上陸している間にせっせとペンギンを数え、営巣中のペンギンの規模を把握するというのがその任務だ。この取り組みを利用すれば、経済的かつ広範囲に、何百というペンギンコロニーへアクセスできる。しかも、ピゴセリス属（アデリーペンギン、ヒゲペンギン、ジェンツーペンギン）の地域力学を理解するのに極めて有益な情報を得られるだけではなく、南極観光の影響を管理する試みを先導することになる。だが、巡航船が停泊するのはたいてい数時間だ。それに対し、最大規模のコロニーを調査するには数週間もかかる場合があるし、あまりに遠いところだと船もめったに行かない。そういった厄介な交通事情は南極の研究者全員に共通しているため、結果として、大規模なコロニーなのに未調査のままということは珍しくない。しかしそれももうおしまいである。

ペンギン研究に携わる生物学者たちは、以前から衛星（その前は飛行機）を用いた調査を導入しようとしてきた。そして近年、高解像度の衛星写真が開発され、私たちの調査能力は躍進した。この分野の技術的進歩は目をみはるものがある。衛星画像の解析と南極の生態学を融合させた研究に携わっている少数だが増えつつある専門家たちにとっては嬉しいかぎりだ。

私自身がこの分野に参入することが決まったのは、第7回国際ペンギン会議でミネソタ大学南極地理センターのポール・モーリンとミシェル・ラルーとコーヒーを飲んでいるときだった。当時、二人は英国南極観測局のピーター・フレットウェルらと共同研究を行い、入手できた衛星写真を用いてエンペラーペンギンの調査をしていた。一杯のコーヒーが二杯目、そして三杯目になるにつれてこれからやるべきことがはっきりと見え始めた。つまり、「南極現地調査」が集めた16年間の個体数データと、南極地理センターの用いる手段を合体させれば、南極半島付近のあらゆるコロニーを正確にマッピングできるのではないか、と。

その同じ会議で、サウスサンドウィッチ諸島への写真調査旅行に利用できる停泊場所があることを知った。サウスサンドウィッチ諸島は南大西洋に位置する遠い島々で、キングペンギン、マカロニペンギン、アデリーペンギン、ジェンツーペンギンに加え、世界中のおよそ30%にあたるヒゲペンギンのコロニーを抱えていると考えられている。地球上でもっとも荒々しい海に囲まれた、この起伏の激しい火山性諸島はペンギン学者にとって未だに「未知の土地（テラ・インコグニタ）」だ。1775年にキャプテン・クックが発見して以来、片手で数えるほどしか調査が入っていない。そこでロンと私は、海鳥生物学者であり南極ナチュラリストのリチャード・ホワイトに私たちに代わって調査旅行に参加し、ペンギンを数えてもらう手筈を早急に整え、サウスジョージア州政府から派遣されたアンディ・ブラックにも同行してもらった。これは衛星写真解析の可能性を探るうってつけの実験だった。つまり、画像から得た数と地上で同時に計測した数を相互に参照してみるのだ。

サウスサンドウィッチ諸島のいくつかの島では、マカロニペンギンとヒゲペンギンが一緒に営巣している。高解像度衛星写真でも認識可能だ。（キャンドルマス島）

ただし、いくつかの大きな問題が残っていた。果たして雲ひとつないサウスサンドウィッチ諸島の写真を手に入れることができるだろうか。特に、ペンギンの生息数がよくわかっていない地域の25%を占めるというザボドフスキー島の写真は？　調査旅行はうまくいくだろうか？　天候は良くなってくれるか？　調査チームは本当に上陸できるのか？

実際の答えは、すべて「イエス」だった。サウスサンドウィッチ諸島にはほぼ消えることのない雲がかかっているにもかかわらず、たいていの島々で雲ひとつない写真を手に入れることができたのだ。50cmの分解能を持つ驚異的なマルチスペクトル画像はザボドフスキー島もはっきりと捉えており、おそらくそれが島の唯一の写真なのではないだろうか。衛星が頭上を飛んでいたのとほぼ同じ時間に、調査チームはまれに見る晴天に恵まれ、個体数調査の対象となった島々への上陸を果たしていた。

これらのデータを分析している間にも中間集計の結果が出て、ザボドフスキー島に生息するヒゲペンギンの個体数は、1999年にコンヴェイラが推測した約100万羽におおむね合致していることがうかがえた。このことから、2012年の南極半島付近で観察された急速な個体数の減少——同期間に、繁殖可能個体の50%まで姿を消した——は、サウスサンドウィッチ諸島では起こっていないと言える。さらに特筆すべき意外な発見があった。サウスサンドウィッチ諸島では比較的少ないと思われていたアデリーペンギンだが、沖合いの船からは見えないベリングスハウゼン島の奥地に、かなりの個体数が生息している場所があるのだ。それから、二つの島（ザボドフスキー島およびブリストル島）で営巣しているジェンツーペンギンを初めて発見し、他の二つの島（サンダース島およびテューレ島）ではその個体数が予想を大幅に上回った。これらの事実は、ジェンツーペンギンが気候変動の「勝ち組」であるという仮定を裏付けるものだ。

あらゆるペンギンをマッピングしたいという希望はますます現実味を帯びてきた。同僚たちと私は、高解像度の商業衛星画像の中にアデリーペンギン、ヒゲペンギン、ジェンツーペンギン、マカロニペンギンのコロニーを発見することができ、なおかつ岩や影や地形上の特徴などとコロニーを見分けられることを実証したのだ。しかも、リチャードとアンディが地上で集めたGPSデータを用いて、異なる種が一緒に営巣している場所でも、それぞれが支配する地域をはっきりと区別できることも証明できた。

もっとも興奮したのは、宇宙から観測できた数が地上の調査ときれいに一致したことだろう。たとえば、デセプション島の外周部沿岸にあるベイリー岬が良い例だ。衛星画像から得られたつがいの推定数は5万2372±1万4309つがい、それに対し、直接営巣地で計測した数は5万408±2520つがいと、ほぼ変わらない。これはすばらしい成果である。調査旅行は4人のチームによるフィールド調査が主な内容で、移動時間も含めて3週間以上の日数が必要だったが、衛星画像の分析は私一人でも数時間で終わったからだ。

南極半島の西側における気候変動は、世界の平均よりも格段に速く進んでいる。ここ50年でファラデー・ベルナツキー基地の冬季平均気温は5度も上昇した。このような急激な温暖化は海氷域や食物連鎖に大きな影響を与え、その結果としてペンギンの個体数にも大きな影響を与えた。こういったますます注意を要する深刻な生態系の変化のせいで、アデリーペンギン属の間にもはっきりとした傾向が現れ始めている。以前からの予想どおり、氷なしでは生きられないアデリーペンギンは形勢が不利になり、いっぽうジェンツーペンギンは、春の海氷の密度が減少したため新しい生息地を得て個体数を増やし、南に向かって活動範囲を拡大していった。それと同時に私たちの集めたデータは、海氷の減少が有利に働くと考えられていたヒゲペンギンが南極半島地域で減少していることを示している。これは氷の下で生息する主食のオキアミが減ったためと思われる。さらに、移住性のアデリーペンギンやヒゲペンギンに比べて、定住性のジェンツーペンギンは春先の氷の融解に応じて産卵時期を前倒しし、簡単にライフサイクルを適応させることができるようだ。

私たちは衛星を観測ツールとして、今後数十年にわたってペンギンの増加、減少、移動を遠隔で観察することができるようになるだろう。まさに夢の実現だ。

上：密集するコロニー。たとえ徒歩で近づいたとしても個体数を数えるのは難しそうだ。
（デセプション島、ベイリー岬）
下：島弧火山（活火山）のサウスサンドウィッチ諸島は、世界中のヒゲペンギンの主な生息地である。

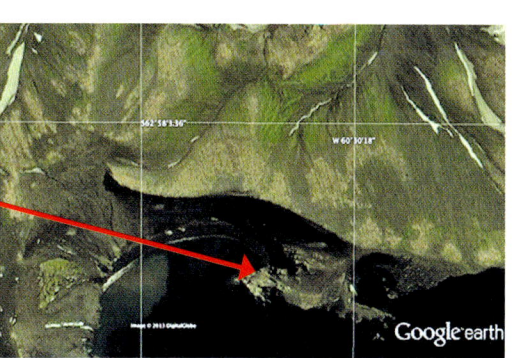

google earth image © 2011 digital globe

左（二枚）：衛星画像から得られた巨大コロニーの個体数は、地上で数えた個体数と一致する。だが、調査にかかる時間は比べものにならないくらい短い。（ベイリー岬）

スパイ大作戦
——水中のペンギンを追え

ローリー・P・ウィルソン

海でのペンギンの行動への深い興味が、新技術の開発を促し、彼らの潜水能力について多くの意外な事実を明らかにした。

最近まで、ペンギンの行動を調査できるのは対象が水に入るところまでだった。

ローリー・ウィルソン博士はイギリスに生まれ、オックスフォード大学にて動物学を学んだ後、ケープタウン大学博士課程でケープペンギンの採餌生態に関する研究に取り組む。論文審査を受けた科学論文を300以上発表し、現在は水生生物学の教授としてスウォンジー大学で教鞭をとっている。

Swansea Lab
for Animal Movement Biosciences,
College of Science
Swansea University,
Singleton Park, Swansea SA2
8PP, Wales, United Kingdom
R.P.Wilson@swansea.ac.uk

1980年、ケープペンギンの採餌生態学を研究すべく博士課程に進んだとき、これからどんなことに自分が巻き込まれようとしているのか、見当もつかなかった。ペンギンの深刻な個体数減少は海で起こる諸問題が要因だと考えられていたため、ペンギンの採食生態に関するデータを集めることが私の仕事になるはずだった。マーカス島に上陸した初日のことを今でも鮮明に思い出す。吹きさらしの海岸を歩きながら、ペンギンたちが逆巻く波に飛び込み、すばやく姿を消していくのを私は見守っていた。海上の太陽に目を細め、大変なことになったと思ったのを記憶している。

島で過ごした最初の数週間で、重要なことをいくつか発見した。まず、ボートから眺めていてもペンギンの行動について多くを解明することはほぼ不可能であるということ。餌を取りに出たペンギンはたいてい水中で過ごすため、海上からの観察などまったく役に立たない。次に、有益な情報を得ようとして水中で彼らを観察するのはひどくもどかしいということ。すばやく泳いで通り過ぎるペンギンの姿をコロニーの近くの海で待ち構えて観察することはできても、それはただ彼らの驚くべきスピードや敏捷性を見せつけられるだけで、現実のペンギンが餌を採るために、深くて予測のつかない変化を見せる海をどのように利用しているかについてはほとんど何もわからないからだ。

そのための解決法は、海での行動を記録するための機器をペンギンたちに取り付けることだった。私はさまざまなデザインの装具や異なる種類の手作り装置を試した。現在のデジタル技術に比べればお粗末なものだったが、最低限の機能を持つこれらの装置を使って、ケープペンギンが130mの深さまで潜ることができ（ふだんは30mどまりである）、小魚の群れを追う際にはおよそ時速20kmで泳げることがすぐに判明した。これはちょっとしたことだが画期的な情報だった。そしてこの特異な鳥の能力にまったく新しい視点を与えてくれた。

だが最大潜水深度がわかっただけでは満足できなかった。私はペンギンの背中に取り付ける装置に何年も手を加え続けた。海に滞在している間の謎の行動をなんとしても記録したかったのだ。そして手製のペンギン用速度計の横にとりつけたフィルムを放射性物質で感光させて速度を計ることにした。その結果、ケープペンギンは水中を時速9km程度で進み、巣から20kmの範囲でヒナ用の餌を採ることがわかった。しかし、シリコンチップの能力が急激に発展すると、この手の原始的な装置はすぐに役目を終え、ハイテク装置の時代が花開いた。

今日では、水中のペンギンの動きを正確な三次元軌道で記録し、1秒間に何度も位置を計測できる装置（データロガー）が存在する。この装置一式は、ペンギンが体をひねったり、ターンしたり、一度でも翼をばたつかせたりするたびに詳細を記録し、しかも捕食動物から逃れる際の回避行動や、ときに壮観な水中からの跳び出しなどに要する活動エネルギー量を測定するのに一役買ってくれるのだ。もっとも技術的に進んだバージョンのロガーは極小型のくちばしセンサーを内蔵しており、深海でペンギンが餌を捕らえた瞬間や、餌の大きさや、餌を飲み込んだ回数がわかるようになっている。高度な技術を用いたロガーはますます増えていて、そのおかげでペンギンの生理機能についても多くのことがわかってきた。たとえば、ペンギンは潜水中に心拍数を低下させるが、水面で息継ぎをして

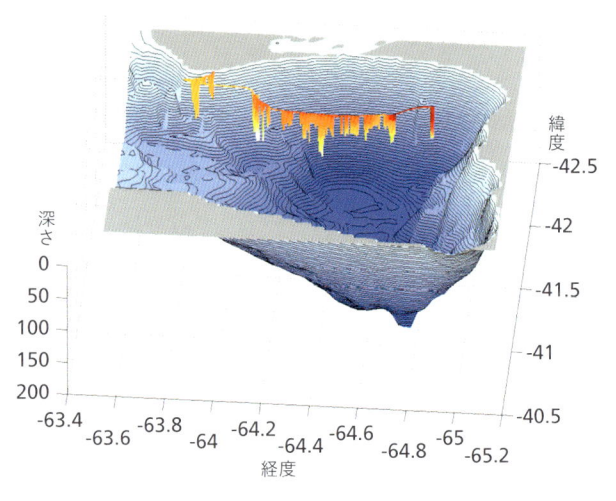

最新のテクノロジー（そのいくつかは著者が開発した）によって個体の採餌旅行に関して詳細な情報が得られるようになった。図はマゼランペンギンの3D潜水統計データ（アルゼンチン沖）。courtesy rory wilson

176　2　最新科学と保全活動

体に酸素を送り返している間は再び心拍数を上げていることなどだ。これと同じロガーを用いて、ペンギンが長時間かつ深く海に潜るとき、体深部の体温を下げていることもわかった。そうすることで細胞組織の酸素消費速度を低下させ、より長く水中に留まることができると考えられている。エンペラーペンギンには20分以上の潜水記録があり、これは鳥類にとってまさに驚異的な記録だが、それはこのメカニズムで説明できるかもしれない。

たいていのロガーは一度の短い採餌旅行が終わると回収されるが、なかにはそのまま何カ月もペンギンの情報を記録し続ける場合もある。そういったものは、たとえば海でひと冬過ごした後コロニーへ帰還した際に回収される。他にも、情報を衛星まで飛ばしてフランスなどの基地局へほぼリアルタイムで送り返すようなシステムもある。

ロガーの性能がどうであれ、ペンギンが海で達成する記録には興味がつきない。これまで突き止められた記録には以下のようなものがある。キングペンギンは、ヒナの給餌のためにコロニーから600 km離れた場所まで遠征し、エンペラーペンギンとキングペンギンは300 m以上の深さまで潜って餌を採ることができ（どのようにしてそれが可能になるのかはまだはっきりしていない）、ジェンツーペンギンは時速22 km以上の速さで泳ぎ、エンペラーペンギンは最大時速30 kmの速さで泳ぐことができる。あらゆるペンギン種の潜水は、その性格によって三つのタイプに分けられる。ひとつは一般的な移動型の潜水。水面からわずか数メートルのところをまっすぐ行き来する。次に「バウンス潜水」。餌場を探るとき、深い角度で潜水し、まっすぐ引き返して水面に出る。三つめは採餌の潜水。一定の深さまで潜った後、水平に泳いで餌を探す。

ほとんどのペンギン種は下からすばやく獲物を捕っているようだ（そして通常は水中ですばやく飲み込む）。そうする理由には二つの説がある。ひとつは、下から見上げると、明るい水面を背景にしたシルエットによって獲物を見つけやすいからだという。もうひとつは、下から獲物を追うときペンギンは（肺の中や、気嚢や、羽根に溜め込んだ空気によってもたらされる）自然の浮力を利用し、最小の労力でスピードを上げることができるからだという。実際さまざまな研究で、マゼランペンギンはたいてい翼をまったく動かさずにすばやく魚を捕らえているのがわかっている。地上で言えば、ちょうど鳩を狙って急降下するハヤブサのようなものだ。

ペンギンはまさに浮力を支配する達人である。エネルギー消費を最適に管理するのには浮力が重要だ。彼らは潜水の前に吸い込む空気の量をコントロールして浮力を調整している。ペンギンの浮力の大部分は肺に溜めた空気によって得られるが、深く潜って水圧が増してくると肺は小さくなってくる。理想を言えば、エネルギーを節約するために重力と浮力が釣り合う深さで餌を捕るべきだ。その離れ業を達成する方法は、水圧による空気の圧縮を考慮した上で目標とする水深で中立浮力が得られるように、ちょうど良い空気量を吸い込んでおくことである。

ペンギンにはもうひとつ特技がある。効率的に採餌するためには、水中で過ごす時間をできるだけ伸ばし、水面で酸素補給する時間を最小限に抑えなくてはならない。だが長時間潜水すれば、それだけ長い回復時間が必要になる。そこで、すべての条件が同じであれば、ペンギンは浅く潜ってすばやく水面に出られるようにするはずだ。餌を探す体勢のときはそれでいい。だが、いったん獲物を見つけるとそうはいかない。十分な酸素のない状態で潜ったまま餌を食べるのは最悪だ。ペンギンたちはこの問題に対して見事な解決法をとっている。獲物はたいてい群れで泳いでいる。そこで、ペンギンは潜水を繰り返して一度の潜水で何匹の獲物が獲れるかを「数え」、息継ぎするときにその数に合わせた量の酸素を補給し、もう2、3匹獲りたければ次の潜水にまわすのだ。状況に応じて潜水の作戦をいち早く変更することによって、彼らは常に効率を最大にすることができる。1980年にあの島で小さなペンギンたちの頭が波の合間に消えるのを見つめていた私は、目の前の非凡な鳥類にこうした叡智が備わっているとは思ってもみなかった。そして私たちがそれを発見できるなんて夢にも思わなかったのだ！

ヒナに餌をやるために戻ってきたケープペンギン。どこで餌を獲ってきたのかをつきとめれば、漁業との資源獲得競争をより適切に管理するために必要なデータを提供できる。

下：冬の到来を迎え、1年に1度の換羽期を終えたフォークランド諸島のミナミイワトビペンギンは、4、5カ月を外洋で過ごす。自然保護団体「フォークランド・コンサーベーション」は、その期間にハイテクの衛星追跡装置を用いて個々のペンギンがホーン岬を周り、太平洋に出るのを記録した。コロニーからの距離は1340km、その間の追跡距離は4500 kmに及んだ。それにひきかえ、ガラパゴスペンギン（上）はほとんど移動しない。潜水記録によると、彼らの採餌は海岸から200 m、水面から6 mの場所で行われることがほとんどだ。

ペンギンの個体識別
——調査の影響を最小限に抑えるために
イヴォン・ル・マオ

フィールド調査のためには個々のペンギンを識別することが必要不可欠だが、有害な方法から偏った結果がもたらされることだけは絶対に避けなくてはならない。長期のモニタリングによって、昔ながらのフリッパーバンドから埋め込み式の電子タグに切り替えるべきだという決定的な結果を得た。

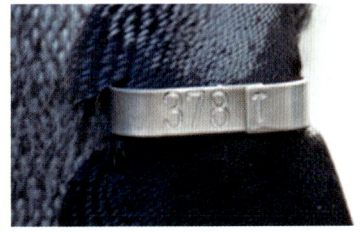

キングペンギンのフリッパーに取り付けられた金属のバンド。小型でどうということもないように見えるが、ペンギンの生活に与える影響は大きい。消費するエネルギー量が増え、その結果として平均寿命や繁殖率が下がるからだ。
photo courtesy I. kernaleguen

イヴォン・ル・マオは現在フランス国立科学研究センターのセンター長であり、フランス科学アカデミー会員でもある。主にインド洋・亜南極地域のクロゼ諸島にて、40年以上ペンギンの研究に携わっている。ペンギンの適応のメカニズムと生理機能を解明した画期的な研究の他に、ペンギンのフィールド調査における人間の影響を最小限に抑える新技術を開発したことでも知られている。
Institut PluridisciplinaireHubert Curien,
Département Ecologie,
Physiologie et Ethologie
UMR 7178 CNRSUniversité
de Strasbourg,
23, rue Becquerel, F-67087
Strasbourg Cedex 2, France
yvon.lemaho@iphc.cnrs.fr
http://iphc.cnrs.fr

ロス海でのアデリーペンギンを対象にした研究調査でも、フリッパーバンドをつけたペンギンは、つけていないペンギンに比べて繁殖率が低下することがわかった。

1971年11月初旬、私は不慣れな船酔いにくじけそうになりながら、デンマーク船タラ・ダン号で南極海を渡った。私たちは初めて見る南極大陸に近づきながら、明るい太陽の下、浮氷の上で佇んだり走ったりしているアデリーペンギンたちをうっとりと眺めた。

数日後、同僚のルネ・グロスコラが、ペトレル島にある中規模なアデリーペンギンのコロニーに連れて行ってくれた。そこにはフランスが東南極に設立したデュモン・デュルヴィル研究基地があった。そこで繁殖中の全成鳥の翼（フリッパー）に取り付けられたバンドの数字を読み取り、巣立ちしたばかりのヒナにバンドを取り付ける仕事が待っていた。その主な目的は、気候と海洋資源の影響を示す個体群動態のデータを得るためだった。

このコロニーが特に研究用として選ばれたのは、傾斜のきつい渓谷という地形からだった。ペンギンにとって頂上部か最下部しか逃げ場がないため、捕まえやすいというのが理由である。だが私は一生忘れないだろう。私たちの姿を見て彼らがとても怯えていたことを。しかも、そのコロニーはもうずっと長い間そこに存在しているのにもかかわらず、アデリーペンギンの他の営巣地と違い、数年前から明らかな荒廃が始まっていた。人間の及ぼす影響が大きすぎて、ペンギンたちがそれに対応できなかったのだ（数年後、当時の南極生態研究プログラムを担当していたピエール・ジュバンタンは、この研究場所を放棄する英断を下した）。

他の鳥類は昔も今も足にバンドをつけることになっているが、ペンギンの足は解剖学上リングをつけられるようにはなっていない。そのため従来はフリッパーの根元にバンドをつけてきた。当時、フリッパーバンドには重要な利点があるとも考えられていた。数字を大きく書き込めるので遠くから見分けやすく、わざわざもう一度捕まえて確認する必要がないからだ。

しかし動物園のペンギンを観察した結果、すでに1970年代には、フリッパーバンドの安全性が疑問視されていた。ペンギンが重傷を負ったという記録もあり、特に換羽期にはフリッパーの組織が腫れ上がった。1990年代になると、最初にローリー・ウィルソンらがフリッパーバンドはペンギンに深刻な打撃を与えるのではないかと疑いを持った。海で採餌をする際に水の抵抗が増すためである。アデリーペンギンに水中トンネルを用いて、トンネルの両端だけで水面に浮上して息継ぎできるようにしてみたところ、フリッパーバンドをつけているときはつけていないときに比べ、最大でおよそ20%も酸素消費量が増えていた。私はローリーの研究チームを招いて、亜南極クロゼ諸島のポゼッション島にあるフランスの研究基地に、さらに大きなトンネルを持ち込んでもらった。その結果、フリッパーバンドをつけたキングペンギンも酸素消費量が増えることがわかった。

1980年代末ごろ、主要な研究チームのなかには予防措置としてフリッパーバンドを完全に廃止したチームもあった。だが多くの研究チームは大規模なバンド取り付け計画を続けていた。その間にも私はコロニーのなかで自動的にペンギンをモニタリングする方法を探していた。1990年に、動物にタグ付けする新しい方法を紹介した記事をたまたま目にすることになった。この方法によって、たとえば希少種のような貴重な個体の電子識別が可能になるのは間違いない。翌日、私は研究所の電子部門担当エンジニアのジャン＝ポール・ジャントネルに調査を依頼した。彼によれば、牛や豚といった家畜の個体識別用に、オランダのテキサス・インスツルメンツ社が無線自動識別（RFID）システムのTIRIS™（テキサス・インスツルメンツ自動登録認識システム）を開発したという。RFIDタグは超小型の上、重さはたった0.8グラムで、簡単に皮下に埋め込むことができる。最近になって、RFIDの技術を用いたマイクロチップ装置が開発され、PIT（パッシブ型統合トランスポンダ）タグと呼ばれている。

きれいな流線型で海中から躍り出るジェンツーペンギン。フリッパーバンドがペンギンの運動機能に引き起こすごく小さな乱れが、この泳ぎに影響を与える可能性がある。

　TIRISがまだ試作段階だったため、実用化する前にテキサス・インスツルメンツ社とパートナーシップを結び、その後野生動物用のRFIDタグを開発した。そして1990-91年、亜南極が夏を迎えたときポゼッション島に持参し、キングペンギンに取り付けた。しかしRFIDには大きな制約がある。PITタグの読み取り範囲が短く、TIRISとの最大距離は約0.6 mしかない。とはいえ、かけがえのない利点もある。動物を捕まえるのは最初にタグを取り付けるときだけで、あとは放っておいても識別可能なのだ。取り付け以降は動物への負担もほとんどないと言える。タグは皮膚の下に埋め込まれるので、採餌の際に邪魔にならずにすむし、摩擦によって部分的に皮膚が剝がれて傷になるというような心配もない。そのため、PITタグを取り付けたペンギンは信頼できる「統制群」となった。

　それに加え、ペンギンの元々の通り道に地中アンテナを埋めたので、さらなる動揺を与えずにすんだ。主な共同研究者のミシェル・ゴーチエ＝クレール、セリーヌ・ル・ボヘックと共に、このシステムを用いて長期モニタリングを行った結果、驚くべき結論を得た。10年以上にわたって調査したところ、フリッパーにバンドを取り付けた50羽のキングペンギンのサンプル集団は、PITタグを埋め込んだ同数集団に比べて、繁殖成功率が40％低下していた。これはほんの小規模サンプル集団の結果にすぎないかもしれないが、当時すでにフリッパーバンドの有害性を疑っていた私は、50羽以上のペンギンにバンドをつけたくはなかったのだ。さらにクレア・サローの博士論文のメインテーマともなったが、フリッパーバンドをつけたペンギンはつけていないペンギンに比べて同期間での生存率が16％低くなることもわかった。同様にデイヴィッド・エインリーらも、ロス海にある彼らの研究施設でアデリーペンギンにバンドを取り付けた結果、繁殖成功率と生存率が減少することをつきとめた。

　ペンギンが海で泳ぐときにもフリッパーバンドが悪影響を与えるのは明白である。なぜなら、キングペンギンとアデリーペンギンの別々の調査で、両者とも採餌旅行の継続時間が著しく長くなったからだ。それに、キングペンギンでは10年後もその状態が変わらないままだということを私たちは実証した。つまり、いずれはバンドに慣れるはずだという仮説に反して、ペンギンたちはバンドによって押し付けられた負担の増加に適応できないことがわかったのだ。

　さらに、PITタグを埋め込んだ2500羽のキングペンギンのヒナの帰還率は、10年にわたって、およそ70-85％だった。フリッパーバンドをつけたヒナの場合が6％から45％の間で推移していることと比べれば、この結果は無視できない。しかも、キングペンギンでは気候変動に対する対応が、フリッパーバンドをつけた個体と、そうでない個体とでは違っていることもわかった。したがって、気候変動がペンギンに与える影響を解明したり予測したりする際に、フリッパーバンドをつけたペンギンから得られたデータに頼るのは深刻なバイアスを生むことになるだろう。

　RFIDと電子秤を組み合わせれば、体重の自動計測も可能だ。1990-91年、私たちは他に先駆けてその方法をポゼッション島に導入し、海での採餌から戻ってきたキングペンギンの体重増加を測定していた。それは海洋資源の量を測る指標ともなった。また、体内の脂肪を燃焼するしかない絶食中の体重減少も測定できた。現在、RFIDシステムと電子秤の併用は、各国の研究者によって世界中のさまざまなペンギンのモニタリングに利用されている。たとえば、オーストラリア・フィリップ島のコガタペンギン、ロス海のクロジール岬とテラ・ノヴァ湾およびモーソン基地とデイヴィス基地付近のアデリーペンギン、サウスジョージア諸島・バード島のマカロニペンギンなどだ。私たちは上記のような自動システムを備え付け、ようやくペンギンを悩ませずに、現在250のアデリーペンギンのつがいを観測している。その場所は、デュモン・デュルヴィル基地の近く、かつて打ち捨てられたあの渓谷のコロニーである。

水中を高速で移動する機動性が、キングペンギンの生存にとっては重要な鍵となる。

179

冠羽ペンギンの卵サイズの謎

カイル・W・モリソン

冠羽を持つすべてのペンギン種では、最初に生まれた卵と2番目に生まれた卵とでその大きさは顕著に違い、孵化にかかる時間も違う。そして最初の卵（あるいはヒナ）はほとんどの場合、見捨てられてしまう。このことから、遠い過去に起こったペンギンの進化に関して多くの興味深い説が導き出されている。

カナダ国籍のカイル・モリソンは、初期環境と気候変動がどのようにウミスズメ類（北半球のペンギンともいうべき鳥たち）の生存率に影響を及ぼすのかを研究するうちに、海鳥の魅力にとりつかれた。マッシー大学で博士号を取得し、ニュージーランド水・大気調査研究所（NIWA）の協力のもと、キャンベル島に行き、激減しているミナミイワトビペンギンの頭数にその採餌行動、食事、捕食、分布がどのような影響を与えているのかを調査した。
Ecology Group,
Institute of Natural Resources Massey University.
Private Bag 11-222, Palmerston North, 4474, New Zealand
k.w.morrison@massey.ac.nz

最初に産んだ卵には無関心で、巣のそばに立っているミナミイワトビペンギン。次の卵が生まれるまではこのままだが、両方とも抱卵される。
photo courtesy k. morrison

将来まったく利益を得られる見込みのないものに投資するということがあるだろうか。冠羽を持った7種のペンギンたちはまさにそうしている。2個の卵を産むが、2羽のヒナ両方を育てることはほとんどない。また、これらの卵は極端に形質が違い、最初の卵Aは後に産まれる卵Bよりもずいぶん小さい。種にもよるが、卵Aの大きさは平均で卵Bの54-85％の大きさしかない。卵Aと卵Bのサイズ差はシュレーターペンギン、ロイヤルペンギン、マカロニペンギンの順で大きいが、この3種では決まって卵Aは抱卵の早い段階で放棄される。ミナミイワトビペンギン、キタイワトビペンギン、スネアーズペンギン、フィヨルドランドペンギンは両方の卵を孵すものの、両方のヒナが育つことは大変まれで、全体の3％以下しかない。両方の卵が孵ったとしても、小さい卵Aから生まれたヒナAは、より体の大きいヒナBとの餌の取り合いに敗れ、普通は1週間以内に餓死してしまう。ヒナBが大きいのは、より大きな卵Bから生まれたからというだけではなく、通常ヒナBがヒナAの1日前に孵化するからでもある。卵Bは卵Aよりも4日から5日遅れて産まれるだけにこれは驚きだ。

1回の繁殖で産む卵のサイズに大きな違いがある点、最後に産まれる卵が最も大きいという点、そしてその最後に産まれた卵が最初に孵るという点において、1回にごく少数の卵しか産まない鳥たちのなかでも、冠羽ペンギンはユニークな存在といえる。これらの特徴が投げかける問いに、科学者たちは何十年ものあいだ魅了されてきたが、いまだ納得のいく答えが得られたとは言いがたい。

これらの謎について何かわかるかもしれないという

冠羽ペンギンのうち二つの卵の大きさの違いがもっとも顕著なのはシュレーターペンギン。左のミナミイワトビペンギンの卵の写真と比べると一目瞭然で、卵Aは卵Bの半分ほどの大きさしかない。
photo courtesy k. morrison
photo courtesy d. houston

思いに背中を押されるように、私はニュージーランドの亜南極帯に位置するキャンベル島で、ペンギンベイというミナミイワトビペンギンのコロニーへと続く急な坂を下っていった。11月上旬のことで、メスたちは最初の卵Aを産み始めたところだった。それから卵Bが産まれるまでの4、5日間を観察していると、親たちは交代でただ卵の上や脇に佇んでいるばかりで、まじめに卵を温めようとはしていなかった。数組のつがいは、卵Aをまるで巣に紛れ込んだ石ころででもあるかのように扱い、そこに子孫の命が宿っていることなど気にもかけないようだった。卵Aのいくつかは完全に小石にうずもれていたし、親に踏みつけにされて割れてしまったものや、トウゾクカモメに奪われてしまったものもあった。また、親が近くにいるにもかかわらず、多くの卵が巣の外に転がったままで放置されていた。

予想されたとおり、冠羽ペンギンたち、とくに卵の大きさの差が顕著な3つの種においては、卵Aの放棄は産卵直後に起こるケースがもっとも多いことがわかった。オクラホマ大学のコリーン・キャサディ・セントクレア博士らの1995年の論文によると、ロイヤルペンギンでは、卵Aの放棄は、卵Bが産まれるまでの24時間におけるメスの巣作り行動と関連があるという。セントクレア博士らはこれを意図的な卵の放棄、すなわち母親による子殺しの証拠と解釈し、マカロニペンギン、シュレーターペンギンの場合も同じであるとしている。いっぽう、ニュージーランドのオタゴ大学のL.S.デイヴィスとマーティン・レナーの共著『Penguin』によれば、シュレーターペンギンにおける卵Aの放棄はまさに育児放棄であり、それは卵Bの半分ほどの大きさしかない卵Aは物理的に抱卵するのが難しいからだとしている。

他の4種の冠羽ペンギンでは両方の卵を孵化させることが多い。このとき卵Aの放棄は卵Bが孵化したあと、卵Aが孵化するまでの間に起こる。この1日ほどの間に、先に生まれたヒナとそれを保護しよう

とする親鳥の動きによって、卵Aが巣から外に出されてしまうのだ。このとき卵Aからはすでに鳴き声が聞こえていたり、ヒビが入っていたりして、いまにも孵化しそうなことも多い。しかし通常それでも親が卵を回収することはない。

冠羽ペンギンの卵の謎については、以下の3つの問いにまとめることができる。(1) 2羽両方のヒナを育てることがほとんどないのはなぜか、(2) にもかかわらず、なぜ1度に2つの卵を産むのか、(3) そして、なぜ卵Aは卵Bより顕著に小さいのか。

最初の問いに関しては、進化の選択圧を考慮しなくてはならない。つまり、ほぼ確実に卵あるいはヒナを失うことの直接的な原因ではなくて、その結果のほうを考えるべきだ。近縁種の大半に共通する特徴というのは、たいていその最も近い共通の祖先に由来していると考えられる。大小2つの卵を産み、そして繁殖中にも遠くの沖合まで餌を採りに行くという冠羽ペンギンに共通している特質は、その共通の先祖の特質でもあったはずだ。沖合で採餌するという戦略は、海岸近くで採餌するペンギン種と比較すると、親鳥には大きな負担となる。これが冠羽ペンギンが2羽のヒナをうまく育てられない理由の説明になるかもしれない。これは、ユーディプテス属（冠羽ペンギン）と姉妹関係にあるメガディプテス属（キガシラペンギン）が沿岸で餌を採り、2個の同じ大きさの卵を産み、ほとんどの場合2羽のヒナを育てるのとは対照的だ。

1羽のヒナしか生き残れないのになぜ2つの卵を産むのか、という2番目の問いを考えてみよう。1度に1つの卵しか産まないキングペンギンとエンペラーペンギンを除くと、すべてのペンギンは1度に2個の卵を産む。つまり、すべてのペンギンの先祖は2つの卵を産んでいたと考えられよう。キングペンギンとエンペラーペンギンの系統が卵を1つだけ産む術を手に入れたのに、なぜ古代の冠羽ペンギンは同じことができなかったのだろうか。もっともらしい説明としてはこうだ。卵Bのほうが卵Aよりも強い子孫を生み出す可能性が高いとすると、もし2度目の排卵が省かれると、より高い適応度を持っていたはずの卵Bが淘汰されてしまうのだ。

この説明は、卵を2個産むという冠羽ペンギンの特質は進化論的には不適切であるということを暗に示している。しかし、卵Aを産むことには、そのために余計なエネルギーが必要になることを差し引いても、適応面での利点があるという説もある。つまり、産卵の同期を促す、巣の面積を広げて配偶者を維持しやすくする、卵BもしくはヒナBが失われたときの保険として働く、適切な環境下においては2羽とものヒナが育つ可能性を高める、といったことである。しかし、卵Aを産むのにかかる全体のコスト、すなわち廃棄される卵Aに内在するエネルギーについてのみならず、卵Bを産むまでの4、5日間を飲まず食わずで過ごさなくてはならないことまでを考慮すると、あるいは抱卵の最初期に卵Aを放棄してしまう3つの種のことを考え合わせると、これらの説はふさわしくないように思われる。くわえて、これらの説では、なぜ2つの卵の大きさが違うのかという3つ目の問いに答えることができない。

もし沖合で採餌する戦略のせいで冠羽ペンギンが2羽のヒナを育てられないのだとしたら、そして2番目に産まれる卵により高い価値を持たせる特質が、1つしか卵を産まない戦略の前には劣勢であるとしたら、メスとしては優先的に卵Bに投資するしかないということになる。この場合、重要な問いは、何が卵AあるいはヒナAをより劣ったものにしているのか、ということだ。最も広く受け入れられている説は、なかなか合理的な仮説に基づいている。これまでのところ調査されてきたキガシラペンギンと冠羽ペンギンには、卵Bを産むまでは親鳥の抱卵斑（卵を温めるために皮膚が裸出している部分）が完全に成熟せず、十全に抱卵できないという共通の特徴が見られることから、それは共通の祖先から受け継いだ特性であると言える。この抱卵遅延は、卵が巣の外に出てしまったり、捕食されたり、より長い抱卵期間を必要としたりといったことの原因となり、繁殖失敗のリスクを高める。結果として、冠羽ペンギンの先祖は卵Bに投資することになった。いっぽう、キガシラペンギンの先祖のほうは孤立した環境に堅牢な巣を持っていたために、卵Aと卵Bとの間でリスクに差がなくなり、大きい卵Bと小さい卵Aを産む必要がなくなったのだろう。

冠羽ペンギンは、どの種もそれぞれ「絶滅危機II類（VU）」という残念な状況にある。数百年前にまで遡る冠羽ペンギンの卵の謎について科学者たちは意見の一致を見ることはないかもしれないが、その繁殖戦略が昨今の環境には適していないようだということについては認めざるを得ないだろう。生態学的情報と新しい繁殖・成育生理学の技術を融合させた今後の研究が、この複雑きわまりない謎に新たなすばらしい発見をもたらしてくれることを祈るばかりである。

キャンベル島のミナミイワトビペンギン。無事に孵ったヒナBを保護するいっぽう、卵Aは放棄されている。たとえ卵Aが孵化しかかって中から鳴き声が聞こえていようとお構いなしだ。
photo courtesy k. morrison

シュレーターペンギンは1羽のヒナしか育てず、先に産んだ卵Aは抱卵の前に放棄される。（アンティポデス島）

旅する若き皇帝たち

バーバラ・ウィーネケ

東南極の若いエンペラーペンギンたちの動きを長期間にわたって衛星で追跡したところ、彼らの潜水能力と海での行動範囲について、驚くべき事実が明らかになった。

コロニーに取り残された若鳥たちが海を目指す。（東南極、ダーンリー岬）

バーバラ・ウィーネケ博士はナミビアに生まれて幼少期を過ごした後、ドイツの高校に進学して生物学に触れる。オーストラリアに移住し、マードック大学で海鳥生態学の博士号を取得。現在はタスマニア島在住。1993年以降は当地にある環境省のオーストラリア南極局で働き、最初の冬は東南極のモーソン基地の近くでエンペラーペンギンたちと過ごした。南極と亜南極では、エンペラーペンギンをはじめとするペンギンたちや他の海鳥類の追跡調査、エンペラーペンギンの主要なコロニーでの頭数モニタリングを行っている。

Australian Antarctic Division
Channel Highway
Kingston, Tasmania 7050
Australia
Barbara.Wienecke@aad.gov.au

　凍った南極の空に再び太陽が高く昇り、戻ってきたアデリーペンギンたちとミズナギドリたちがいそいそと繁殖に励む頃、エンペラーペンギンたちは繁殖期の終盤を迎える。氷に囲まれたコロニーでの生活は急速に変貌する。12月中旬、ヒナたちは親鳥の8割ほどの大きさにまで育っている。風のない天気のいい日には気温は4℃から5℃にも達する。これはエンペラーペンギンには暑すぎる温度だ。エンペラーペンギンたちは0℃でも息を切らし、氷の上に翼を広げて身を横たえてしまうのだ。あるいは、あたりをうろついて新雪を探し、それを食べて渇きを癒やすことも多い。ヒナたちの灰色の羽毛は抜け始め、防水の羽根へと換わりつつある。まもなく彼らは海での生活を始め、そこで生きていかなくてはならない。換羽はきわめて体力を消耗する。ヒナの体内では無数の羽根を生産するために代謝がフル回転している。新しい羽根がむずがゆいのだろうか。とくに暖かい日には、ペンギンたちは不快そうな様子を見せることがある。

　12月下旬、コロニーの成鳥たちの数は激減している。親鳥たちの多くがすでにヒナのもとを去っているのだ。もはや親鳥が胃に食物をたっぷり溜めて戻ってくることはない。そのことにまだ気づいていないヒナたちは、誰彼構わず戻ってきた成鳥に食べ物をねだっている。だが最終的にはヒナたちも、成鳥たちがみなコロニーから去ってしまうことを理解し、同じ方向に向かって足を踏み出すことになる。

　若いペンギンたちにとって、この旅は初めて海を知る処女航海となる。いっぽう成鳥たちにとってこの旅は苛酷だ。年に一度の換羽の期間を生き延びる体力をつけるために、懸命に餌を採らなくてはならないからだ。私はこのときまでに、数週から数カ月のあいだ衛星追跡のための発信器を装着してくれる「ボランティア」をスカウトしなくてはならない。私はいくつかの重要な問いの答えを探したいと思っていた。成鳥たちと若鳥たちは同じ場所で狩りをしているのか？　ペンギンたちは浮氷帯付近にとどまるのか、それとも採餌のために外海に出て行くのか？　冬に若鳥たちはまた大陸に戻ってくるのだろうか？

　何年もかけて、私はオーストラリアの南極基地からアクセス可能な東南極の3つのコロニーで、50以上の発信器をエンペラーペンギンの成鳥および若鳥に取り付けてきた。モーソン基地の東にあるオースター・コロニーは1万1000のつがいからなり、他の多くのコロニー同様、陸地につながった海氷上に位置し、氷山に囲まれている。いっぽうモーソン基地の西にあるテイラー氷河のコロニーには3000組のつがいしかいないが、ここは特殊な場所で、たった3つしか知られていない陸地にあるコロニーのうちの1つなのだ。プライズ湾内のアマンダ湾（デイヴィス基地の南西）には約1万組のつがいがいる。1996年、テイラー氷河では7羽の若鳥に発信器が取りつけられた。その10年後の2006年、私はオースターでも10羽に発信器をつけることにした。

　しかしエンペラーペンギンに発信器をつけるのは容易な作業ではない。エンペラーペンギンは体が大きくて力が強く、若鳥でさえも喧嘩の仕方を心得ているからだ。私は彼らのそばにいることが大好きだが、それ

旅に出る時点では若鳥（左）はまだ体のところどころに羽毛が残っていて、体重は成鳥の半分程度しかない。成鳥と同じ体重まで育った後（右）、次の夏に最初の換羽のために戻ってくる。diagram b. wienecke

は最も危険なことでもある。人の手で触れられることが彼らのストレスになるので、作業は可能な限り手早く効率よく済ませなければならない。発信器を取り付ける前に、われわれは若鳥の体重を測定し、十分に大きい個体であることを確認する必要がある。13 kgあれば合格だ。発信器はたったの92 gしかなく、単3乾電池2本で駆動し、電池の節約のために48時間のうち4時間だけデータを送信するよう設定されている。

すべての発信器を取り付け終わると、俄然わくわくしてくる。ペンギンたちはどこへ向かうのか？ どのくらい遠くまで旅をするのか？ 結果は目を瞠るものだった。コロニーを出発したオースターの若鳥たちは、まず50 kmほども続く定着氷を横切って進まなくてはならなかった。その間、海に到達するまでの数日は何も食べるものがない。彼らの多くは歩いて北の氷の端を目指すが、1羽だけ逆に陸に向かって歩いて行ってしまったペンギンがいた。彼が間違いに気づいて方向転換するまでに2日もかかった。ペンギンたちが定着氷の端に到着すると、その眼前には浮氷帯が広がっている。彼らがそこを直進し、北にある深い南極海に向かうのを見るのは素晴らしい体験だった。

数日かけて浮氷帯を抜けると、その2週間後にはペンギンたちはちりぢりになり始め、多くはさらに北の南緯54度付近を目指す。元のコロニーからそこまでは直線距離で1500 kmになる。むろん、ペンギンたちは南極海を曲がりくねりながら進むので、実際の道のりはもっと長くなる。

6カ月半を海で過ごした後では、移動距離が6600 km近くにのぼる個体もいる（左下の地図参照のこと）。発信器がつけられた17羽の若鳥たちは、最初の半年の間に南極海の4分の1にあたる東経7度～93度の間に展開していた。一番遠い地点は、彼らの生まれたコロニーから2500 kmも離れている。

追跡の結果に興奮した私は、これが典型的なことなのかどうかを確かめることにした。2009年と2010年に私はデイヴィス基地に向かい、アマンダ湾のコロニーで同様の調査を指揮した。アマンダ湾はプライズ湾の南東の角にあり、海洋地理学的に見ればモーソンの海岸とはずいぶんと異なる。定着氷の端はこちらのほうがより近くにあるし、プライズ湾はクジラやアザラシにとって格好の餌場となっている。おそらくペンギンにとってもそうだろう。若鳥たちは今回も力強く北に向かって進んでいった。だが全体的にはモーソンの仲間たちよりはゆっくりと旅をしていた。今回も数羽が陸からも氷からも遠く離れた南極海の只中で余分に時間を費やした。エンペラーペンギンの若鳥たちの北への移動は、2008年のロス海での記録にも見られる。私たちは、ペンギンたちが海流に乗って移動しているのではないかと予想したが、調べてみると、それは間違いであることがわかった。彼らは流れに逆らって泳

いでいたのだ。つまり、広くて深い大海に出たペンギンたちは、明らかに自らの意志でどこに行くかを決めているのだ。しかし大きな謎も残っている。ペンギンたちをはるか遠い北方まで行くように駆り立てているものは何なのだろうか。

発信器は潜水に関するデータも送信している。若いエンペラーペンギンの海中での泳ぎはめきめき上達する。海に出て最初の数カ月で、最高深度、最長潜水時間ともに顕著に伸びる。海での最初の日にも、エンペラーペンギンの若鳥は平均40 mの深さまで、そして2分間水に潜ることができるが、3カ月も経てば、最高深度300 mにも達する個体も出てくる。これはだいたいキングペンギンの成鳥の最高記録と同じくらいである。エンペラーペンギンの成鳥はもっと深くまで潜ることができ、東南極での最高潜水深度記録は564 mだ。とはいえ、日々の採餌のための潜水で100 m～120 mよりも深く潜ることはない。巣立った若鳥が完全な潜水能力を身につけるのには約2年かかる。深さについては最初の制限となるのは、筋肉中のミオグロビン（酸素を貯蔵するタンパク質）濃度だ。若鳥では、深く潜るのに必要な他のタンパク質については初めて海に出た段階ですでに成鳥のレベルに達しているのだが、ミオグロビンについては成鳥の3分の1ほどの濃度しかないのだ。しかしながら、この最初期をとっても、若いエンペラーペンギンがすでに優秀なダイバーであることは間違いない。彼らが大人になる頃には、その潜水能力は、他の海鳥たちはもとより、多くの海洋哺乳類たちと比べても抜きん出たものとなる。

外洋に面した浮氷地帯にある通常の夏の住みかで、ひとりたたずむ成鳥のエンペラーペンギン。

研究場所での著者。東南極のアマンダ湾にある1万羽規模のコロニーを調査しているところ。

小さなペンギンたちの大きな挑戦

アンドレ・チャラディア

南オーストラリア沿岸でイワシ資源が壊滅したことを受けて
コガタペンギンたちは主食となる餌を変更した。
その後ペンギンの個体数がどのように回復し、安定したのかが
長期にわたる緻密な分析によって明らかになってきた。

アンドレ・チャラディアはオーストラリアのフィリップ島自然公園の調査グループで海鳥の生態を研究している海洋学者。以前はブラジル沿岸の漁船に乗り込んでアホウドリとミズナギドリの研究をしていたが、現在ではコガタペンギンに取り組み、海洋環境の変化に上位捕食者がどのように対応するかに注目している。また、将来起こりうる環境変化を予測する研究もしている。
achiaradia@penguin.org.au
www.penguin.org.au

　1995年、オーストラリアとニュージーランドの沿岸で、カリフォルニアマイワシ（Sardinops sagax）のほとんどが死滅してしまった。ニュースは膨大な数の死んだイワシがビーチに打ち上げられている様子を報じた。これは記録にある限り、一つの魚の種が死滅した事件としては世界で最も大規模なものだった。まもなく、コガタペンギンたちもこの事件に巻き込まれた。当時、博士課程に上がり立てだった私は、コガタペンギンの採餌環境を研究していたのだが、突如その餌であるイワシ（とその枯渇）が研究の中心的課題となったのである。

　イワシ大量死事件の震源地は、輸入したイワシを餌に使っていたマグロ養殖場だった。そこを中心に、災厄は日に35kmという驚異的スピードで広がり、オーストラリア沿岸の5000kmにわたって、イワシの生息数の約70%を死に追いやった。オーストラリア南方海域の水産資源はあっという間に激減した。死んだ魚からは、輸入イワシにはよく見られるがこの地方の魚には稀なヘルペスウイルスが見つかった。海の食物連鎖において重要な位置を占めるイワシは、ペンギンを含む上位捕食者の餌として知られているだけでなく、南オーストラリアの沿岸漁業で最も豊富に獲れる魚でもあった。

　次に起こる事態は容易に予測できた。沿岸漁業が崩壊したのだ。ヴィクトリア州だけで、1995年に2300トン以上あった漁獲高は100トン以下へと激減した。この漁獲水準は今日でも回復していない。

　コガタペンギンにも影響があった。イワシの大量死の直後、成鳥の死亡率が通常よりも高くなった。1997年には、繁殖成功率においても、記録が始まった1968年以降で最も低い数字となってしまった。これまでペンギンの主食であったイワシは、ペンギンの食事のレパートリーからは姿を消してしまった。誰の望んだところでもなかったが、イワシの大量死は、海の生態系の変化に上位捕食者が栄養学上どのように対応するのかを見るための、天然の実験となってしまった。そしてまさにその実験を見届けるために私は、マヌエラ・フォレロとキース・ホブソンのチームに加わった。彼らには安定同位体分析を駆使してアルゼンチンのマゼランペンギンの食性研究の端緒を開いた実績があった。引き続き行っているコガタペンギンの餌のモニタリングに加え、彼らのテクニックを研究に組み入れたことによって、ペンギンたちが食物連鎖のどのレベルにおいて食事をしているのかがわかるようになった。

　イワシの大量死から10年が経過しても、イワシはいまだペンギンの食卓には戻っていなかった。事件の前と後でペンギンの食事を再検証してみたところ、ペンギンたちは現在は食物連鎖のピラミッドでイワシよりも上位にいる魚をターゲットにしていることがわかった。驚くべきことに、ペンギンの繁殖成功率を示すすべての指標は、予想したほどには悪化していなかった。繁殖実績を測る一般的指標であるつがいあたりのヒナの数は、イワシ大量死の直後は最低だったが、2000年以降は安定してきた。ヒナの最大体重や成長率といった、親鳥の採餌実績に関するより繊細な指標も順調に伸びを見せ、繁殖成功率は1980年代、90年代よりもおおむね安定したものになった。

　コガタペンギンが驚くべき回復を遂げたのは数羽の個体の素晴らしい働きと関わりがあるかもしれない。当初、コガタペンギンの繁殖と採餌の戦略は他の海鳥と比べて（他のペンギンと比べてさえ）単純であると考えられていたが、もっと狡猾な面を持っていることが明らかになった。コガタペンギンは採餌のために優れた旅行プランを描けることが、データロガーと自動体重測定器を用いた一連の研究で示されている。ヒナを育てるためにパートナーよりも懸命に働く個体がおり、より頻繁に採餌に出かけるのだ。このような活動は一般的なもので（全体の72%）、平等に子育てに参加するという従来のイメージとはかけ離れていた。

　子育て期間中のペンギンは、連続した2回の長い採餌旅行に出ることも、比較的短い採餌旅行を繰り返すこともできる。これは沿岸部に暮らす海鳥にはほとんど見られない戦略だ。短い採餌旅行によってヒナに

栄養状態が良く丸々太ったヒナたちが巣の外を探検している。

真夜中に交尾中のつがい。（ともにブルニー島、タスマニア）

左：体が青白いのが個性的な亜種ハネジロペンギン。ニュージーランドのバンクス半島にあるポハツ海洋保護区の禁漁地域を住みかにしている。
右：小さなペンギンたちが波の打ちつける石だらけの浜に上陸したところ。（オーストラリア、フィリップ島）

　日々の餌を供給することができるいっぽう、親鳥自身の体重が低下したときには、長い採餌旅行に出て体力を回復することができる。

　浜を横切るペンギンの群れは偶然に編成されたものではない。個々のペンギンは自分で旅の道連れを選んでいるようなのだ。採餌の助けになるものなら、船舶の航路などの人工的要素を巧みに利用する者さえいる。年齢もまた重要な役割を果たしていると思われる。中年の個体は繁殖のベテランで、効率のいい採餌戦略を知っているし、場所を変えて採餌する術も心得ている。ペンギン個々の能力のあれこれを発見するのは些細なことに思えるかもしれないが、それが大きな変化をもたらすこともある。私は、環境の変化と結びつけて考える以前に、彼らの個性を理解することが肝要だと思う。それぞれの個体は同じ環境圧に対して異なった反応を見せるようだからである。

　コガタペンギンは、その回復力と適応力のおかげで、国際自然保護連合（IUCN）のレッドリストにおいても絶滅危惧種とは記載されていない。だが多くのペンギンたちが外来の捕食者、沿岸開発、石油の流出、刺網漁などの深刻な脅威にいまもさらされている。注目すべきは、これらの外的圧力は局地的には多様な保護の努力によって減殺できるということだ。オーストラリアのフィリップ島を例にとると、最近の数十年で道路が封鎖され、外部から導入されたアカギツネなどの捕食者が根絶され、住宅地全体が州政府によって買い上げられて取り壊されたことで島の自然環境が回復し、2000年までにコガタペンギンは姿を消すだろうという暗い予測は覆されることになった（現在は2万8000羽が生息している）。他の地域はこれほど幸運に恵まれていたとは言いがたい。1994年に私が研究対象として訪れたタスマニア島のマリオン湾の営巣地は、現在はもう存在しない。

　陸を繁殖のために、海を採餌のために使うペンギンは、両方の環境問題に直面することが多い。私たちは陸の環境変化をすぐに思い浮かべるが、海でのトラブルについては見過ごしがちで、どれだけの問題があるのか特定しがたい。しかしペンギンは一生の8割を海で過ごすのだ。卓越したアニマルダイビング・サイエンティストであるヤン・ロペール＝クデールと加藤明子との共同研究において、私たちは、コガタペンギンは浅い海域での狩りのほうが得意だということを発見した。これはおそらく、海底や水温躍層（水温が急激に変化する層）などによって餌の存在範囲が物理的に小さく制限されているからだろう。温血動物であるペンギンは冷たい水温の層にも行くことができるが、冷血動物である魚のほうは水温躍層を突破できないか、できたとしても活動が鈍化するため、容易に狩られることになるのだ。これは局地的事象だが、世界規模の出来事に影響されうるものでもある。たとえば、嵐（エルニーニョの年には増える）の後では、水温の層が混ざりあうことがあり、そうなると魚がちりぢりになってしまうのでペンギンが餌を探すのが困難になる。

　主食としていた種が事実上いなくなってしまったことに対してコガタペンギンがことのほか巧みに適応したからといって、私たちが安心していられるわけではない。イワシの大量死以来、ペンギンの属する食物連鎖はより簡素化し、柔軟性が失われている。すなわち、海洋系のさらなる変化については非常に脆弱であるということだ。また、コガタペンギンの生息域には新たなリスク要因も生まれてきている。すでにオーストラリアでは急速な気候変動を経験しつつある。1997年、ペンギンたちの繁殖期が壊滅的なものとなったのはイワシの大量死のせいだが、この年はたまたま強烈なエルニーニョの年でもあった。主たる餌の消滅とエルニーニョの相互作用によって、その年のコガタペンギンの繁殖を阻む「パーフェクト・ストーム」が生まれてしまっていたのだ。世界最小のペンギンたちもまた、最大級の地球問題に見舞われているのである。

フィリップ島自然保護区にあるペンギンを眺めるための観客席。何万もの観光客が世界中から訪れ、毎夕ペンギンの群れが上陸する光景に魅了される。その収益は、熱心な保護管理組織を通じて、ペンギンの個体数回復のために使われる。

ガラパゴスペンギンの不透明な未来

エルナン・バルガス

この40年間にガラパゴスペンギンの全個体数は800羽から3400羽の間を不規則に揺れ動いている。多くの踏み込んだ研究によって、この赤道付近に生息する唯一のペンギンにはいくつもの危機が迫っていることが明らかになっている。

溶岩の巣穴で営巣中。（マリエラ島）

エルナン・バルガスはペレグリン財団の新熱帯区科学および学生教育プログラムのディレクター。1989年にエクアドル・カトリック大学を卒業後、1995年に米国のボイシ州立大学で修士号を取得。その後2001年まで鳥類学実習生としてチャールズ・ダーウィン研究所勤務。2002年から2005年まで研究生としてオックスフォード大学に在籍し、2006年に保全生物学の博士号を取得した。
The Peregrine Fund (TPF)
Casilla 17-17-1044
Quito, Ecuador
hvargas@peregrinefund.org

ガラパゴスペンギンはペンギン類のなかでも一風変わったメンバーと言っていい。なにしろ赤道付近の海に住んでいる唯一の種なのだから。とはいえ、ガラパゴス諸島で育った私でさえ、彼らと「生息域」が重なったことはなかった。ガラパゴスペンギンが住んでいるのはとりわけ特別なところで、冷たくて栄養豊富な湧昇流が吹き上がる、群島の西の端に沿った地域だ。私が住んでいたのはサンタクルス島のほぼ真ん中で、ペンギンを見かけることはまずない。

1978年、高校生だった私は志願してチャールズ・ダーウィン研究所から来た生物学者たちの調査助手として働いた。私の仕事は野犬の糞を集め、何を食べているのかを分析することだった。これは、ガラパゴスペンギンという絶滅危惧種が直面している人間由来の脅威の一つについて、初めて記録したものとなった。

野犬はガラパゴス国立公園当局によってほどなく駆除されたが、私はこの時の経験によって、ガラパゴスペンギンの苦境に関心を持つようになった。現在に至るまで、一連の補足的研究を通じて多くのことがわかってきたが、そのどれもがガラパゴスペンギンの抱える深刻な状況と、人間からの影響を軽減する取り組みの必要性を照らし出していた。

おもな脅威の一つは気候変動に直接関連するもので、次第に頻度、強さ、持続時間を増しているエルニーニョを引き起こしているものである。ガラパゴスペンギンたちの沿岸での採餌習性およびその採餌場所の狭さのため、海水温度が上昇して魚の小さい群れが分散してしまうと、ペンギンは餌に困り、行き場を失ってしまう。とりわけエルニーニョが強烈だった1982年から83年にかけて、および97年から98年にかけては、ガラパゴスペンギンの死亡率は生息数全体の77%にも上った。エルニーニョの起こらなかった1998年以降の数年には多少は回復したものの、2009年の最新の調査によると、ガラパゴスペンギンの総個体数は1042羽で、これはエルニーニョ以前の水準を40%も下回る深刻な数だ。

残念ながら、世界中の人間の営為によって引き起こされる気候変動については問題が大きすぎて手に余るため、ペンギン保護のために打てる手と言えば、他のもっと管理しやすい脅威の影響を軽減することとなる。最近の動きとしては、ディー・ボースマが旗振り役となってガラパゴス国立公園と共同で進めている天然溶岩の屋根付きシェルターの建設がある。これはペンギンが巣として使える場所を増やす試みだ。自然の良質な巣穴の不足が、ペンギンには好ましいラニーニャ現象（餌が豊富に供給されるために一つがいで一年に2羽から3羽のヒナを巣立ちさせることが可能になる）中の繁殖成功率を抑制しているかもしれないという仮説に基づいてい

火山岩の生息地を他の種とシェアしている。（イザベラ島）

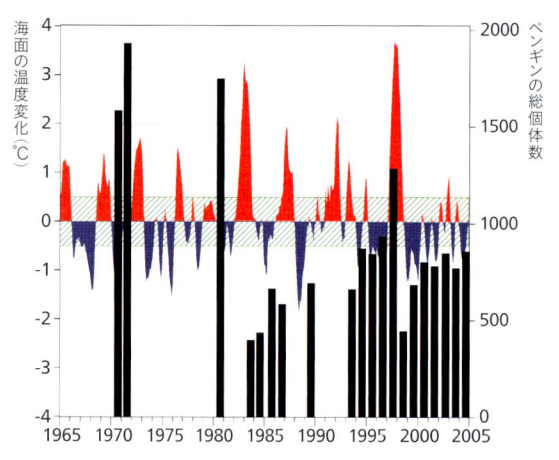

diagram h. vargas (2006)

て、エルニーニョの年にふたたび悲惨な餌不足を引き起こさないためのリスクヘッジの役割を果たすことが期待されている。

もう一つ、目の前の問題としても可能性としても非常に危惧されるのが、人間の活動によって島に持ち込まれる病原体や寄生虫だ。セントルイス大学のパトリシア・パーカー博士率いるチームとの共同研究によって、私たちは大きな成果を上げることができた。個々のペンギンたちの通常の健康状態のパラメーターを決定し、現状を査定することができたのだ。しかし2003年と2006年の間に採取されたペンギンの血液サンプルからプラスモデューム属の寄生虫が見つかったときは警戒態勢をとった。この寄生中は、病原性が非常に強い *Plasmodium relictum* 及び *Plasmodium elongatum* に酷似していた。*Plasmodium elongatum* は、飼育下のフンボルトペンギンに鳥マラリアの甚大な被害をもたらしたことで世界的に知られている。フンボルトペンギンはガラパゴスペンギンに最も近い種である。これら二種の既知の寄生虫がガラパゴスで発見されたことはなかったが、この発見は今もわれわれが答えを出そうと苦心している問いを発することになった。①この寄生虫は正確にはなんという種なのか？ ②他の二種とどれほど近い関係にあるのか？ ③ガラパゴスの環境では何が媒介者、宿主となるのか？ ④そしてこの寄生虫が病気を引き起こす条件は何か？ これまでのところ、私たちはこのプラスモデュームの媒介者を特定するに至っていないが、1980年代初めにガラパゴスに流入したネッタイイエカが最もそれらしい候補ではあり、ハワイではこの蚊が鳥マラリアを広めたという記録もある。

これらの問いを解明する試みの一環として、私たちは蚊を集めて分布パターンを調査してペンギンのプラスモデューム感染と関連があるか調べ、蚊が繁殖できる真水資源の位置をマッピングし、ペンギンと行動範囲の重なる他の鳥から採取した血液でテストを重ねることで、これらの鳥が寄生虫の宿主となりうるのかどうか検証している。とりあえずは、これらの寄生虫の発見とペンギンの死亡率が相関していないということ、そしてこの取り組みのために検査された500羽以上のペンギンのすべてが良い健康状態を保っていたことがわかって胸を撫で下ろすことができたとはいえ、私たちは、強力なエルニーニョの最中にペンギンが大量死することがあれば、それは食糧不足のストレスとプラスモデューム寄生虫の相乗効果によるものとなるだろう、と考えている。最近世界的脅威となっている西ナイルウイルスと鳥インフルエンザについても試験した結果、幸いなことにいまのところこれらの病気に罹っているガラパゴスペンギンはいなかった。これらの複雑なダイナミクスを理解するためには、ペンギンの健康状態を長期的にモニタリングすることが必要になるだろう。

さらに、これら主要なリスクだけでは飽き足らないと言わんばかりに、ペンギンは他の多くの問題に直面している。たとえば人間によって持ち込まれたネコやイヌが野生化するとペンギンの成鳥を襲うことが知られているし、ネズミは卵やヒナを奪う。またガラパゴス海洋保護区では刺し網漁は禁止されているものの、そのような漁具に絡まって溺死するペンギンがいるということは密漁者の存在をうかがわせるし、この問題がどれほどの規模なのかまだ把握しきれていない。観光業もまた環境に影響を与えている。訪問客の多い地域に住んでいるペンギンはたやすく人の目を引く。遊泳者や小さなボートが数メートルの距離まで近寄ることも多いが、先に述べたように、人間は病原菌の潜在的な運び手なので、ペンギンの生息地に立ち入ることは危険な行為なのだ。また、観光船の燃料需要が高まっていることも、致命的な石油流出事故の起こるリスクを恒常的なものにしている。

この数十年間、ガラパゴス国立公園では、島々から伝染病をもたらすネズミを締め出すなど、有害な外来脊椎動物と壮絶な戦いを繰り広げてきた。また、漁業活動を管理するために主要な海岸線に無数の禁漁地区を定め、観光客の立ち入れる場所をほんのいくつかのペンギンが見られる場所だけに制限してきた。2001年には鳥類の病気を調査するプログラムがチャールズ・ダーウィン財団とガラパゴス国立公園の協力のもと、セントルイス動物園とミズーリ大学セントルイス校で始まっている。

既存の検疫システムを最も厳格な形でガラパゴスに適用するのと同時に、エクアドル本土から来るのであれ島間移動であれすべての人的移動に対して燻蒸消毒を実施するといった従来の手続を徹底することが、島の生態系、そして最も絶滅が危惧されているペンギンを脅かす外国産の生物組織の流入を食い止めるための唯一の手立てなのだ。

このページ：ペンギンにとっての気候的限界に住み、定着性の高いガラパゴスペンギンにとって、エルニーニョと火山噴火は脅威となる。

ケープペンギン
——受難の歴史

ピーター・ライアン

ケープペンギンは
初めて西洋社会に知られることになったペンギンだ。
500年にわたる人間との付き合いは不幸な結果になっていて、
打てる手はいくつかしかない。

巣穴の外で休憩中の成鳥とヒナ。
（ボールダーズビーチ、南アフリカ）

ピーター・ライアンはケープタウン大学のアフリカ鳥類学パーシー・フィッツパトリック研究所で保全生物学のマスターコースを開講している。海鳥の生態と保全、鳥類の進化、漂着ごみ、島嶼保全・管理などについて研究。200以上の科学論文に加え、鳥類と南極海の島々に関する10冊の著書がある。
Percy FitzPatrick Institute of African Ornithology
University of Cape Town
Rondebosch 7701, South Africa
www.fitzpatrick.uct.ac.za

ジャッカス（雄ロバ）ペンギン、黒足ペンギンとしても知られるケープペンギンと人間との付き合いは長いが、とうてい幸福な関係とは言えない。1497年にバスコ・ダ・ガマのクルーに発見されるずっと前から、ケープペンギンは現地の狩猟採集民族に食べられてはいたが、繁殖地である島々にヨーロッパの船が到達すると、人間が及ぼすさまざまな影響によって500年間で元々の生息数の数パーセントにまで減少することになった。当初、主要な脅威となったのは直接的な略奪、グアノ採掘による繁殖地の減少、そしてウサギなどの外来種の導入だった。20世紀初めには数百万羽いたペンギンは、毎年10万個以上の卵が採集されたことによって、1950年代には15万つがい以下にまで激減した。すぐに保護措置がとられたが、状況は好転してはいない。現在でも石油の流出事故や食糧不足に見舞われ、ナミビア沖での餌場の消失と南アフリカ沖への移動が続いている。現在の生息数はわずか2万5000つがいで、そのうち8割が南アフリカにいる。

私は大学生だった1980年代、特別にローリー・ウィルソンのもとで調査助手を務めさせてもらった時に初めて実際にペンギンと関わり、その後、博士課程のときにパーシー・フィッツパトリック研究所でケープペンギンの採餌生態について学んだ。疲れを知らないローリーの情熱のおかげで、毎日が冒険のような日々だった。その後はジョン・クーパーの勧めで、ケープペンギンの幼鳥に独特な現象である頭部の換羽について研究して一夏を過ごした。私は観察と実験の両方のアプローチを組み合わせ、成鳥たちは未成熟な羽毛を持つ若鳥を差別的に扱うということを突き止めた。換羽の最初に大人の頭部模様になることは、おそらく若鳥にとって有利に働いている。それによって成鳥のグループに加わって餌を採ることが可能になるからだ。これはスフェニスカス属のペンギンの成鳥の羽毛（と群集性の魚を食べる他の捕食動物）がいかにベイトボール［イワシなどの魚が捕食者から身を守るために形成する球形群］の形成を促し、それによって採餌効率を高めているかに関するローリーの研究成果とも合致している。

1980年代初頭、ダイアー島の環境があまりにひどくなり、若鳥たちが新たな繁殖場所を他に求めたことで、ケープペンギンの3つの新しいコロニーが生まれた。1985年にはケープ半島南部の海沿いにある閑静な住宅地ボールダーズで1組のつがいが繁殖に成功した。まもなく他のペンギンたちが合流して数が増えると、騒々しい鳴き声、鼻をつく糞の匂い、ペンギンたちに惹かれてやってくる観光客の増加に対し、憤りの声を上げる住民もいた。もっと自然に近い環境にコロニーを移設すべきだという意見もあったが、ボールダーにコロニーができた理由は、まさに人間の住宅地が陸地の捕食動物からの防御壁となっているからだった。結局、近隣の住民に迷惑がかからないようコロニーを管理するということしか、解決策はなかった。

1990年代は南アフリカのペンギンたちにとっては比較的良い時代だった。数年にわたってカタクチイワシとマイワシの数がきわめて順調に回復し、観測開始以降初めてペンギンの個体数が増加した。しかしこの快挙も束の間、二度の破滅的な石油流出事故という試練が待ち受けていた。1994年のアポロ・シー号の沈没によって1万羽、2000年のトレジャー号の事故で1万9000羽のペンギンが油まみれになった。このとき、まだ油の影響を受けていない1万9500羽余りのペンギンがダッセン島、ロベン島からから救助され、1000km離れたポート・エリザベスに運ばれた。このペンギンたちがどうなるのか先行きは不確かなままだったが、ロブ・クローフォードとレス・アンダーヒ

ボールダーズビーチの午後、少し内陸にあるコロニーのヒナに餌をやるために浜に戻ってきた親鳥たち。

ルは3羽のペンギンにGPS装置をつけ、ペンギンたちが故郷に泳いで帰るのを世界中がオンラインで見られるようにした。ペンギンが帰りつくまでには11日から17日がかかったが、これは清掃作業を進めるには十分な日数だった。そのためにどれだけ多くの一般の人が集まったかは特筆に値する。普段は無関心な人々でさえ、ケープタウンの真ん中に設営された巨大な臨時リハビリセンターでペンギンの洗浄や餌やりをしている間に負った切り傷やあざを通勤電車の中で比べ合っていた。しかし、リハビリ治療を受けたペンギンたちに関するアントン・ウォルファートの詳細な研究によると、すぐに治療を受けたほとんどのペンギンが生き延びたとはいえ、長期的な繁殖能力については低下したままだという。

　残念ながら1990年代の繁栄は続かなかった。2000年には群集性の小魚の生息域の拠点が、従来の南アフリカ西岸から南岸のアガラスバンクに移ってしまった。環境の変化がこの移動を引き起こしたが、漁港や水産品加工工場が集中する西岸で漁業がより盛んになっていたことも事態を悪化させたと思われる。西岸地域のペンギンの頭数が壊滅的となったいっぽう、南岸には繁殖に適した島がなかった。局地的な魚の減少によって、ペンギンの採餌生態にふたたび目が向けられることにもなった。興味深い発見の一つは、多くのミズナギドリ科の鳥と同様にペンギンもまた、植物性プランクトンが細胞が損壊したときに放出するジメチルスルフィド（DMS）に反応しているということだ。ケープペンギンがDMSに引きつけられるのは、植物性プランクトンが動物性プランクトンやイワシに捕食されている場所をDMSが示しているからだろう。

　フランス国立科学研究センターのダヴィッド・グルミエと、特待生サマンサ・ピーターセンとの共同研究において、2003年、私たちはGPSと深度ロガーを用いてケープペンギンの詳細な採餌経路と潜水データを初めて取得することができた。ポスドクのロリアン・ピシュグリュがこれらの技術を用いて、漁業における海域マネジメントによってケープペンギンの個体数を回復できるかどうか実験した。環境問題省のロブ・クローフォードは交渉を重ねて、ペンギンが繁殖する2つの主要な島の20km以内を実験的禁漁地域とすることに成功した。ロリアンはセントクロワ島での親鳥の採餌行動とヒナの成長率について禁漁措置の前後で比較し、バード島近くのデータを対照群として利用した。当初の結果は勇気づけられるものだった。禁漁措置が敷かれた2009年、セントクロワ島から来たペンギンたちは、前年よりも島に近い場所で採餌していた。バード島の対照群の採餌行動には変化がなかった。

　しかし、これに続く観測によると、これらのコロニーの個体数減少を食い止めるのには島から20kmの禁漁区域では十分でないことが明らかになった。セントクロワ島付近の禁漁措置は2010年まで続いたが、ペンギンの採餌実績は伸び悩み、成鳥の体格とヒナの成長率は悪化した。

　採餌行動とそれへの魚の対応についてさらなる情報が必要ではあるが、繁殖地のある島々の周りにはより広い禁漁水域が必要だというのが妥当な見方に思える。減りつつあるペンギンの個体数を支えるもう一つの方法は、現在餌が集中している南海岸に新しいペンギンのコロニーを設けることである。鳥類保護団体のバードライフ南アフリカでは、ペンギンの生息に適した岬から捕食者を駆逐できないかと可能性を探っている。だがケープペンギンが直面している問題は餌の不足だけではない。数が減少するにつれ他の動物による捕食の影響はさらに深刻になっている。また酷暑によって多くの成鳥が巣を放棄し、繁殖に失敗している。気候変動が進むにつれ、この問題は悪化すると思われる。結局のところ、ケープペンギンの長期的な保護には、繁殖地と沖合の餌場の両方を入念に管理することが不可欠になるだろう。

上：海辺の住宅地開発によって陸生捕食者が寄りつかず安全に営巣できるため、最近できたこのボールダーズビーチのコロニーは繁栄している。従来のコロニーより餌場にも近い。
下：花崗岩の岩を上って巣へと向かう親鳥たち。

人間とともに生きる
マゼランペンギン

P. ディー・ボースマ

アルゼンチンのプンタトンボでの
30年にわたる研究によって、
パタゴニア沿岸での
マゼランペンギンの波瀾の歴史の全貌が見えてきた。

P・ディー・ボースマ博士はガラパゴス諸島でペンギンに関する研究を始めた。無人のフェルナンディナ島に1年以上住み込んだこともある。30年間、学生たちとともにアルゼンチンのプンタトンボでマゼランペンギンを研究している。
Wadsworth Endowed Chair in Conservation Science Department of Biology,
University of Washington,
Seattle, WA 98195-1800, USA
boersma@u.washington.edu

近くを通る観光客にも慣れっこ。とても目立つマゼランペンギンたちの愛くるしい求愛の仕草は、アルゼンチンのプンタトンボに毎年10万人以上やってくる観光客を魅了し、死体よりも生きたペンギンのほうがはるかに価値があることを証明している。

　私が初めて野生のペンギンに出会ったのは、ガラパゴス諸島フェルナンディナ島の夜のことだった。あたりは漆黒の闇。低い「ハァァァ」という声が空気を引き裂いた。私は海のほう、声のするほうを振り返った。ふたたび「ハァァァ」という声がしたが、暗くて声の主の姿は見えなかった。翌朝、海岸で羽づくろいしながら一休みしている1羽のペンギンを見た。そして私は恋に落ちた。

　40年以上の歳月をペンギン研究に費やしてきたが、彼らに何ができて、生き延びるために何を必要としていて、いま群れに何が起こっているのか、私はいまだその実態に迫れた気がしない。私は1982年から、アルゼンチンのパタゴニア沿岸にあるプンタトンボのマゼランペンギンを研究している。研究を始めた当初、日本の企業がマゼランペンギンを捕獲して高級なゴルフグローブのための皮革、タンパク質、脂肪などを採取しようと計画していた。私はニューヨークに本拠を置く野生生物保護協会（WCS）、チュブ州観光局、アルゼンチン政府、地元の地主といった面々とチームを作り、すでに観光の強力な呼び物となっているペンギンたちを破滅させるようなビジネスが行われないよう必要なデータを集めた。

　それ以来、ペンギンたちはその加工品よりもはるかに価値があることを証明してきた。2007年から2008年にかけてのシーズンには、12万人がペンギンを見にプンタトンボを訪れた。次の課題は、人とペンギンが互いの関係からともに恩恵を受けられるようにすることだ。ありとあらゆる観光スタイルを精査したことで、私たちは観光政策における持続可能なモデルを見つけることができた。すなわち訪問者を積極的に管理すること、教育的体験を提供すること、ペンギン保護のための資金をつくること、そして保護に携わる職を地元につくることだ。

　プンタトンボはマゼランペンギンの世界最大の繁殖コロニーのひとつだが、それが南アメリカ大陸にあるのは、牧羊業がこの土地の陸生捕食者を駆逐したからである。われわれの調べでは、マゼランペンギンが最も深く水に潜った記録は91mだが、通常は30m付近までしか潜らない。彼らの寿命は30年を超えることもあり、16年間も同じパートナーと連れ添って繁殖したつがいも1組あった。

　衛星による追跡で得られた典型的なペンギンの採餌旅行のパターンはこうだ。まず、コロニーを出発した直後にくねくねと蛇行し、それからコロニーから最も遠いところで餌を取り、それが終わるとコロニーに急いで帰る。1日の移動距離は173kmにも及ぶ。巣に戻るペンギンは昼でも夜でもおよそ時速7kmを維持して泳ぐ。

　マゼランペンギンは穴を掘って巣を作ることを好むが、巣穴は暴風雨で崩壊することがある。私も一度、生き埋めになったペンギンを2日がかりで救助したことがある。そのペンギンは発見したときには体がカチカチに強張っていたが、海に戻してやって数分すると、体を伸ばして泳ぎ去っていった。

　マゼランペンギンは、食物が豊富に採れる時には2羽のヒナを60日ほどで巣立ちまで育てることができるが、食物が不足していると2倍の日数がかかったり、途中でヒナが餓死してしまったりする。プンタトンボでは非常に恵まれた繁殖シーズンにはそれぞれの巣からおよそ1羽のヒナが巣立つが、たいていの年では平均して2つの巣から1羽弱が巣立つ計算になる。いっぽう、餌が比較的豊富なフォークランド諸島では、繁殖成功率はもっと高く、多くの巣から2羽のヒナが巣立つ。

　個体識別バンドに基づく記録によると、マゼランペンギンは他のペンギンを含むあらゆる鳥の中で、空を飛ばずに最も遠くまで渡りをする鳥で、その距離は毎年数千kmに及ぶ。マゼラン海峡、フォークランド諸島、パタゴニアの大西洋岸にある繁殖地を出発したペンギンたちは餌を追いながら勝手知ったる海の道を北へ向かう。ペンギンが追うのは主にカタクチイワシの群れだが、ときにイカや、タラ科のメルルーサ類のこともある。私たちがプンタトンボで識別バンドを付けたペンギンたちは、冬にはリオデジャネイロの先まで北上している。バンドを付けたときにはまだ1歳だった若い1羽のペンギンは、チリ人の学生によってマゼラン海峡の島で成鳥の姿で発見された。

　マゼランペンギンには社会性があり、お互いの鳴き

声を聞き分けている。私が観察していると、巣に戻ってきてヒナがいないことに気づいた親鳥がロバのような声で鳴くと、餌を求めてヒナが巣に駆け戻ってきた。そこで私たちは親鳥の鳴き声を録音し、巣の前で流したところ、ヒナたちは巣から駆けだしてきてスピーカーにおねだりを始めた。他の親鳥の声でも試してみると、ヒナたちはまったく反応せず、巣で眠りこけたままだった。成鳥たちも同様にパートナーやヒナの声を聞き分けている。

マゼランペンギンの脅威となっているのは、気象変動、漁業における混獲［漁具にかかってしまうこと。漁網にペンギンがかかってしまうことが多い］、漁師たちとの魚獲得競争、石油汚染、有毒藻類の大発生、管理の行き届いていない観光客などだ。30年の研究を通して、私たちはマゼランペンギンの保全問題に光を当てようと努力を続けてきた。1980年代、私と学生たちが見つけた衰弱したペンギンのうち、年によっては80％近くが、石油で羽根が汚染されていた状態だった。私たちの見積りでは年間に4万2000羽が死亡していると見られた。その後の10年で情報が収集・蓄積され、政府の公聴会が開かれ、一般からの抗議の声が高まった結果、1997年にはタンカーの航路が40km沖合に変更された。海浜での調査によると、この決定がなされてからは死んだペンギンのうち、石油の害に遭っていたものは5％以下になった。石油汚染はチュブ州ではさほど問題ではなくなったが、アルゼンチン北部からブラジルにかけての海域ではいまだ深刻だ。

地域によってばらつきがあって定量化することが難しいが、漁業が与える影響も甚大だ。たとえばペンギンの食餌組成と、パタゴニア北部やフォークランド諸島などの商業漁業の品目は重なっており、毎年数百羽のペンギンがブラジル漁船の刺し網やトロール網にかかって死んでいることが知られている。

私たちは繁殖能力のある成鳥に衛星追跡式の発信器をつけることで気候変化の影響も記録してきた。いまのペンギンたちは10年前と比べると約40km遠くまで旅をしている。つがいの片方が遠くまで泳がなければならないとき、巣で待つパートナーはその分飢えて体重が落ちる。ゆえに両者のエネルギーコストは増大し、ヒナを育て上げることがより難しくなる。

また、有毒な藻類の大量発生も増えつつある。2000年、われわれは識別タグをつけたマゼランペンギンの成鳥の12羽を失った。ある18歳のオスのペンギンは、パートナーが帰ってきたので海に向かったところまでは目撃されていた。痩せてはいたが健康状態は良好な個体だ。彼は浜辺から約150kmのところ、有毒藻類が繁茂している付近で消息を絶った。私たちは1回の大量発生で約1万羽のペンギンが死亡したと推定している。

マゼランペンギンの一生が安逸なものになる兆しはまったくない。マゼランペンギンが生き延び、繁栄できるように、人間は自らを管理することができるだろうか。彼らの運命は私たち一人一人にかかっている。世界中にはグローバル・ペンギン協会のような組織がたくさんあり、ペンギンを救うための仕事には私たちも喜んで協力している。

左：餌をたくさん与えられ、よく育っているヒナたち。
右：新たに到着した群れが流れを泳いで遡っている。（セノ・オトウェイ、チリ）

硬い氷河堆積土のあちこちに巣穴があいている。（カボ・ドス・バヒアス、アルゼンチン）

ミナミイワトビペンギン激減の謎
デイヴィッド・トンプソン

ペンギンの羽根に含まれる安定同位体比を分析するという新しい手法により、ミナミイワトビペンギンに影響を及ぼしている海の生産力の低下について、興味深い情報が得られた。

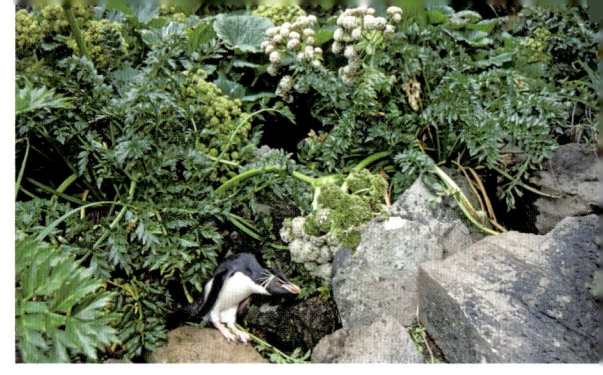

デイヴィッド・トンプソン博士はニュージーランドのウェリントンにある国立水質大気調査研究所の海鳥生物学者であり、1998年から亜南極の生物や島について研究している。1990年代前半、グラスゴー大学にいる頃に安定同位体比分析を海鳥研究に適用することへの関心を深め、現在はキャンベル島での海鳥調査に注力している。
National Institute of Water and Atmospheric Research Ltd.
301 Evans Bay Parade Hataitai, Wellington, New Zealand
d.thompson@niwa.co.nz

植物の下に隠れた小さなコロニー。(オークランド島東岸)

もうずいぶん前のことだがスコットランドのグラスゴーでの学生時代、雨が降りしきる寒くて薄暗い午後に他の大学院生たちと語らっているとよく、南極海の素晴らしい海鳥コロニーを見に行ければいいのにという話になった。スコットランドにも多くの美しい海鳥たちが住んでいることは言うまでもないが、キャリアに足を踏み出したばかりの感受性の強い若き研究者たちにとっては、はるか南方にある巨大なペンギンコロニーのほうが、より魅力的に思えたのだ。それからほんの数年後、私はキャンベル島を歩いて横断し、いみじくもペンギン・ベイと呼ばれる場所に向かっていた。夢がかなったのである。一つだけ夢と大きく違っているのは、そこがもはや、かつてのような膨大な数のミナミイワトビペンギンがいるコロニーではないということだ。

キャンベル島はニュージーランドの亜南極諸島の最南端に位置する、ミナミイワトビペンギンの3つの繁殖地のうちの1つ（あとの2つはキャンベル島の北西にあるオークランド島と、北東にあるアンティポデス島）だ。だがミナミイワトビペンギンに関してキャンベル島が他の亜南極の島々と決定的に違うところは、あらゆるペンギン、あらゆる海生捕食生物においても例がない大規模かつ急激な繁殖可能個体の減少が起こった証拠があるということだ。1940年に160万羽いたミナミイワトビペンギンは、1980年には10万羽にまで減ってしまった。なんと94％の減少である。

ペンギン・ベイを見下ろす崖からの眺めは、営巣中のペンギンたちのどこまでも続くカーペット、というわけにはいかなかった。空白地帯で分断されたような、あるいは孤立しているようなサブコロニーがあるだけである。だが、どこに巨大なコロニーが広がっていたのかは容易に見て取れる。回復しつつある植物が岩場を覆いつくそうとしているところがそうだ。興味深いことに、同様の規模で個体数が減ったのは南極海南部にあるイワトビペンギンのコロニーにおいてのみであって、

指数関数的に個体数が減るつれ、コロニーは捕食者に対してより脆弱になっている。

巣立ち間近のヒナは親鳥が運べないほどの量の餌をねだる。

インド洋南部のコロニーでは個体の減少はより緩やかだった。この数十年の間に、この地で何かが起こったのは疑うべくもない。問題は、それが何か、である。

フィル・ムーアズがキャンベル島におけるミナミイワトビペンギンの減少を初めて報告したのは1986年のことだ。ムーアズはのちにダンカン・カニンガムとともに、海水温の変化が関係しているのではないかと指摘し、海水温の上昇とペンギンの個体数減少の相関関係を示した。彼らは、キャンベル島の夏の平均海水温度が1940年代後半から50年代にかけて上がり始め、60年代半ばには下がり、70年代を通してまた上昇していることを発見した。面白いのは、1960年代の低温期と並行してペンギンの数がわずかに回復していることだ。ムーアズとカニンガムは、海水温の変化がペンギンの餌の量、分布、獲りやすさに影響したのではないかと推測している。また、重要なのは、人間やヒツジが及ぼす影響やネコやネズミによる捕食（当時はまだ野生化したこれら3種の動物が島にいた）といった陸地の要素、あるいは鳥類特有の病気がこのペンギンの減少に関与している証拠はほとんど、もしくはまったくない、と彼らが結論づけていることだ。また、ニュージーランド海域の商業漁業の影響でペンギンの大量死が起こったという記録もひとつもないので、現在では、これも個体数激減の原因の候補から排除することができる。

状況をより詳しく調べ、カニンガムとムーアの発見を検証するために、私はジェフ・ヒルトンに連絡を

取った。彼はグラスゴー大学の研究者で、かつて南極行きのアイデアを共に語り合った一人だ。当時ジェフは南大西洋の海鳥について研究しているところで、2003年私たちは一緒に、できるだけ多くのイワトビペンギンの羽根を（現在のものも化石も）採集して分析してみようという計画を練った。この作業では、遠隔地に生息する生体から羽根を採取するだけでなく、世界中の博物館に当たり、保管されている標本から幅広いサンプルを入手しなくてはならない。幸いなことに、各地でイワトビペンギンの現地調査に当たっている研究者たちも、学芸員たちも快く協力してくれた。

次はこれらの羽根に含まれる炭素と窒素の安定同位体比を測定しなくてはならない。安定同位体とは同じ元素でも原子核の中性子数が異なっているもののことで、時間とともに性質が変化しないもののことをいう。たとえば炭素13は、より豊富に存在している炭素12と比べて中性子が一つ多い。ペンギンは各繁殖期の終わりに、新しい羽根一式を比較的短い時間に生成する。換羽中はずっと陸にいなくてはいけないので、その前に海で大量に餌を食べる。私たちが測定した安定同位体比はこの大食いの期間に食べたものを反映していて、その採餌場所の海の生産力をはじめとする、ペンギンの食餌に関する情報が含まれているのだ。これは、生成されるタンパク質（この場合は羽根）の中の安定同位体比が、餌の中のそれを反映しているからであり、食物連鎖の最下部にいる植物プランクトンにおける炭素の同位体比はある程度植物プランクトンの細胞の成長率に依存しているからである。細胞の成長率あるいは生産力が高まれば、炭素同位体の割合が高くなるのである。この情報は食物連鎖の上位にいるペンギンに伝達される。約150年分の羽根を時系列に沿って分析していくことによって、われわれはイワトビペンギンの食事内容が時間とともに変わっているのかどうか、そしてペンギンの個体数変動の傾向と関連づけられるような海の生産力の変化があったのかどうかを調べた。

結果は、全体としては、20世紀を通じて海の生産性が減少しているという仮説を支持するものだった。一言でいうと、過去において海はもっと生産的で、より多くのペンギンを支えることができたのだ。この傾向は、ニュージーランド近辺ではアンティポデス島のミナミイワトビペンギンにとって特に強烈だった。アンティポデス島での長期の個体数データはキャンベル島のものほど揃っているとはいえないが、ここ数十年のうちに顕著な減少があったことは間違いないだろう。残念ながら、キャンベル島産の羽根の過去のサンプルが少なかったために、この島については結論を出すことができなかった。とはいえ、アンティポデス島とキャンベル島が比較的近接しており（約740 km）、同じ亜南極の海水を共有しているという事情に照らせば、双方のイワトビペンギンは似たような海の状態を経験したと考えるのが妥当だ。

上：一斉に波に乗って上陸しようとしている群れ。（キャンベル島）
下：ペンギン・ベイと呼ばれるこのコロニーは、かつては斜面全体を覆うほど巨大だったが、現在は縮小してまだらに存在しているだけだ。1940～80年代の40年で、キャンベル島の個体数は160万羽から10万羽まで94%も減少した。

海の生産力の変化がミナミイワトビペンギンの個体数減少に直結していると結論づけられる一方で、南極海の海洋学的気候の長期的なサイクルがこの傾向にこれからも変化をもたらしうるともいえる。私たちは、気候、海水の鉛直構造を攪拌するもの（たとえば風の力）を含む海洋学的要素、そして海の生産力との間のきわめて複雑な結びつきをなんとか解き始めたにすぎない。また、これらの体系が人間の引き起こす世界の気候変動によってかき乱されてきた可能性を考え合わせると、南極海の自然な長期的変化を特定する作業はより困難なものとなる。

2010年、私はキャンベル島の長期調査に取りかかった。目的はミナミイワトビペンギンの窮状をあらためて明らかにすることだ。80年代まで測定されていたペンギンの個体数減少が現在も続いているらしいという事例証拠があるからだ。私たちの調査では、繁殖成功率、成鳥と幼鳥の生存率、夏の繁殖期と冬の海にいる時期両方の採餌場所などの仔細なデータを記録するつもりだ。この謎多き鳥のニュージーランドでの個体数が南極海の状況の変動を反映していることは明らかだ。ミナミイワトビペンギンの個体数を動かすキーファクターとそのプロセスを突き止めて理解し、人間由来の影響の蓄積を最小限に抑えることが、これからの課題となる。

トリスタンダクーニャで起きた
キタイワトビペンギンの悲劇

コンラッド・グラス

ナイチンゲール島での貨物船オリバ号座礁事故に伴う
石油流出のきわめて詳細なレポート。
トリスタンダクーニャ島の警部の手記。

コンラッド・グラスは妻シャロンと息子レオンとともにトリスタンダクーニャに住む現地警察の警部。1961年の火山爆発の年に生まれ、家族とともに避難を余儀なくされたが、他の人々同様2年後に帰島することができた。島の評議会で島民総代（チーフ・アイランダー）に選出され、2007年から2010年までの任期を果たした。2010年には自治体への功績が認められ大英帝国五等勲爵士の称号を授与されている。彼の著書『イワトビ刑事（*Rockhopper Copper*）』にはその半生とトリスタンの人々との日々が綴られている。
Edinburgh of the Seven Seas Tristan da Cunha Island South Atlantic
conrad.glass@gmail.com

警官というものは自分の手帳から文言を引用するのが大好きで、その姿が風刺されることも多い。私の書いた本が出版されたとき、ここトリスタンダクーニャ島で私がその書名と同じ「イワトビ刑事」の名で呼ばれたのはやむをえない。実際のところ、私はその本の中で自分の手帳に記したパトロール記録からかなりの分量を引用している。この世界で最も孤立した有人島では、ときに安全を守るべき相手が喧嘩っ早いキタイワトビペンギンだったりもする。

2011年3月16日水曜日はまさにそんな日で、私の手帳にはこれほど劇的な記録が記された日はない。その日、気づいた時には空は灰色にかき曇り、風速30ノットの北西の風が吹き、荒れ模様の海では砕波が発生しつつあった。

午前8時15分、トリスタン・ラジオのアンディ・レペットから、ナイチンゲール島の西岸にあるスピンターズ岬で一隻の貨物船が座礁したと通報があった。4時間前、トリスタンの一般的な漁船MFVエジンバラ号が、MVオリバ号から遭難信号を受け取った。エジンバラ号の船長クラレンス・オクトーヴァーは、オリバ号が座礁して右舷側に傾いており、船首が海岸から50mのところにあると報告している。

ナイチンゲール島はトリスタン島の南西40kmにある、丈の高いタソックグラスに覆われた小島で、数万羽のイワトビペンギンのほか、ミズナギドリ、キバナアホウドリ、オットセイの繁殖地でもある。ナイチンゲール島の14.5km西にはもう一つ小さな島があり、ぐるりを断崖に囲まれていることからイナクセシブル島（「近づけない島」の意）と呼ばれている。これら3つの島には絶滅危惧種であるキタイワトビペンギンの65%が生息している。座礁したオリバ号は7万5300トンの大型貨物船で、大豆を満載してブラジルのサントスからシンガポールへ向かっていた。

通報の電話を受けてからの数週間に起こった一連の出来事を記載した手帳は数冊分にのぼる。事態が収束するまでの間、エジンバラ号とその乗組員たちは懸命に働いた。また、通りかかった巡航船プリンス・アルバート2世号はオリバ号の乗組員の救助を手伝い、スミット・アマンダ号とシンガポール号のタグボート2隻はケープタウンから折々にダイバーや、造船技師、環境アドバイザー、石油に汚染された海鳥を救助するための特殊な道具とその専門家を運んできた。ロシアのイヴァン・パッパニン号はヘリコプターと発電プラント、海岸の重油を除去する装置を持ってきた。

いっぽう、手つかずの自然が残るナイチンゲール島に船のネズミが侵入してしまうのではないかという重大な危惧があったため、自然保護漁業省のトップであるトレヴァー・グラスとジェイムズ・グラスの最初の決断の一つとして、天候が回復したら速やかにスピナーズ岬の周りにネズミ取りの罠と毒餌を設置することになった。それよりもはるかに差し迫っていたのは、船舶用燃料であるバンカー重油（B重油）の流出が避けられないという事態だった。1年のまさにこの時期、大半のペンギンは年に1度の換羽と3週間もの陸での絶食生活を終えて、痩せた体で海に向かおうとしていた。

24時間後、エジンバラ号は最初の重油流出の徴候を伝えた。翌日、ナイチンゲール島の光景は目を覆わんばかりだった。油が13km沖に広がり、いまにも島を取り囲まんとしていたのだ。海面の油は、薄い膜や小さな球状のものからもっと大きなタールの塊までさまざまで、どこそこでディーゼルエンジンのような匂いがしていた。トレヴァー・グラス、鳥類保護王立協会のプロジェクト担当官ケイトリン・ヘリアンの助言のもと、島の管理官ショーン・バーンズは、油にまみれたペンギンをトリスタン島で治療するための保護チームをナイチンゲール島とイナクセシブル島に置く

ナイチンゲール島で座礁したオリバ号。エジンバラ号が見守っている。

ことにした。これはとても骨の折れる仕事だった。暴れるペンギンを一時的なケージに追い立て、餌をやり、天候の許す日にエジンバラ号で移送するためのダンボール箱に入れなくてはならない。3月23日水曜日には最初の19羽が到着し、最終的にはのべ3718羽を捕獲した。最後の1羽は4月10日に到着した。

救助活動が始まってからの5日間に、私たちは治療が必要な1614羽のペンギンを保護した。最優先だったのは弱った個体の脱水症状を緩和する作業で、大きな注射筒（シリンジ）のついたチューブを通して電解質を補給した。洗浄を始める前にペンギンの状態を安定させなくてはならないのだ。また、個々のペンギンは1日200gの生魚を食べるのだが、これは毎日300kg以上の魚を用意しなくてはならないことを意味した。

これらの作業には保護チームだけでなく、より多くの人々の助けが必要だ。トレヴァーはボランティアを募集し、島民たちは一丸となってそれに応えた。年金受給者、事務員、機械工、電気技師、漁師、労働者、教師、看護師、獣医、自治体の各部局のリーダーなど、全員が手伝ったのだ。彼らはペンギンを捕獲し、洗浄し、餌を与え、ケージを組み立て、洗浄設備や保温のための電気機器を準備し、魚を捕りに行き、ペンギンが食べやすいようその魚を角切りにした。実際、非常に多くの人が協力を申し出たので、政府職員の間では1日交代で働いたり勤務時間外に参加したりする当番制を敷いて、通常の水産業と行政業務が滞らないようにした。公共事業省の運輸部門の建物はリハビリ病院となり、警察署はプロジェクトのための資材置場となった。もっと場所が必要になってきたので、公共のスイミングプールがペンギンの水浴び場にされた。

チームのメンバーは小さな平底漁船に5人ずつ乗り、どんな天候の日もペンギンのために魚釣りに向かった。海があまりに荒れて船が出せない日は、男たちは釣り竿をもって波止場や浜辺に出かけた。

ペンギンの洗浄作業では、まず植物油を羽根の隅々まで塗りつけて重油を緩くし、目からも丁寧に油を取り除く。ここから本格的な洗浄が始まる。島民たちが2人1組になってペンギンの体にマイルドな液体石鹸をなじませ、爪や歯ブラシで優しく、かつ力を入れてこすっていく。それから細かいジェット水流ですすぐ。

綺麗になったら、ペンギンを真っさらなタオルにくるんで乾かし、清潔で温かいケージの中に入れて餌を与える。次の日は、浜に設置された別の小さな海水プールつきの広場に移し、違う色の輪ゴムで識別タグが翼につけられる。そこで自然に戻されるまでの間、少なくとも体重が2kgになるまで餌を与えられる。

4月3日、24羽の最初の健康なグループが自然に戻された。2日後、タグボートのシンガポール号が、より豊富な装備と南アフリカ沿岸鳥類保護財団（SANCCOB）のチームとともに到着した。石油に汚染されたペンギンの救護に関して経験豊富な彼らは、島民を支援するためにより多くの設備を整えた。

7月21日、最後の180羽が放たれ、これで自然に戻されたペンギンは累計381羽となった。数週間は港付近をうろうろし、餌をもらえることを期待して陸に上がるペンギンもいた。しかし、全員の尽力にもかかわらず、リハビリ病院に運び込まれた3718羽のペンギンのうち3337羽が死んでしまった。生存率は11%、これが悲しい現実だ。1000羽以上の油に汚れていないペンギンがイナクセシブル島に保護されていて、油が海岸から消え去ったときに放されたが、うかがいしれぬほどの数のペンギンたちが島から離れた海域で死んだことは間違いない。

とはいえ、事故から1年が経って、ペンギン個体数の回復の見込みについては、注意が必要ながらも希望が見えてきた。冬の嵐が海面の油を消散させ、巣に戻ってきたイワトビペンギンの最近の健康調査でも良い数字が得られている。だが海洋生態系への影響というものは複雑かつ油断がならないもので、この大惨事全体の影響を集計できるようになるまでには、まだ長い時間がかかるかもしれない。トリスタン経済の基幹産業はロブスター漁なので、漁業基盤への影響も当面の心配事として残っている。トリスタン政府、漁業利害関係者、オリバ号のオーナーおよび保険会社の三者は、環境と経済への隠れた影響や、すべてを前向きに進める最善の方法をめぐって、現在も話し合いを続けている。

オリバ号座礁事故の惨状と、ペンギン救護の様子。写真は島民や関係者によるもの。
PHOTOS COURTESY WWW.TRISTANDC.COM

トリスタンダクーニャで起きたキタイワトビペンギンの悲劇　195

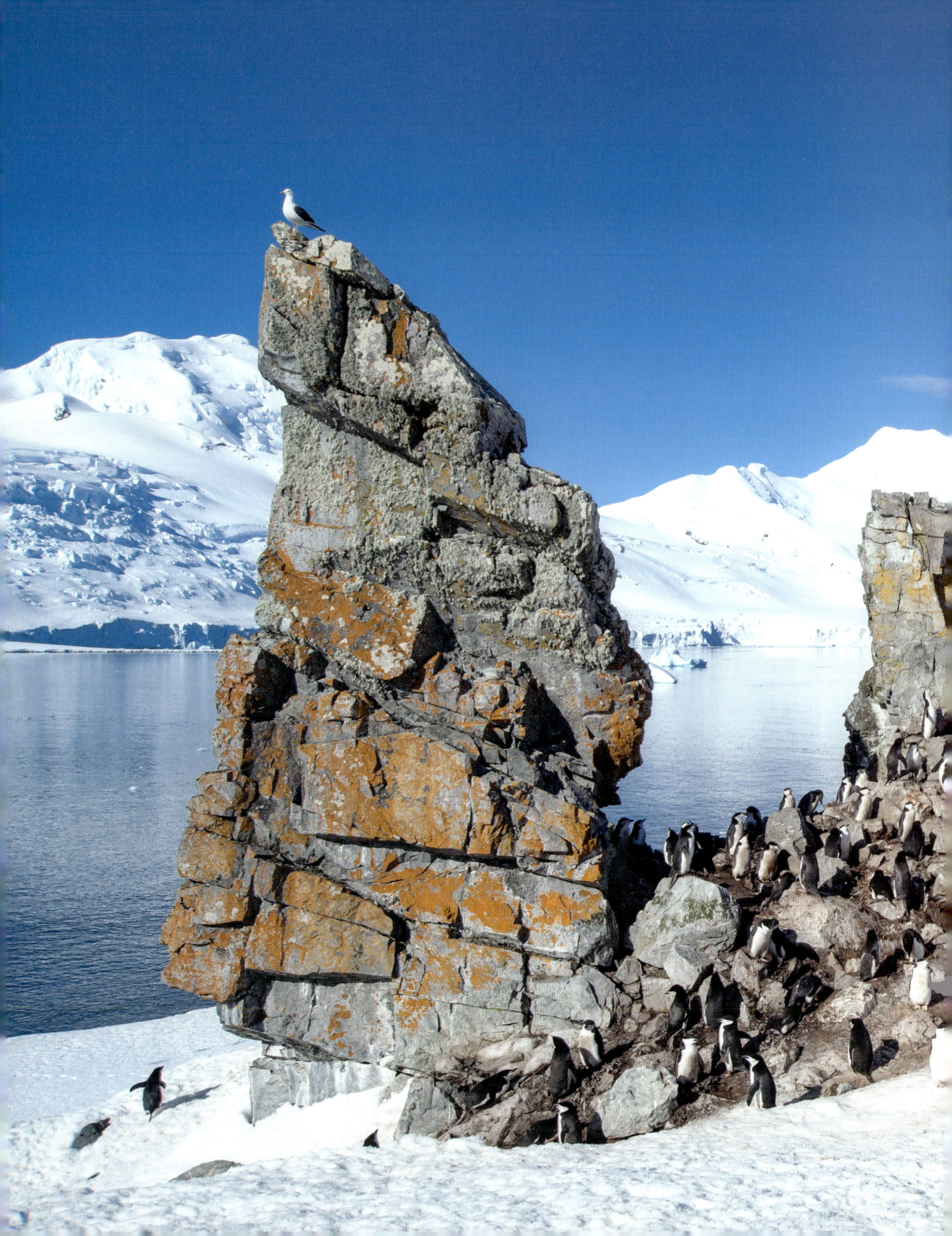

③
それぞれのペンギンの物語
―― 最新ペンギン・データ

ジュリー・コーンスウェイト

世界のペンギン18種

キングペンギン　　　　　　　エンペラーペンギン　　　　　キタイワトビペンギン

ヒゲペンギン　　　　　　　　ジェンツーペンギン　　　　　アデリーペンギン

マゼランペンギン　　　　　　フンボルトペンギン　　　　　ガラパゴスペンギン

3　それぞれのペンギンの物語

ミナミイワトビペンギン	 ロイヤルペンギン	 マカロニペンギン
 シュレーターペンギン	 フィヨルドランドペンギン	 スネアーズペンギン
 ケープペンギン	 キガシラペンギン	 コガタペンギン

世界のペンギン18種　199

驚くべきペンギンの事実

▶ 体の特徴

最速のペンギン（ジェンツーペンギン）
最も泳ぎが速いのはジェンツーペンギン。最高時速は36kmにも達する。ポーポイジングと呼ばれるイルカのような泳ぎ方で、勢いよく海面から飛び出して息継ぎをしながら高速で泳ぐ。

オスとメス（キングペンギン）
わずかな例外を除いて体色や模様に性差はないが、オス（写真右）はメスよりも背が高く体重も多い。

くわえたら離さない（ジェンツーペンギン）
ペンギンのくちばしの内側、舌、喉の上部には、柔らかい棘が後ろ向きにぎっしり生えている。水の中で滑りやすい獲物を、重力に頼らずしっかりとくわえて飲み込むためだ。

ひれ足（フリッパー）のような翼（キングペンギン）
ペンギンの翼は他の鳥と同じ骨格構造をしているが、平板な骨どうしがほぼ固定されていて、滑らかで硬いパドルのような形状をしているため、抵抗の大きい水中を高速で進むのに適している。

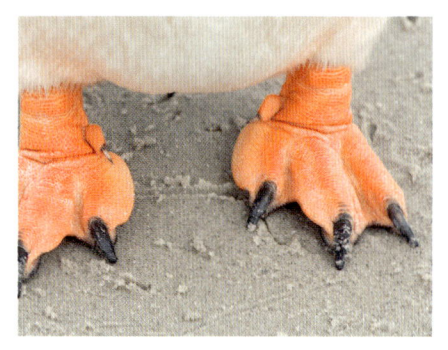

2つの役割を持つ足（ジェンツーペンギン）
ペンギンの足はたくましくて万能だ。鱗で覆われ、地面をつかむ鋭い爪が生えており、氷や泥で滑りやすい場所も、急な岩場も、安全に移動することができる。泳ぐときには、水かきと縁のついた幅広の足がオールの役割を果たす。

羽毛の生えたくちばし（アデリーペンギン）
ペンギンのくちばしは力が強く、流線形で、上下のくちばしの連結が緩いので餌を器用に扱える。アデリーペンギンなど寒さに最も適応した種では、断熱のために下くちばしの中程まで羽毛が生えている。

水中飛行（アデリーペンギン）
カモや鵜など潜水する他の鳥と違い、ペンギンは翼を動かして水中を進み、足で方向を制御する。肩の関節が十分に回転するため、翼を前後に動かすことができる。他に同じ特徴を持つ鳥はハチドリだけだ。

長い脚（ジェンツーペンギン）
脚が短くて動きがぎこちないイメージのペンギンだが、ずんぐりした体型の下には長くて可動性のある脚の骨が隠れている。よちよちした歩き方をするのは、実は振り子の原理を利用して体力を温存するため。巣まで数キロ歩いて帰る種もいる。

双眼鏡のような目（コガタペンギン）
ペンギンは左右の目で別々の物を見ることが多いが、正面の視野も少なくともフクロウと同じくらいは広い。水中ですばしっこい獲物を狙うのにとても役立つ。

200　3　それぞれのペンギンの物語

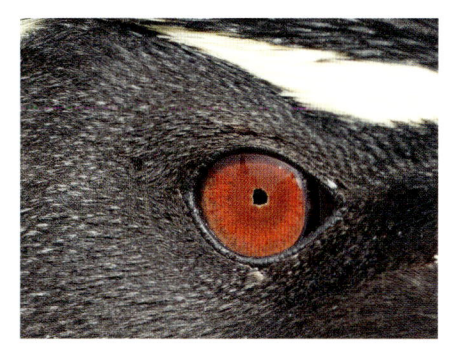

調整可能な視力（イワトビペンギン）

ペンギンはかつて陸上では遠くがよく見えない（近視）と考えられていたが、実は空気中でも水中でも視力はとてもよい。ピントを調節する筋肉がとても強く、暗い水中でも眩しい日光の下でも適応できる瞳孔を持っているからだ。

壮絶な換羽（スネアーズペンギン）

他の鳥類は少しずつ羽が落ちて生え換わるが、ペンギンの場合、防水機能が損なわれるため、それができない。そのかわり年に一度、たいていは冬がくる前に、陸上で全身の羽根をいっぺんに交換する。この期間は2〜4週間続く。

体色の変異（ヒゲペンギン）

どの種においても、珍しい体色の個体（「色がわり」という）がときどき見られる。写真のヒゲペンギンのように全身黒（メラニスティック）や全身白（リューシスティックだがアルビノとは限らない）の個体や、さらに黄金色（イサベリン）や、これらの色が混じった個体もいる。通常の体色の相手と問題なく繁殖することができる。

目の保護（ジェンツーペンギン）

他の鳥類と同じように、瞼ではなく瞬膜と呼ばれる薄い膜で目の表面を覆って保護している。水中では特に大切な機能だ。

見事なコート（エンペラーペンギン）

ペンギンは鳥類の中で最も羽根の密度が濃い。1cm四方に約15本の羽根が、足とくちばしをのぞく全身に生えている。体の表面が滑らかになり、水の抵抗が低減される。

体の色が褪せていく（キングペンギン）

年に一度の換羽が始まると海に入れないため、長い絶食に備えて餌を大量に食べて太る。羽根は色褪せていき、日光と海水によるダメージを受けてすっかり質感が変わってしまう。

水中ゴーグル（ガラパゴスペンギン）

透明な瞬膜が水中で目を守るゴーグルの役割を果たす。非常に平板な角膜が光の屈折を最小限に抑え、水中での視力はとてもよい。

独特の羽根（キングペンギン）

幅広く硬い羽軸を持つ外側の羽根が、鱗状に隙間なく重なって生えていて、短い綿毛のような内側の層を覆っている。内側の層には空気が閉じ込められ、断熱の働きをしている。換羽時には、古い羽根が新しい羽根に押し出されるにつれ、隠れていた羽根の本当の形が現れる。

羊毛ペンギン（キングペンギン）

ふわふわした羊毛に厚く覆われ、いっそう膨らんで見える大きなキングペンギンのヒナ。かつては異なる種の成鳥と考えられ、「羊毛ペンギン（Woolly penguin）」とあだ名がついた。

驚くべきペンギンの事実

▶ ライフスタイル

羽づくろい(ガラパゴスペンギン)
羽根の手入れは、防水、断熱の効果を保つために極めて大切だ。海の上でも念入りに行う。くちばしで外側の羽根を整え、羽毛の内側をつついて再び空気を含ませる。

寒い日のペンギン(ジェンツーペンギン)
隙間なく生えた外側の羽根、内側の柔らかい羽毛、さらに分厚い皮下脂肪が断熱の効果を発揮し、陸上でも水中でも同じ体温を保つ。体の表面に氷が付いていてもペンギンは快適だ。

防水機能の保ち方(ジェンツーペンギン)
筆のような尾羽の付け根に尾腺という突起した腺があり、そこから分泌される脂をくちばしでこすりとり、体中の羽根に塗って防水効果を保つ。海の上でもこの手入れをする。

暑い日のペンギン(ヒゲペンギン)
暑い中コロニーへ歩いて戻るなどして体力を消耗すると、体温が上昇しすぎる危険がある。翼の内側と足がピンク色になっているのは、体温を下げるために血液が末端に流れ込んでいる証拠だ。

空気の潤滑剤(キングペンギン)
全速力で泳ぐペンギンの羽根から気泡が噴き出し、水の抵抗を減らしている。また、水中では角膜を平たくし、瞳孔を広げて視力を調整する。

▶ 行動

激しい喧嘩(アデリーペンギン)
つがいや縄張をめぐって、嚙んだり蹴ったり、硬い翼で強く叩いたりして喧嘩をし、どちらかが降伏して逃げ出すまで終わらない。最も激しい喧嘩が起きるのは、冬の採餌旅行から戻ってきたメスのアデリーペンギンが、繁殖相手が別のメスとつがいになっているのを発見したときだ。

雪を食べる(アデリーペンギン)
暑い夏、営巣地にいるペンギンは暑さによるストレスや脱水症状に苦しむこともあるため、(雪のあるところでは)雪を食べて体を冷やしている。

海水を飲む(ジェンツーペンギン)
他の海鳥と同じように、海水から余分な塩分を除去して水分を摂取することができる。額にある大きな塩類腺から、血中の過剰な塩分を凝縮した液体が排出される。

巣作り（ジェンツーペンギン）

他の鳥（写真左の鵜など）と違い、巣の材料を遠くから運んだりせず、小石など近くで手に入るものを使う。氷の解けた水や泥などの水分は卵を傷める可能性があるので、排水のために小石は欠かせない。

保育園のようなクレイシ（イワトビペンギン）

イワトビペンギンなど小型の種の多くでは、少し大きくなったヒナを集めてコロニーに残し、親鳥だけで採餌に出かける。ヒナの集団を「クレイシ」とよび、繁殖していない成鳥が1羽か2羽、見張りにつくことが多い。

▶ 脅威

恐ろしい疫病（ジェンツーペンギン）

鳥コレラや鶏痘（写真は鶏痘にかかったジェンツーのヒナ、フォークランド島）などの病原菌がときに蔓延するが、海鳥の間で自然に広まったものか、生息地を訪れる人間が持ち込んだものかは、これまで断定できていない。

ヒナの餌やり（ヒゲペンギン）

ヒナの餌は親鳥が自分の胃に収めて巣まで運び、吐き戻して口移しで与える。ヒゲペンギンをはじめ南極周辺で生息する種の多くはオキアミを主な餌にしているが、イカや小魚も、特に温暖な場所に生息する種にとっては同じく大切な栄養源だ。

天敵の襲撃（キングペンギン）

ヒョウアザラシやアシカ、オットセイは巧みにペンギンを狙い、しばしば上陸場所の近くで待ち伏せている。ペンギンを捕まえると、くわえたまま揺すって器用に皮をはぎ捨て、脂肪と筋肉のごちそうにありつく。写真のキングペンギンは何とか逃げのびたが、致命傷を負っているかもしれない。

ヒナを運ぶ足（キングペンギン）

キングペンギンとエンペラーペンギンだけは、ヒナや卵を両足の上に乗せ、腹部のだぶついた皮膚を毛布のようにかぶせて移動する。貴重な荷物を落とさずにあちこち歩き回ることもできる。

恍惚の求愛（スネアーズペンギン）

種によって違いはあるが、表現豊かなポーズや大きな鳴き声など、どの種も多彩な求愛ディスプレイを行う。とりわけ目を奪われるのは、くちばしの先を空に向けてする「恍惚の挨拶」だ。海から戻ってきたオスやメスが相手と再会したときによく観察される。

油流出による汚染（コガタペンギン）

空を飛んで逃げられないペンギンは、世界各地で油流出の危険にさらされているが、とりわけ大洋航路や油井の近くでの被害が深刻だ。石油は少量でもペンギンを死に至らしめる。羽毛の防水効果が損なわれるうえ、羽づくろいの際に体内に摂取してしまうからだ。

驚くべきペンギンの事実

ペンギンの分布と生息状況

属・種	状況	推定個体数と動向	分布と繁殖地	主な脅威
アプテノディテス属：古代ギリシャ語で、「ア」は「無い」、「プテノ」は「飛ぶ力、翼」、「ディテス」は「潜るもの」を意味する。現存するペンギン全種のうち最も大型で、おそらく最も祖先型に近いとされ、絶滅した大型ペンギンと共通の特徴を多く持つ。集団繁殖性。卵を1つ足に乗せ、腹部のだぶついた皮膚をかぶせて孵化させる。外洋で深く潜水できる。				
エンペラーペンギン（アプテノディテス・フォルステリ）	準絶滅危惧（NT）	23万8000つがい（2009年の衛星調査による）。一部のコロニーで減少しており、その傾向が加速する見込み。	南極周辺。浮氷の周辺から南大洋の沖合で採餌を行う。大陸周辺の定着氷上に46カ所のコロニーが点在。	海水温度が上がって、春、ヒナが巣立つよりも早く氷が解けてしまうことによる繁殖の失敗。
キングペンギン（アプテノディテス・パタゴニクス）	軽度懸念（LC）	223万つがい。ほとんどのコロニーで増加。過去の乱獲による減少から回復傾向が続いている。	南大洋に広く分布。南極収束線付近の島々に生息（クロゼ諸島、ケルゲレン島、サウスジョージア島、プリンスエドワード島に大規模なコロニーがある）。	温暖化が進み、コロニーから採餌海域の移動距離が拡大すると、ヒナの給餌に影響するおそれ。
ピゴセリス属：「ピゴセリス」とは「尻に付いた足」という意味。俗に「ロングテール（long-tailed）ペンギン」「ブラッシュテールド（brush-tailed）ペンギン」とも呼ばれ、長くて硬い尾羽が特徴。南極大陸沿岸や亜南極の島々に生息している。底生魚も食べるジェンツーペンギンをのぞき、餌はオキアミ類が中心で、氷がなければ生きていけない。どの種もくちばしの途中まで羽が生えており、とりわけアデリーペンギンにはそれが顕著だ。石や屑を積んだ巣で卵を2つあたためる。生まれたヒナは2羽とも巣立つ可能性が高い。				
アデリーペンギン（ピゴセリス・アデリー）	準絶滅危惧種（NT）	237万つがい。生息域の北部で減少が著しく、その傾向が加速する見込み。	南極周辺海域の浮氷の上。繁殖は南極大陸沿岸と周辺の島で行う。ロス海域が最も大規模な繁殖地。	氷上で生息するため、気候変動による海水温の上昇とともに生息域が南方へ狭められている。
ヒゲペンギン（ピゴセリス・アンタルクティクス）	軽度懸念（LC）	最小推定個体数400万つがい。繁殖個体数は減少。過去数十年は分布が拡大していたが、近年は縮小傾向で、さらに加速する見込み。	南極周辺に広く分布し、流氷や大陸沿岸に生息。繁殖は南極半島やスコシア海周辺の島々で行う。	気候変動による海氷面積の縮小や主な餌であるオキアミの減少が、昨今の個体数減少の要因と考えられている。オキアミ乱獲の拡大がさらに悪影響を及ぼす懸念がある。
ジェンツーペンギン（ピゴセリス・パプア）	準絶滅危惧種（NT）	38万7000つがい。地域によって個体数のばらつきがある。全体としてやや減少傾向だが、増加している地域も一部ある。	ピゴセリス属の中で最も南北に広く分布し、南極収束線の北側、雪のないフォークランド島から、氷に覆われた南極半島沿岸まで、南大洋全域にコロニーがある。	病気や生物毒（鶏痘や赤潮など）が局所的に大量死を引き起こしうる。南極に生息する種のうちもっとも移動性が少なく、抱卵時期の調整や生息地の環境への適応がしやすいため、気候変動による影響は比較的少ない。
スフェニスクス属：「スフェニスクス」はギリシャ語で「くさび」を意味する。南アメリカと南アフリカを中心に、温帯〜熱帯地域に生息し、群泳する小魚を主な餌とする。種のよって違いはあるものの、体色はペンギンの典型的なイメージである黒白の配色で首や胸元に帯模様がある。顔や目元の皮膚は羽毛がなく、寒さには適応していない。洞穴を巣にするほか、土壌によって広い巣穴を掘ることもある。餌が十分に採れれば、一度に2羽のヒナを育てる。				
ケープペンギン（スフェニスクス・デメルサス）	絶滅危惧IB類（EN）	約2万5000つがい（2008年9月時点）。ほとんどのコロニーで減少が著しい。	餌となるイワシの群れが集まる南アフリカとナミビア沿岸に生息。24の島々と大陸4カ所に繁殖地がある。	大規模な原油流出事故による犠牲が深刻。漁業者との競合が激化しているのに加え、イワシやカタクチイワシの集まる場所が温暖化により沖合に移動している。沿岸の住宅や港の開発により、生息域も減少している。
マゼランペンギン（スフェニスクス・マゲラニクス）	準絶滅危惧種（NT）	130万つがい。生息域の大半で減少しているが、フォークランド諸島とアルゼンチンでは、藻の異常発生により深刻な大量死が起きて以降、回復傾向にある。	パタゴニアを中心に大規模なコロニーを持ち、フォークランド諸島に広く分布。冬の渡りではブラジル南部へ北上する。また太平洋岸、チリ中部にかけて少数生息する。	パタゴニア周辺の沖合の油井やタンカーの往来による原油汚染が懸念される。フォークランド諸島周辺でも開発が進んでいる。漁業者の乱獲により餌のカタクチイワシが減少しているほか、ペンギンが混獲されたり、カニ漁の餌に使用されたりしている。
フンボルトペンギン（スフェニスクス・フンボルティ）	絶滅危惧II類（VU）	推定個体数2万つがい。一部生息域で急速に減少しているが、更なる調査が必要。19世紀から20世紀にかけて激減し、生息域北部でその傾向が続いている。	定着性が高く、チリ中部からペルー北部にかけてのフンボルト海流（ペルー海流）沿岸に分布。セチュラ砂漠〜アタカマ砂漠沿岸の小さな無人島のほか、一部の岬に作られた保護区に生息する。	グアノ採掘による営巣地の減少や、魚粉業者との競合、深刻なENSO（エルニーニョと南方振動）現象発生時の飢餓に甚大な影響を受けてきた。昨今は、漁業者に混獲されたり（網に絡まったり、爆発に巻き込まれたりする）、餌や食用として捕獲されたりして数を減らしている。現在では一部生息域が保護下にある。
ガラパゴスペンギン（スフェニスクス・メンディクルス）	絶滅危惧IB類（EN）	計測個体数1042羽（2009年の最終計測時）。長引くエルニーニョ現象により大量死が起き、長期にわたり減少傾向。	ガラパゴス諸島の、冷たい湧昇流域周辺に集中して分布している。主に、フェルナンディナ島西部とイサベラ島にコロニーがある。	気候変動に加え、深刻さを増すエルニーニョ現象により、獲物が分散し、繁殖の失敗や飢餓の要因となっている。移入種（主にネコ）による捕食の危険や、外来病原菌の蔓延の可能性もある。

属・種	状況	推定個体数と動向	分布と繁殖地	主な脅威
ユーディプテス属：「ユーディプテス」はギリシャ語で「上手なダイバー」を意味する。最も多彩な種を含み、幅広い海域に分布し、南極収束帯の北の島々で繁殖する。一部の種は限られた生息域、あるいは一つの島だけに生息する（スネアーズ諸島、マッコーリー島など）。ほぼどの種も、切り立った荒い地形（絶壁に近い場所も）を登ってたどり着く内陸に、密集した騒がしいコロニーを作るが、フィヨルドランドペンギンだけは、木が生い茂る森に散らばって小規模なコロニーをつくる。一度に卵を2つ産むが、1つ目よりも2つ目に産んだ卵の方が大きい。小さい方のヒナは親鳥に放棄されるか、きょうだいとの競争に負けて、いなくなってしまうことが多い。			
マカロニペンギン（ユーディプテス・クリソロフス）	絶滅危惧Ⅱ類（VU）	推定900万つがい。一部で急激に減少していると考えられる。	南大西洋、南極収束線南側のインド洋に広く分布し、50以上の営巣地がある。	気候変動による採餌環境の変化の影響を受けやすい。マリオン島など一部コロニーで疫病の発生が確認された。
ロイヤルペンギン（ユーディプテス・シュレーゲリ）	絶滅危惧Ⅱ類（VU）	推定個体数85万羽（1984年5月時点）。再調査を要する。個体数は安定していると考えられる。	オーストラリアと南極の間に位置するマッコーリー島と周辺海域のみに生息。	顕著な脅威はないが、生息域が限られているため、疫病や油流出などの惨事、気候変動による採餌環境の変化の影響を受けやすい。
ミナミイワトビペンギン（ユーディプテス・クリソコメ）	絶滅危惧Ⅱ類（VU）	推定123万つがい（2010年時点）。ただし、計測手法が旧式のため、また過去40～70年で激減している地域がある（キャンベルで94％減、フォークランドで87％減）ため、信憑性に難あり。	南緯46度から54度にかけて南洋全域に分布。主な繁殖地は、フォークランド島をはじめとする南アメリカの南の島々、南アフリカ、オーストラリア、ニュージーランド、クロゼ諸島、ケルゲレン島など。	気候変動に関連した海洋の生産力低下をはじめ、歴史的な個体数の激減の要因とされるさまざまな危機についてはまだよく分かっていない。フォークランドでは藻の異常発生により大量死が起こった（2002年3月）。
キタイワトビペンギン（ユーディプテス・モセレイ）	絶滅危惧ⅠB類（EN）	約26万7000つがい。51年間（1955～2006年）でゴフ島の生息数が98パーセント減少するなど、急激に減少している。	南大西洋中部、南インド洋に限られる。およそ85％がゴフ島とトリスタンダクーニャ諸島で繁殖し、残りはアムステルダム島、セント・ポール島で繁殖する。	ほとんどの生息地で減少が深刻だが、原因ははっきり分かっていない。漁業との競合、生態系の構造を乱す人間の影響や人間が持ち込む捕食者の存在、気候変動に伴う海洋の生産性低下、そしてこれらの組み合わせが要因となっている可能性がある。
スネアーズペンギン（ユーディプテス・ロブストゥス）	絶滅危惧Ⅱ類（VU）	推定31066つがい（2010年時点）。個体数は安定していると見られる。	スネアーズ諸島のみで繁殖し、繁殖中は島周辺で採餌する。繁殖地を離れる冬はどこにいるか不明。	顕著な脅威はないが、繁殖地が限られているため、気候変動や漁業、油流出による影響を受けやすい。
フィヨルドランドペンギン（ユーディプテス・パキリンクス）	絶滅危惧Ⅱ類（VU）	2500～3000組。ニュージーランド本土のコロニー全体で減少傾向。	ニュージーランド南西部沿岸のみに分布。沿岸の森や周辺の島の目立たない場所に小さなコロニーを作って繁殖する。	移入種の捕食者、漁業にまつわる事故、人が及ぼす影響などが脅威となって、すでに僅かな個体数がさらに減少している。
シュレーターペンギン（ユーディプテス・シュラーテリ）	絶滅危惧ⅠB類（EN）	6万7000つがい（2011年時点）。減少傾向と推測されるが、計測手法が混在しているため不明確。	亜南極に位置するニュージーランドのバウンティ諸島とアンティポデス諸島に分布する。繁殖していない時期にどこにいるかは不明。	確認された脅威はないが、減少傾向と推測される要因は、生存を左右する海洋環境にあるとされている（Birdlife International 2013）。
メガディプテス属：「メガディプテス」はギリシャ語で「大きなダイバー」を意味する。分布は限られており、一属一種で、その他のペンギンの仲間とは大きく外見が異なる。非常に内気で、植物が密生した場所に巣をつくり、互いの巣が見えないように大きく散らばってコロニーを形成する。冬に繁殖を行い、たいてい2羽のヒナを育てる。海岸周辺の海底で餌を採る。渡りはしない。			
キガシラペンギン（メガディプテス・アンティポデス）	絶滅危惧ⅠB類（EN）	2000つがい（最低値）。おそらく減少傾向にあるが、変動が大きいため評価が難しい。	ニュージーランド南島沿岸、スチュアート島、亜南極のオークランド諸島、キャンベル島のみに分布。一部の幼鳥は北へ移動するほかは、繁殖地周辺に定着している。	移入種および在来種の捕食者（主に前者はネコ、ブタ、イヌ、後者は凶暴なアシカ）、山火事や土地開発による生息地の減少、消化器内のバクテリアや血液寄生虫による病気、人為的撹乱や魚網などの脅威がある。
ユーディプテューラ属：「ユーディプテューラ」は「小さくて上手なダイバー」の意味。ペンギンの仲間の中で最も小さく、いくつかの亜種に分かれている。ニュージーランドのバンクス半島に生息するハネジロペンギンについては、亜種ではなく独立した種と考える研究者も多い。夜行性で緩やかなコロニーを形成する。巣穴を掘るか、植物の茂った場所、洞穴や岩場に巣を作る。一度に2羽のヒナを育て、餌の供給量によって、二度産卵することもある。海岸周辺で採餌し、群泳する小魚か底魚を食べる。渡りはしない。			
コガタペンギン（ユーディプテューラ・ミノール）	軽度懸念（LC）	推定50万つがい。分布が分散しているため確認が非常に難しい。多くの生息域で減少している。	オーストラリア南沿岸、タスマニア、ニュージーランドに分布。定住性が強く、季節的な移動は確認されていない。	ほとんどの繁殖地において、移入種の哺乳類による捕食被害が深刻。さらに夜間、道路を横切って海辺と巣の間を移動中に車に轢かれる危険もある。沿岸の開発で生息地も大幅に減少している。

（主にBirdlife International Species Factsheetの情報に基づいて制作）

エンペラーペンギン *Aptenodytes forsteri*

別名・旧名：なし
最古の記述：G. R. Gray, 1844
分類の典拠：Christidis and Boles（1994, 2008）; SACC（2006）; Sibley and Monroe（1990）; Stotz et al（1996）; Turbott（1990）.
分類に関する備考：亜種の確認なし
名前の起源：種小名の（*forsteri*）はドイツ人のナチュラリスト、ヨハン・ラインホルト・フォースターにちなむ。フォースターはジェームズ・クックの2回目の航海に同行した。ペンギンについて最初に記述した一人で、5つの種を公式に命名している。
生息状況：準絶滅危惧種（IUCN2012）
評価理由：今後の気候変動を完全には予測できないが、現状の傾向が続けば、個体数の減少が進むと考えられる。

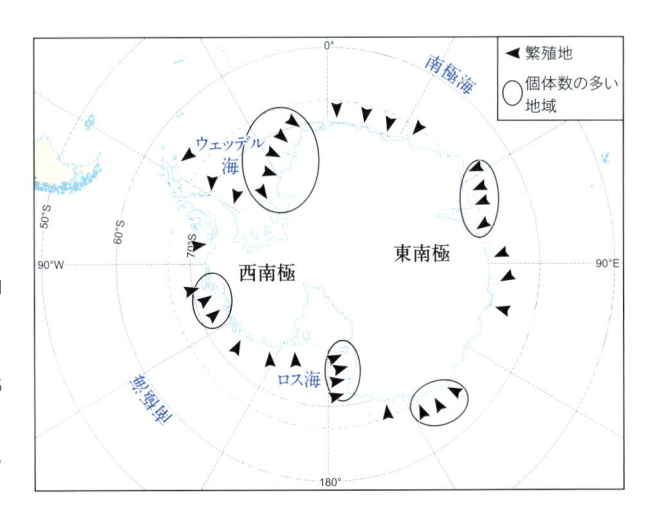

左：滑りやすい氷の上では鋭い足の爪がアイゼンのような役割をする。（東南極、プリッツ湾）。
右：求愛するつがい。（ウェッデル海、アトカ湾）。

上：巣立ちに向け換羽するヒナ。幼鳥の配色が見えてくる。（東南極、ケープダーンリー）。
下：潮汐による氷の割れ目に飛び込んで海へ。エンペラーペンギンは氷に覆われた海中でも、長い距離泳ぐことができる。（エドワード8世湾、クロア岬）。

体長と体重

体長は100〜130cm。体重は性別、時期によって異なるが、22〜40kgの間。

声

キングペンギンと似ている。音の長さや音節にバリエーションがあり、2つの音を同時に出すことができる。つがいの相手やヒナを探すには音声認識が頼りで、コロニーに戻ってくるとくちばしを空に向けてトランペットのような声を出す。求愛するときには、オスとメスの両方が、より複雑でリズミカルな歌を歌い、ときおり沈黙を挟む。つがいが成立するとたいてい、抱卵の時期が来るまで互いに声を出さなくなる。ヒナや小さい幼鳥は、多彩な音色で、長短もさまざまな口笛のような鳴き声を出す。

特徴

最大のペンギンで、冬の南極大陸で過酷な寒さを耐え、繁殖を行う唯一の種。一回り小さく、体色はより鮮やかなキングペンギンと混同されることもあるが、繁殖行動や生息地、分布が大きく異なる。通常は海氷上で繁殖し、陸地の上で繁殖するコロニーは3つしか確認されていない。つまりエンペラーペンギンの多くは、大地に足をつけることなく一生を過ごす。鳥類のなかでも極めて珍しい特徴だ。

体色

成鳥：喉から頭は黒、耳の周りはオレンジ色で、首や胸元にかけて淡い黄色に薄まっていく。胴体の両脇は黒、腹部は白く、背中は灰色を帯びた黒、尾も黒。くちばしは細く、緩やかに下方に曲がっている。上くちばしは黒、下くちばしはピンクがかったオレンジ色で、下あごは根元から先端にかけて薄紫色から黒へと変わる。目は濃い茶色。足は黒。
幼鳥：成鳥と似ているが、やや小さく細身。背中の色、頭、目の周りは灰色がかった黒。喉は白か銀色で他の部分とくっきりと色分けはされていない。耳の周りは白っぽく、くちばしは黒い。
ヒナ：体は銀色のふわふわした羽毛に覆われ、頭は黒、目の周りはゴーグルのように白く、喉も白い。

個体数と分布

南極とその周辺、南緯54度〜78度の範囲に分布。ペンギン全種の中で最も氷に適応している。通常は南極大陸を囲む定着氷や周辺の島々で繁殖をする。ロス海域、ウェッデル海、東南極に大規模なコロニーがある。

繁殖期の後、12月中〜下旬から4月にかけて繁殖地を離れると考えられているが、動きはほとんど分かっていない。親鳥は、餌を採るため150〜1000kmも移動する。衛星がとらえたデータによると、巣立ったヒナは氷の張っていない海へ向かって北上する傾向が強く、南緯54度まで1500km以上移

巣立ちから約6週間のヒナ。成鳥よりも数が多い。（南極大陸東部、プリッツ湾、アマンダ湾のコロニー）。

動するヒナもいる。

　2009年の衛星写真を用いて個体数を再評価したところ、コロニーが46カ所、23万8000つがいと推定され、過去に発表されたよりも大きい数字が導きだされた。

　流鳥は、サウスシェトランド諸島、フォークランド諸島、サウスサンドイッチ諸島、ケルゲレン島、ハード島、ティエラ・デル・フエゴ、ニュージーランドで観察される。

繁殖

　3月から4月、繁殖のため、オスは海氷を「行進」してコロニーへ向かう。間もなくメスも後に続く。しばしば長い列をなし、歩いたり、腹這いの「トボガンすべり」をしたりして、50～120kmの距離を移動する。コロニーは通常、水平な定着氷の上に形成される。定着氷の安定性を高めるため、また風を遮るため、大きな氷山や島、岬、氷舌に囲まれた場所がよい。繁殖を始めるのは5～6歳からで、まれに3歳で繁殖することもある。翌年も同じ相手とつがいになることは少ない。

求愛：はじめは、オスが頭を胸につけて直立不動になり、頭を下げたまま息を吸って鳴き声を出す。メスに選ばれるまで、コロニー内を移動してこの動作を繰り返す。絆を結んだつがいは、トランペットに似た音で互いにリズミカルに鳴き、くちばしを空に向けて、数分間動かずにいた後、体を左右に大きく揺らし、お辞儀のように首を動かしながら、一緒にコロニー内を動き回る。最後は相互にディスプレイをし、交互にトランペット音を出し合う。

営巣：巣は作らない。卵を足にのせ、抱卵斑（下腹部の皮膚が裸出した部分）に当て、羽毛に覆われた腹部のだぶついた皮膚をかぶせてあたためる。

産卵：5～6月の初め。同一コロニー内では産卵時期の同調性が高い。メスは淡く緑がかった卵を1つ産むとすぐにオスに渡す。この危なっかしい動作を、卵が凍らないよう素早く行わなければならない。

抱卵：62～67日間。メスが採餌旅行に出ている間、オスだけで抱卵する。過酷な冬を耐え抜くため、オスたちは体を寄せ合ってハドルを組み、少しずつ回りながら輪の外側から内側への移動を繰り返すことで、冷気に晒され続けないようにしている。4カ月の絶食期間に、体重は45％減少することもある。

育雛：卵は7月中旬～8月上旬に孵る。メスはヒナの誕生時期に合わせてオスと交代できるようにコロニーに戻ってくる。だがもし遅れても、オスは最長10日間、タンパク質の豊富な

左上：ヒナの給餌中に両親が揃うことはめったにない。（ウェッデル海、アトカ湾）。
右上：海氷の上を長い距離移動する。（エドワード8世湾）。
右中：トボガンすべりで体力の消耗を抑える。光沢のある胸の羽毛が氷や雪の上をなめらかに滑る。（ウェッデル海、シーモア島）。

ミルク状の液体を胃から分泌し、ヒナに与えることができる。ヒナは45～50日間、両親の足の上で交代で育てられた後、他のヒナとクレイシを形成する。ヒナが大きくなり、流氷が解け始めるにつれ、給餌の頻度が増える。

巣立ち：孵化から150日ほど。12月中旬～1月上旬。定着氷が割れる時期と重なる。

食物

　開けた海や海氷の割れ目で、小魚やオキアミ、イカを採餌する。通常は100～120mの深さに短い時間だけ潜水することが多いが、400m以上深く潜ることもできる。記録された最大潜水深度は564m。

主な脅威

捕食者：海上ではシャチやアシカ。コロニーではオオフルマカモメ、オオトウゾクカモメがヒナや死骸を捕食する。
漁業：ペンギンの採餌エリアで、魚やオキアミ、イカが商業漁業の対象になっている。オキアミ漁の拡大に加え、地球温暖化によりオキアミの量が減り、長期的に種の生存を脅かす可能性がある。
気候変動：地球の気温上昇とそれに伴う季節的な海氷の縮小（厚さや面積、持続期間）は、繁殖の成功率と餌の供給量に大きな影響を及ぼすおそれがある。
その他の人為的要因：地球上で最も遠い場所に生息しているものの、とりわけ航空機（飛行機やヘリコプター）の往来が、一部コロニーでの減少要因となっている可能性がある。

親鳥のそばに立つ3カ月のヒナ。（東南極、プリッツ湾）。

キングペンギン *Aptenodytes patagonicus*

別名・旧名：「オーカム・ボーイズ」という愛称がある。英国人のアザラシ猟の船乗りが、船の水漏れを防ぐため板の継ぎ目に詰めるオーカム（古いロープを裂いたもの）とタールにまみれた若い船員になぞらえてつけたもの。柔らかい羽毛に覆われたヒナは、かつて「羊毛ペンギン（Woolly Penguin）」と呼ばれていた。
最古の記述：*Aptenodytes patagonia*, J. F. Miller, 1778
分類の典拠：Christidis and Boles（1994, 2008）、Dowsett and Forbes-Watson（1993）、SACC（2005＋updates）、Sibley and Monroe（1990, 1993）、Stotz et al.（1996）、Turbott（1990）。
分類に関する備考：南大西洋で繁殖するヒガシキングペンギン *Aptenodytes patagonicus patagonicus*（J. F. Miller, 1778）と、インド洋、南西太平洋で繁殖するニシキングペンギン *Aptenodytes patagonicus halli*（Mathews, 1911）の2つが亜種の可能性がある。生息する島によって大きさに顕著な違いがあることがいくつかの研究によって分かっている。クロゼ諸島とケルゲレン諸島に生息する個体では遺伝的差異があることも分かっている（C. R. Viot, 1987）。
名前の起源：*patagonicus*はビッグフット（巨人）の意味を持つパタゴニアにちなむ。
生息状況：軽度懸念（IUCN2012）
評価理由：かつて大幅に減少したが、幅広く分布し、個体数は増加している。

特徴

ペンギン全種のうち2番目に大きく、最も色鮮やかな種。より大型で色の薄いエンペラーペンギンと混同されやすいが、繁殖行動や生息地、分布が大きく異なる。

体色

成鳥：背中は銀色を帯びた濃紺、尾羽は黒、頭部は黒く、耳の周りと胸部上部は濃いオレンジ色で、腹部にかけて白くなる。細長く、やや下向きにカーブしたくちばしは黒く、下くちばしにピンクかオレンジの太い帯が入る。目は濃い茶。足は黒。
幼鳥：成鳥よりやや小さく、羽根も似ているが、オレンジ色は淡い。喉元は淡い灰色で、くちばしの帯の色も淡い。成鳥の羽根になるのは3歳になる頃から。
ヒナ：生まれたてのヒナは皮膚が裸出して黒っぽい姿だが、その後灰色がかった茶色の短い綿毛が密集して生え、やがてシナモンブラウンのふさふさした羽毛に生え変わり、巣立ちまでその羽毛で過ごす。この段階のヒナを、初期の探検家たちは独立した種と考えて「羊毛ペンギン」と呼んだ。

体長と体重

個体群により差がある。体長は85〜95cm。体重は性別、時期によって異なるが、9.3〜17.3kgの間。

声

鳴き声（コール）は同時に出す2種の音からなり、音の長さや音節が場所によって異なる。メスはオスよりもやや高い音を出す。コロニーに戻ってきたときのコンタクト（連絡）コールでは、くちばしを空に向けてトランペットに似た短い音を出す。つがいを形成する過程では短く、つきあいの長い相手に対しては長く鳴くのが普通。長い鳴き声は、つがい相手やヒナを識別する時にも用いる。低いうめき声は威嚇として、とりわけ抱卵中に親鳥どうしが用いる。ヒナや幼鳥は柔らかなさえずり声で鳴く。

個体数と分布

繁殖は主に南緯45度〜55度の亜南極の島々で行う。全体の生息数は、およそ223万つがい。最大のコロニーがクロゼ諸島（南緯46度25分）にある他、ケルゲレン島（南緯49度21分）、プリンスエドワード諸島（南緯46度46分）、サウスジョージア島（南緯54度18分）に大きなコロニーがある。ハード島、マッコーリー島、フォークランド諸島にも少数生息している。

年間を通してコロニーに定着する個体もいる。幼いヒナに給餌するため、親鳥は80〜418km離れた場所で採餌する。冬になると、親鳥はヒナを残して南方に渡り、ヒナは3カ月に及ぶ絶食期間を過ごす。

流鳥はニュージーランド、南オーストラリア、南アフリカ、ゴフ島、南極半島で観察される。

繁殖

非常に社会的で、巨大で騒がしいコロニーを形成する。雪や氷のない、平地または緩やかな傾斜地で、海に出やすい場所を選ぶ。繁殖時期の同調性は低く、一度の繁殖に14〜16カ月を要する。そのため、繁殖の試みは3年に2回か、一部地域では2年に1回しか行われない。繁殖中は一夫一婦制だが、その後もつがいが維持されることは少ない。繁殖年齢に達するのは3〜4歳と考えられるが、ほとんどの個体が5〜8歳で繁殖を始める。幼いヒナが冬を生き延びる可能性は低く、繁殖に失敗した成鳥は、次の繁殖時期を早める。

求愛：壮麗な求愛のディスプレイを集団で行う。まずオスが恍惚のディスプレイを行う。直立不動で、首をのばしてくちばしを空に向け、トランペット音を出す。成立したつがいは、くちばしを空に向ける、お辞儀をする、くちばしを震わせて音を鳴らす、などの動作を一緒に続け、左右に頭を揺らし、体を揺すりながら歩く。求愛が進むと、同時にくちばしを空に向け、リズミカルな長い歌をともに歌う。最後に、突然鳴き声を低くし、素早く頭を下げる動きをする。
営巣：巣は作らない。卵を足にのせ、抱卵嚢を被せてあたためる。
産卵：11〜3月。繁殖期間が長いため、ばらつきがある。白い洋梨型の卵を1つ産む。産みた

くちばしを空に向けて。
2種類のトランペット音を同時に出し、求愛やつがい相手の識別に用いる。
東フォークランド島、ヴォランティア海岸。

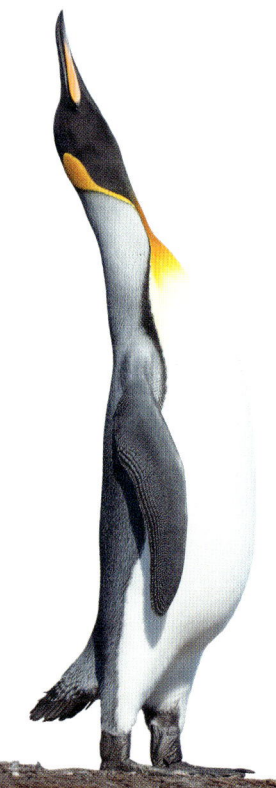

繁殖期は14〜16カ月。(左から右へ)メスが生みたての卵をオスに渡すところ。オスが初めに抱卵する。／風に背を向け、卵を足にのせ、温かい皮膚のたるみを被せて抱卵する。／ヒナの誕生に合わせてメスが帰ってくる。今にも孵化しそうな卵を素早くオスから預かる。／夏の終わりにかけて、生後2カ月のヒナは餌の少ない冬に備えて体重を増やす。(すべて東フォークランド、ヴォランティア海岸)

求愛の最中、オスどうしの儀式的な叩き合い。

巣立ちに向けて、3〜4カ月ほとんど食べずに冬を越したヒナは、春に一気に大きくなる。

ての卵の表面は柔らかく粉を吹いたような質感だが、数日のうちに硬くなり、淡い緑色になる。産卵から数時間後にメスはオスに卵を託す。

抱卵：平均52〜56日。12〜21日の長さでオスとメスが交代しながら抱卵する。

育雛：31〜36日で孵化。親鳥の足の上で、抱卵嚢に包まれて過ごす。保護期をすぎると、クレイシに加わり、5〜7日おきに親から餌をもらう。しかし冬の間の5〜9月、10月は時々しか餌をもらえない。ヒナは体重を減らしながら、給餌の頻度が戻る春を待つ。

巣立ち：10〜13カ月の間だが、ヒナの誕生時期によって変わる。巣立ちは主に12月下旬から2月下旬だが、繁殖地によって異なる。

食物

主に、潜水して浮魚を食べる。特に発光するハダカイワシやイカを、深さ50mかそれより浅いところで採る。ときに100〜300m潜ることもある。

主な脅威

19世紀から20世紀初頭、分布域全体で大幅に減少した。油を採るために捕獲されたり、一部地域で卵が収集されたりしたため。ハード島、フォークランド諸島、そしてマッコーリー島のコロニー1カ所ではかつて完全に絶滅したものの、また新たにコロニーが形成されている。

捕食者：海上ではシャチやヒョウアザラシ、オスのナンキョクオットセイ、オタリアなど。後の2種は陸上でも襲う場合がある。沿岸では、オオフルマカモメがヒナや幼鳥を捕食し、トウゾクカモメが小さなヒナや卵を親鳥のいない隙に食べる。フォークランド諸島では野生化したイヌに襲われる例もある。

商業漁業：捨てられた魚網に絡まることがときおりある。

生息地の減少：現在は駆除されているが、マッコーリー島ではウサギの穴掘りが原因で地滑りが起き、コロニーに致命的な被害をもたらした。またマッコーリー島やクロゼ諸島では、建物や研究拠点をつなぐ道路の建設が進み、繁殖地が侵食されている。

気候変動：環境変化の影響を受けやすい。繁殖地がある島周辺の海の温暖化により餌の分布が変わり、採餌のための移動距離が増え、ヒナの給餌に悪影響を及ぼしている。

油汚染：フォークランド諸島沖合での油田探査の拡大により、油流出のおそれがある。

最初の綿毛が生えたばかりの生後1週間のヒナが、太陽の下に姿を現す。

アデリーペンギン *Pygoscelis adeliae*

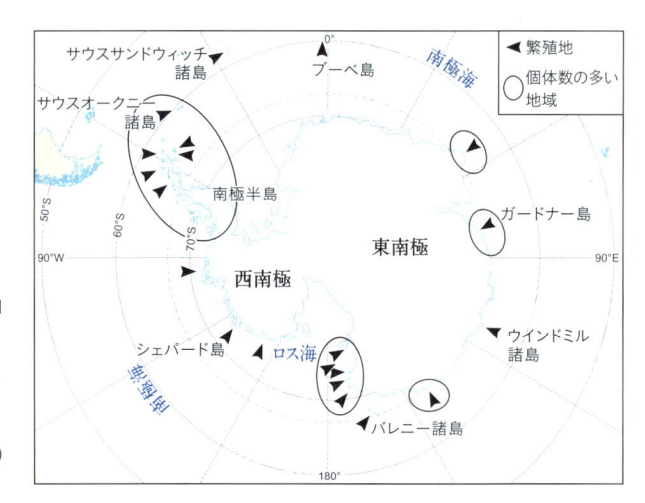

別名・旧名：なし
最古の記述：*Catarrhactes adeliae*, Hombron and Jacquinot, 1778
分類の典拠：Christidis and Boles (1994, 2008); SACC (2006); Sibley and Monroe (1990); Stotz et al (1996); Turbott (1990).
分類に関する備考：亜種は確認されていないが、ロス海の個体群は遺伝的に異なる。
名前の起源：「アデリー」はアデリーランド（Terre Adelie）にちなむ。この地名は、フランス人探検家ジュール・デュモン・デュルヴィルが妻の名前、アデルにちなんで命名した。
生息状況：準絶滅危惧種（NT）
評価理由：気候変動やそれに伴う影響について予測できない部分が多いが、今後三世代にわたり、およそ30％の個体数減少が予測される。

左：浮氷の上の1歳の幼鳥。成鳥と違って喉元が白い。
右：小さなグループに分かれ、漂流する氷の上で休む。（ウェッデル海）

求愛のディスプレイ中に現れるとさかと白目。（東南極、プリッツ湾、ガードナー島）

特徴

ペンギン全種のうち最も南方に生息し、短い夏の間に、南緯77度33分までの範囲で繁殖する。縄張意識が強く、怒りっぽく攻撃的。ロス海域に残る半化石化したアデリーペンギンの遺骨の年代は、他のどの種よりも古く、4万5000年前にまで遡る。

体色

成鳥：頭部、喉、背中と尾は黒く、腹部は白い。後頭部の羽毛をとさか状に立てることができる。黒に近い茶色の瞳は特徴的な白い輪に囲まれ、さらに特定のディスプレイ中に強膜（白目の部分）がのぞく。くちばしは、大部分を黒い羽毛に覆われているため短く見える。羽毛のない部分は黒地にくすんだ橙色が混じる。足は濃淡のピンク色で、足の裏は黒い。
幼鳥：成鳥と似ているが、やや小さく細身。成鳥の黒い部分は紺色に近く、喉は白い。目を囲む白い輪もない。
ヒナ：灰色がかった銀色の体と濃い灰色の頭で生まれ、やがて全身が煤けたような灰色になる。

体長と体重

体長は70～73cm。体重は性別と時期によって異なるが、3.8～8.2kgの間。

声

ヒゲペンギンと似ているが、縄張形成時や求愛時はより力強い声を出す。コンタクトコールは大きな鋭い声で、やや高い音で短く鳴く。ディスプレイコールは、翼をばたつかせながら、ロバのいななきに似た声を呼気音と吸気音でスタッカート調に繰り返して鳴く。縄張を主張したり争ったりするときは唸り声や呻き声を出す。ヒナは餌をねだるときに「ピーピー」と鳴いたり、さえずったりする。

個体数と分布

南極周辺、南極大陸沿岸と、ロス海のロイズ岬（南緯77度33分）から北ヘブーベ島（南緯54度25.8分）までの大陸周辺の島々に分布する。全体の生息数はおよそ237万つがいと推定され、ロス海域に大規模なコロニーが存在する。ヒゲペンギンやジェンツーペンギンとも分布が一部重なる。

分散性があると考えられる。繁殖後、5月から8月にかけてコロニーを離れ、流氷域の外縁まで北上して採餌し、換羽をする。最近の衛星追跡による調査で、ロス島に生息するアデリーペンギンは往復1万7600kmに及ぶ渡りをし、最も長い距離を移動す

幼鳥が親鳥に餌をねだる。（サウスシェトランド諸島、キングジョージ島）

ることが分かった。
　流鳥はオーストラリア、ニュージーランド、アルゼンチン、フォークランド諸島、インド洋や太平洋の亜南極圏の島々で確認される。

繁殖

　大きな群れを作って繁殖し、縄張意識が強い。到達しやすく氷のない海岸の斜面や岬、浜辺、岩だらけの島に、数百羽から10万羽以上の個体からなる密集したコロニーを形成する。繁殖開始年齢は早くて3歳から5歳。繁殖周期は短く、オスが9〜10月にコロニーに戻ってくると、まもなくメスも戻ってくる。巣への固執性が強く、熱心に巣を守る。一夫一婦制で、以降の年も同じ相手と繁殖することが多い。

求愛：まず、巣の前でオスが恍惚のディスプレイをする。体を上に伸ばして目をぐるりと回し、後頭部の羽毛を逆立て、くちばしを空に向けて繰り返し鳴く。鳴き声は初めは柔らかいハミング音で、しだいに大きく震えるような音になり、リズミカルに翼を上下に動かす。この後に、頭を下げてくちばしを翼の内側に当てるディスプレイが続くことがある。成立したつがいは、大きな、または低い声で鳴き交わし、頭を揺らしたりお辞儀をしたりして、互いに恍惚のディスプレイを行う。

営巣：凍った地面の浅い窪みに、小石を積み並べて作る（小石は氷や雪の解け水を抜くのに重要だ）。小石をめぐる争いが多く、他の巣から盗むこともしばしばある。

産卵：コロニー内で同調性が高い。通常、10〜11月に2〜4日をおいて2つの卵を産む。最初に産んだ卵の方が大きい。若い鳥は、卵を1つしか産まない場合もある。

抱卵：32〜37日間。2つ目の卵が産まれてから完全な抱卵が始まる。卵を足にのせて前屈みにしゃがんだ体勢か、巣の中で寝て抱卵する。両親が交代で卵を抱く。最初の約2週間はオスが抱卵し、その間にメスは採餌に出かける。メスが戻ると、今度はオスが採餌に出る。その後は孵化するまで、より短い期間で交代しながら抱卵する。この交代が上手くいかずに、繁殖が失敗するケースがしばしばある。十分に餌が採れない、海上の移動に時間がかかる、などの理由で繁殖地に戻るのが遅れると、抱卵中の親鳥は自らの生存のために卵を放棄してしまう。その後、代わりの卵を産むことはない。

育雛：2つの卵は1日の差で孵化し、たいてい、ヒナは2羽とも育てられる。育雛の作業はオスとメスがともに行う。ヒナが生後20〜30日でクレイシを形成すると、両親は採餌に出かけ、1〜3日おきに戻ってきて給餌をする。ヒナが大きくなると、餌をめぐる競争がしばしば起きる。餌が足りないときは、強い方のヒナが生き残る。

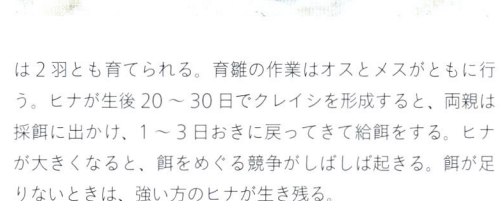

巣立ち：50〜56日。

食物

オキアミ、魚、イカが中心だが、場所や季節的条件による。通常、水深20mかそれより浅い海中で餌を採るが、175mくらいまで潜ることができる。

主な脅威

捕食者：海上では主にヒョウアザラシが浮氷の縁で、海に出入りするペンギンを集中的に襲う。時々、シャチに襲われることも。陸上では、オオフルマカモメやトウゾクカモメが無防備なヒナや卵を食べる。

漁業：オキアミ漁やイカ漁がペンギンの餌場で行われているため、競合が懸念される。

気候変動：南極半島周辺で、海氷面の縮小に伴うと思われる個体数の減少が見られる。一部地域では、温暖化による過剰な降雨・降雪が原因で、繁殖の成功が妨げられている。

その他の人為的要因：観光客の増加により、トウゾクカモメの侵入機会が増える危険がある。飛行機やヘリコプターなどによる輸送活動が、一部のコロニー、とくに大規模な研究拠点の周辺のコロニーの環境を乱す懸念がある。

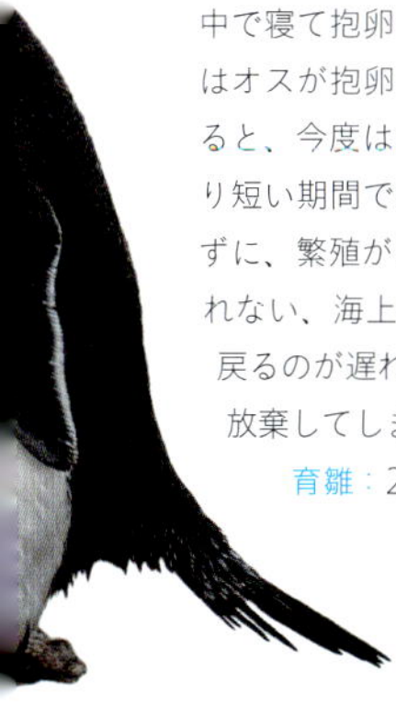

左上：みるみる解けていく浮氷の上のアデリーたち。（ロス海、ポゼッション島近く）
右上：海氷に囲まれたコロニーで抱卵する。（東南極、プリッツ湾、ガードナー島）
左中：雪の窪みに小石を並べた巣。（ウェッデル海、ポーレット島）
右中：抱卵中の親鳥が落雪に埋もれて。（ウェッデル海、デビル島）

小石集めは巣の下地作りの基本だ。（東南極、ガードナー島）

ヒゲペンギン *Pygoscelis antarcticus*

別名・旧名：Ringed penguin, Bearded penguin または Stonecracker penguin
最古の記述：*Aptenodytes antarctica*, J. R. Foster, 1781.
分類の典拠：Christidis and Boles（1994, 2008）; SACC（2006）; Sibley and Monroe（1990）; Stotz et al（1996）; Turbott（1990）.
分類に関する備考：亜種は確認されていない。*antarctica* から *antarcticus* へ種名の性が統一された。（David and Gosselin［2002b］に基づいて）
名前の起源：学名の *antarcticus* は生息地域の名前に、普通名は顔の模様にちなむ。
生息状況：軽度懸念（IUCN2012）
評価理由：分布が幅広く生息数も多く、全体的に増加傾向と見られ、絶滅が危惧されるレベルからは大きく離れている。

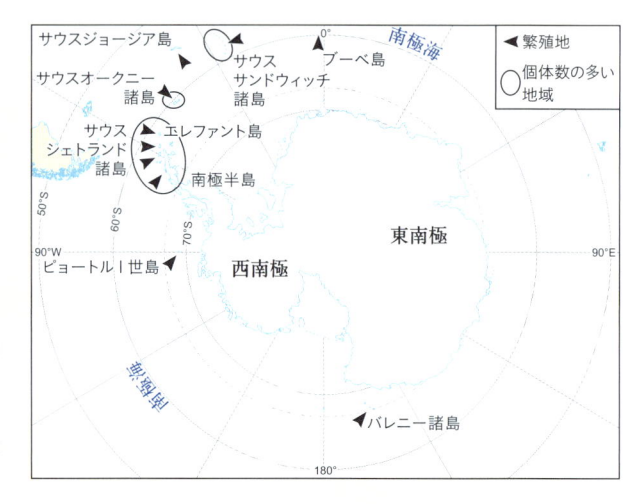

暑い日は雪を食べて体温を下げる。

特徴
非常に敏捷で、大胆かつ攻撃的。波に浸食されて孤立した氷山の上で観察されることが多い。顔に独特の模様があるため、他の種と混同されることはない。

体色
成鳥：頭頂部、額、首筋、背中、尾は青みがかった黒。目とくちばしの周り、喉から腹部まで白い。左右の耳を結ぶあご下の細い黒い線のおかげで、種の判別が容易。琥珀色の目は黒く縁取られている。くちばしは黒。足はピンク色で、足の裏は黒い。
幼鳥：成鳥とよく似ているが、やや小さく細身。黒い部分は色が薄い。顔、特に目の回りに黒っぽい斑点がある。瞳は黒。
ヒナ：初めは淡い銀色の羽毛に覆われているが、やがて頭部と背中が濃い灰色になり、腹部の色がやや薄くなる。

体長と体重
体長は68〜76cm。体重は性別と時期によって異なるが、3.2〜5.3kgの間。

声
アデリーペンギンにも似た、複数の種類の声を出す。コンタクトコールは鋭くて力強く、不協和音のよう。ディスプレイコールは、大きな甲高い声でスタッカート調に繰り返し鳴いたり（「石割りペンギン」という別名の由来である）、騒々しい雄鶏のような声や、柔らかいハミング音、「シュッ」という空気音を出したりする。ヒナは「ピーピー」と高い声で鳴く。

巣作りのために小石を運ぶ。

波に浸食された氷山の縁で休む。（サウスオークニー諸島）

個体数と分布
南極大陸周辺、南緯54度〜68度の範囲の、南大西洋や南極半島周辺の島々に繁殖コロニーが集まっている。繁殖個体群は主にスコチア海のサウスサンドウィッチ諸島（南緯56度18分〜59度28分）、サウスオークニー諸島（南緯60度38分）、そしてサウスシェトランド諸島（南緯62度00分）の他、周辺の大陸沿岸で確認されている。全体の個体数は最低800万羽と推定される。分散性があり、季節的海氷の動きに伴い割れたパックアイスの広がる地域に北上する。まれにタスマニア、オーストラリア、フォークランド諸島、クロゼ諸島、ケルゲレン島、マリオン島、マッコーリー島で流鳥が見られる。

繁殖
極めて社会的で、大きな群れを作り、11月から3月にかけて繁殖する。数万〜数十万単位の個体からなる大規模で密集した騒々しいコロニーが、通常は岩場の斜面に形成されるが、まれにアデリーペンギンやジェンツーペンギンのコロニーのそばに

くちばしを空に向け、翼をばたつかせて騒がしく鳴く求愛のディスプレイ。

形成されることもある。コロニーは普通、水切れがよく、氷のない隆起した土地、たとえば岩の多い前浜や、岬、地層が露出した場所、海抜75mほどまでの高さの岩礁に形成される。成鳥は10月初旬から11月にコロニーへ戻ってくる。たいてい、オスが先で、その後メスが帰ってくる。繁殖開始年齢はおよそ3歳以降。生まれたコロニーや巣への執着が強く、つがいの関係も長く続くことが多い。

求愛：恍惚のディスプレイはアデリーペンギンに似ているが、ヒゲペンギンの方がオスとメスで交互に行うことが多い。胸を張り出してくちばしを空に向け、翼をばたつかせながら甲高い声で鳴く。

営巣：浅い窪みに小石を丸く並べた巣を作る。羽根や骨も並べることがある。抱卵中、ヒナの保護期間には小石を積み足す。

産卵：11月下旬から12月にかけて、乳白色の卵を2〜4日おいて2つ産む。大きさは同じくらい。ときどき、卵を1つだけ、または3つ産むこともある。卵を失った場合、代わりの卵を産むことはない。

抱卵：31〜39日。オスとメスが2回ずつ交代で行う。通常、メスが最初に抱卵する。

育雛：卵が2つとも孵化したら、ヒナは平等に給餌される。オスとメスがともに育雛を担う。まずヒナをあたため、保護する期間が20〜30日間続く。その後、数羽から100羽を超えるクレイシが形成される、両親は採餌に出かけ、通常は毎日給餌に戻ってくる。

巣立ち：48〜59日。先に生まれたヒナは2月下旬から3月上旬にかけて巣立つ。

食物

オキアミが中心で、魚やイカなども食べるが、場所や季節的条件によって変わる。通常は水深45mかそれより浅い海中で餌を採るが、およそ179mの深さまで潜ることができる。

主な脅威

捕食者：海上では主にヒョウアザラシ。陸上では、ミナミオオフルマカモメ、オオトウゾクカモメが無防備なヒナや卵を捕食する。

漁業：オキアミ漁との競合が懸念される。

気候変動：冬期の海氷面の縮小によりオキアミの量が減っていることと関連し、南極半島周辺で個体数が減少している。

その他の人為的要因：コロニーのほとんどは観光客がアクセスしにくい場所にあるが、局地的に影響が大きくなり、営巣地への捕食者の侵入機会が増加している。

左：大きなヒナと両親。(南極半島、パラダイス湾)
右：雪のない岩場の小さなコロニー。そばでサヤハシチドリが餌を漁っている。(サウスシェトランド諸島、ハーフムーン島)

左下：火山島のデセプション島のベイリー岬にある南極半島最大級のコロニー。
右下：ほとんどのコロニーは、風で雪が吹き飛ばされた高地にある。(エレファント島)

ジェンツーペンギン *Pygoscelis papua*

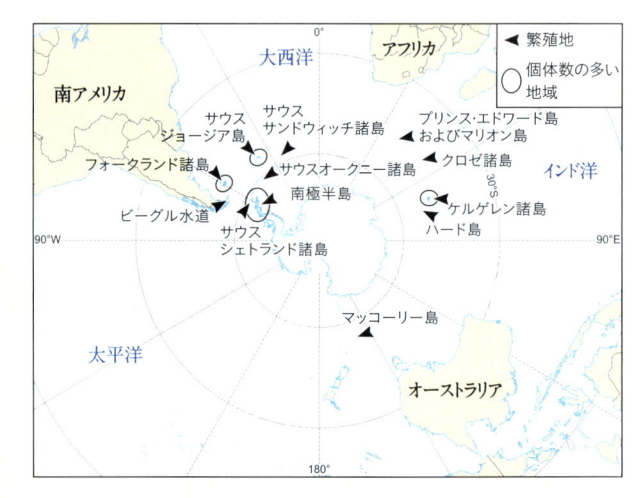

別名・旧名：なし
最古の記述：Aptenodytes papua J. R. Foster, 1781
分類の典拠：Christidis and Boles (1994, 2008); SACC (2006); Sibley and Monroe (1990); Stotz et al (1996); Turbott (1990).
分類に関する備考：2つの亜種が確認されている。南緯約60度までの亜南極に棲むキタジェンツーペンギン（*Pygoscelis papua papua* J.R. Foster, 1781）と南極半島からサウスサンドウィッチ諸島に棲むミナミジェンツーペンギン（*Pygoscelis papua ellsworthii* Murphy, 1947）。
名前の起源：学名のpapuaはパプアニューギニアにちなむが、最初の誤った記述に基づいている。「ジェンツー」はベールのような頭の白い模様から連想して、「ヒンドゥー」を表す古代の言葉からとったとされる。
生息状況：準絶滅危惧種（NT）
評価理由：一部地域で個体数の増加傾向が見られるが、全体の個体数はなお急激に減少している。特にこの数十年で亜南極での減少が著しい。

特徴

ペンギン全種のうち3番目に大きい。独特の外見のため、他の種との混同はない。最も泳ぎの速い鳥とされ、最高時速36 kmが記録されている。

体色

成鳥：頭部、喉、背中、尾が黒く、腹部は白い。両目の上の白い大きな斑点は、頭頂部に向かって細く伸び、カチューシャのようにつながっている。顔の両側と頭頂部にあるそばかす状の白い斑紋は一様でなく、北部に生息する個体の差異は特に大きい。くちばしは大部分が赤みのあるオレンジ色で、上くちばしと先端が黒い。瞳は茶色で、淡いピンクの縁取りと、白い斑点に囲まれている。足は鮮やかなピンクから黄色っぽいオレンジ色をしている。
幼鳥：成鳥に似ているが、やや小さく、色分けもくっきりしていない。背中の色は灰色を帯び、くちばしと足のオレンジ色も鮮やかでない。
ヒナ：背中は灰色、前面は白い綿毛に覆われている。くちばしと足はくすんだオレンジ。

体長と体重

キタジェンツーペンギンはミナミジェンツーペンギンよりやや大きく細身で、くちばしが長め。体長は75〜90cm。体重は時期や性別によって異なるが、4.5〜8.5 kgの間。

声

非常によく鳴く種だが、生息域によってやや差異がある。コンタクトコールは低い音で短く鳴き、求愛コールは呼気音と吸気音を使って、がらがらした大きな声でスタッカート調のリズミカルな鳴き方を続ける。もめ事があると「シュッ」といっ空気音を出し、さらに深刻になると唸り声を出す。ヒナは餌をねだるときに、さまざまな音の高さのさえずり声を出したり、「チーチー」と繰り返し鳴いたりする。

個体数と分布

南極大陸周辺。主に南緯46度から65度の範囲の亜南極の島々と南極半島に分布。最大規模のコロニーはフォークランド諸島（南緯51度48分）、サウスジョージア島（南緯54度18分）、ケルゲレン島（南緯49度21分）に見られる。過去数十年に亜南極の大部分で生息数が激減したが、フォークランド諸島など一部で回復傾向にある。近年、分布の南部で増加が見られるのは、海氷面の縮小と関係していると推測される。最新の調査によると、全体の生息数は38万7000つがいと推定される。ほとんどが亜南極圏に定着するが、一部はさらに南方へ渡る。ほぼどのコロニーにも、一年を通して定着している成鳥がいる。通常、とりわけ繁殖期は、コロニーから5〜25 kmほど離れた場所で採餌を行う。

流鳥は、タスマニア、ニュージーランド、アルゼンチンのほか、まれにゴフ島でも観察される。

繁殖

数羽から数千羽のコロニーを形成して繁殖する。毎年、数メートルから数キロも場所を移動するコロニーもある。主に氷のないモレーン（堆石）地帯や、石の多い沿岸の平地、またフォークランド島に見られるような草の生えた内陸の斜面でコロニーが作られる。繁殖時期は幅があり、通常は6月から11月にかけて始まり、場所によっても異なる。北部の亜種は繁殖期間が長く、最初の産卵で繁殖に失敗すると、2度目の産卵をすることが多い。繁殖開始年齢は2歳以降。つがいは長く維持されることが多い。

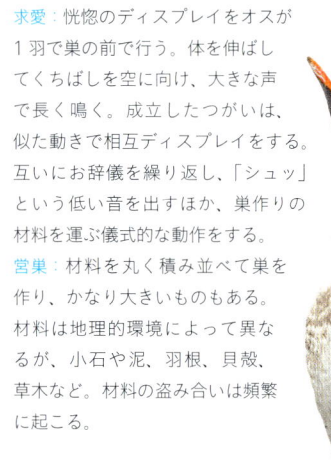

求愛：恍惚のディスプレイをオスが1羽で巣の前で行う。体を伸ばしてくちばしを空に向け、大きな声で長く鳴く。成立したつがいは、似た動きで相互ディスプレイをする。互いにお辞儀を繰り返し、「シュッ」という低い音を出すほか、巣作りの材料を運ぶ儀式的な動作をする。
営巣：材料を丸く積み並べて巣を作り、かなり大きいものもある。材料は地理的環境によって異なるが、小石や泥、羽根、貝殻、草木など。材料の盗み合いは頻繁に起こる。

草木も小石も、巣の水気を切るために重要な材料。

交尾をするつがい。

つがい相手とコンタクトをとるため、繁殖期間を通して、長くいななくような声を響かせる。

南極半島（左）とフォークランド諸島（右）とで異なる繁殖地の様子。

産卵：北部では6〜11月。南部ではより同調性があり、11〜12月。2〜4日をおいて卵を2つ産む。1つだけ、または3つ産む場合はまれ。

抱卵：35〜37日間。オスとメスが分担して行う。最初に産まれた卵から抱卵を始める。

育雛：通常、卵は2つとも孵化するが、産卵と同じくらい日数が開く。両親は20〜37日間にわたり、交代でヒナの保護と給餌を担う。その後、よく動くヒナたちは緩やかなクレイシを形成する。採餌から戻った親は、しばしば長い時間2羽のヒナを競わせ、より素早い方が多くの餌を得る。餌が十分に採れれば、どちらのヒナも生き残る可能性が高い。

巣立ち：北部では85〜117日。南部では62〜82日。他の種と異なり、若鳥が完全に独り立ちするまでの移行期間があると考えられる。若鳥は次第に長いあいだ採餌に出かけるようになるが、合間に生まれたコロニーに戻り、ときおり両親から餌をもらって数週間ほど過ごす。

食物

採餌場所は状況に応じて変わるが、フォークランド諸島周辺を中心に、コロニーに近い海域で餌を採ることが多い。餌は場所や気候によって異なるが、オキアミ、魚、イカが中心で、その配分も条件により異なる。通常、水深100mほどの海中で餌を採るが、200mの深さに潜ることもある。

主な脅威

古来より脂や皮、羽根を狙った乱獲が行われ、個体数が減少してきた。卵の採取が今も認められている地域もあるが（フォークランド諸島では許可制で行われている）、慣習はなくなりつつある。

捕食者：海上ではヒョウアザラシ、オタリア、シャチ、まれにアザラシ。陸上ではミナミオオフルマカモメ、トウゾクカモメ、サヤハシチドリ、ミナミオオセグロカモメがヒナや卵を捕食する。フォークランド諸島ではフォークランドカラカラが、また野生化したネコが一部コロニーで脅威になっている。

気候変動：北部での個体数減少をもたらす可能性がある。

漁業：生息域全体で獲物をめぐる漁業との競合が起きており、限られた海域の資源への依存が目立つ。オットセイの増加も一部地域で餌の競合を引き起こしている。

油汚染：フォークランド諸島周辺での油田探査の拡大により、油流出の懸念が高まっている。

その他の人為的要因：他のペンギンよりも、驚いて巣から逃げやすいため、鳥類の捕食者に対してヒナや卵が無防備になりがちだが、研究によると（フォークランド諸島、マッコーリー島、ポート・ロックロイ）、頻繁に人間が訪れる地域でも、繁殖の成功率が落ちている形跡はないという。人間への慣れが一部で見受けられるものの、特に訪問者の多いポート・ロックロイ（2011年には1万5000人が上陸）では、近場で人が来ない場所へ移動する個体が複数観察されている。

病気：原因が常に特定されるわけではないが、疫病は局地的な個体数の減少に大きく影響する。かつては、2006年に鶏痘ウイルスが、2002〜03年に有害な藻の異常発生、いわゆる「赤潮」による麻痺性貝毒が、ともにフォークランド諸島で蔓延した。

産卵からヒナの巣立ちまでは3〜5カ月。繁殖地域や餌の量によって異なる。

南部（左）と北部（右）の種は見るからに違う特徴を持っている。

ケープペンギン *Spheniscus demersus*

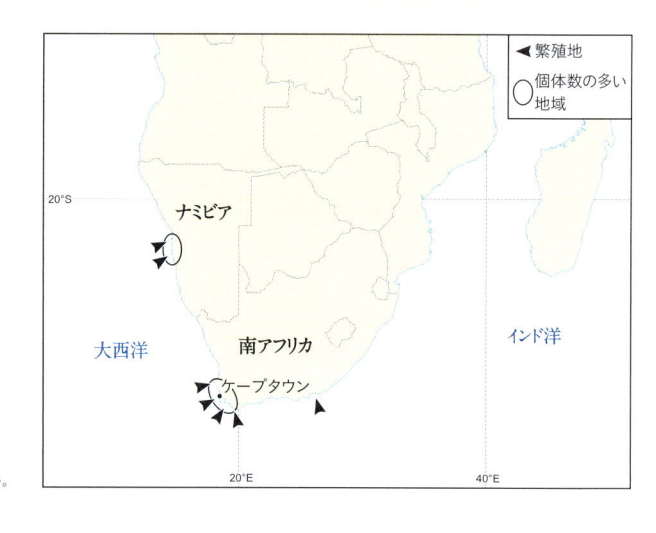

別名・旧名：Black-footed penguin, Jackass penguin, African Penguin
最古の記述：*Diomedea demersa* Linnaeus, 1758
分類の典拠：Dowsett and Forbes-Watson（1993）; Sibley and Monroe（1990）.
分類に関する備考：亜種は確認されていない。
名前の起源：学名の *demersus* はラテン語で「落ち込んだ、沈んだ」という意味。
生息状況：絶滅危惧IB類（IUCN2012）
評価理由：分布域全体で急激に減少している。研究や保護活動が行われているが、回復の傾向は見られない。

顔の模様と腹部の斑点は個体ごとに異なる。

けたたましい鳴き声が別名ジャッカス（雄ロバ）ペンギンの由来。

特徴
中くらいの大きさ。温暖な地域で生息する。アフリカ大陸で繁殖する唯一の種。

体色
成鳥：背中と尾は黒で、腹部は白く、個体ごとに異なる黒い斑点がある。頭部は黒く、目とくちばしの付け根の間から白く太い帯が目の上、耳羽を通り、喉から下の白い部分とつながっている。胸の上部にはアーチ型の黒い帯があり、体の両脇、翼の下を通り、次第に細い線になって足の付け根の内側まで続く。腹部の斑点が密集し、帯がもう1本あるように見える個体もいる。濃い茶色の瞳を囲む裸出したピンク色の皮膚は、上くちばしの付け根までつながっている。くちばしは黒く、上下のくちばしの先端に薄い色の帯が入っている。足は黒く、個体ごとに異なるピンク色の斑模様がある。
幼鳥：頭部と背中は青みがかった濃い灰色。腹部は白。あごと喉は薄い灰色。帯模様はない。
ヒナ：頭部、喉、背中は茶色で、通常、顔の部分は色が薄い。腹部は白。

体長と体重
体長は60〜70cm。体重は性別、時期により異なるが2.1〜3.7kgの間。

声
他の同属の種と同じように、息を吸って出す甲高い音と、息を吐いて出す大きな音を使い分け、悲しげにいななくように鳴く（主に夜に聞かれる）。

個体数と分布
ベンゲラ湧昇流周辺の生態系に固有の種。繁殖地はナミビア南部と南アフリカに28カ所あり、7つの島に全体の80パーセントの個体が生息する。分布域はナミビア中央部沿岸にあるホルムズバード島（南緯24度28分）から南アフリカのアルゴア湾のバード島（33度50分）まで。ナミビア最大のコロニーはマーキュリー島（25度43分）に、南アフリカではダッセン島（33度25分）にある。

19世紀初頭には約100万つがいいた生息数が壊滅的に減少した。要因は、グアノや卵の採取、その後の油流出事故、巾着網漁をする漁業者との競合だ。2009年時点での全体の生息数は、推定2万5262つがい、内訳はナミビアに4563つがい、南アフリカに2万699つがいとされ、2006／07年時

午後、小さな群れが南アフリカ、サイモンズタウン近くのボールダーズビーチに帰ってくる。1982年に生まれたこの大規模なコロニーには、海沿いの住宅地のおかげで捕食動物が近寄らない。

点の3万6000つがい、1979／80年時点の6万9000つがいから減少している。

定着性が高く、繁殖期はコロニーから40km圏内に留まる。移動距離は餌の入手状況によって変わる。コロニーから1年じゅう離れない個体もいる。採餌旅行の距離は、繁殖していない成鳥の場合は120〜350kmに及ぶと確認されており、900km移動した記録もある。幼鳥は、生まれたコロニーから最大1900km離れた場所まで移動する。

流鳥はガボン、コンゴ、モザンビークで確認されている。

繁殖

1年中どの時期でも繁殖を行うが、場所によって違う。小〜中規模のコロニーを、島や大陸沿岸の草木のある平らな砂地か、切り立った岩場に形成する。繁殖開始年齢は4〜6歳。つがいの忠誠度、コロニーへの執着度は強いが、巣への執着は弱い。

求愛：恍惚のディスプレイは、まず頭を真上に向けてくちばしを開き、静かに声を震わせて鳴く。続いて翼をリズミカルに動かしながら、ロバのように鳴く。さらにオスとメスが互いの周りを回り、頭を揺らし、体を震わせ、お辞儀をし、くちばしをぶつけ合う。オスがメスの体を翼で軽くたたいたり、互いに羽づくろいをし合ったりする。

営巣：本来はグアノや硬い砂地に掘った巣穴を好むが、地表に巣を作る場合、岩や低木の隙間や下、建物の陰など、遮蔽物のある場所を選ぶ。小石や貝殻、骨、羽根のほか、手に入る草木を敷くこともある。ファイバーグラス製の小さなドームや、太い管、木の巣箱など、人工の巣を用意している地域もある。

産卵：コロニー内では同調性が高い。白い卵を最長で3日おいて2つ産む。1つめの卵は2つめよりも大きい。産卵のピークは、南アフリカでは3〜5月、ナミビアでは11〜12月。最初の産卵で失敗すると、2度目の産卵をすることが時々ある。

抱卵：38〜41日。最初に産んだ卵から抱卵を始め、両親が1〜2日おきに交代で行う。

育雛：孵化の日数は2日ほど開きがある。26〜30日間、両親に保護された後、特に巣が地表で露出しているコロニーで小さなクレイシが形成される。給餌は両親がともに行う。

巣立ち：60〜130日と大きな開きがある。成鳥の羽根に生え変わるまでに2年以上かかる。

食物

主に群泳する浮魚を食べる。カタクチイワシ、イワシ、タイセイヨウサバを好み、イカや小さな甲殻類も食べる。通常は水深30mかそれより浅い場所で採餌するが、130mの深さまで潜ることができる。

主な脅威

古来より、食糧や船の燃料として利用され、また油を取るために殺されてきた。この他複数の要因により劇的に生鳥数が減少し、その傾向が続いている。

捕食者：海上ではサメやミナミアフリカオットセイ。陸上では、マングースや野生化したネコ、さらにミナミオオセグロカモメやモグラヘビ、ネズミなどが場所によって脅威となる。

グアノ採掘：巣穴を掘れる場所が減り、営巣地の環境が長期にわたり悪化している。地表に作った巣が過熱状態になったり、水浸しになったり、捕食者に狙われたりする危険が増している。南アフリカでは1991年に採掘が禁止され（1841年から1983年の間に180万トンが採掘された）、ナミビアでは一部でまだ続いている。

上：古来より、ケープタウン（背景）に近いロベン島は野生動物の楽園だった（「ロベン」とはアフリカーンスの言葉でオットセイを意味する）が、人間の侵入により環境が破壊され、ペンギンは1800年代までに絶滅した。かつて強制収容所があったロベン島は、今では世界文化遺産に指定され、保護活動の結果3600つがいのケープペンギンが生息するまでになった。南アフリカで3番目に大きいコロニーである。一方で、油流出事故の影響が今も続いている。

右：幼鳥の顔や胸には、成鳥のようなくっきりした帯模様がなく、2年以上かけて羽根が生え変わる。

生息地：ミナミアフリカオットセイや他の海鳥と繁殖地の競合がある。港や沿岸の住宅地の開発によっても生息地が縮小している。

卵の採取：以前は深刻な影響をもたらしていたが、1967年に禁止された。

漁業：餌となる種をめぐる巾着網漁との競合が、繁殖の失敗の大きな要因と考えられている。ミナミアフリカオットセイとの競合も激化している。ナミビアに生息する個体はトカゲハゼを代わりに食べるようになったが、繁殖中の成鳥にとっては栄養価が足りない。

油汚染：事故による流出、また意図的な（ビルジ洗浄に伴う）流出で深刻な影響が今も続いており、大規模な救出活動が行われている。たとえば2000年には貨物船トレジャー号が沈没し、南アフリカ沿岸鳥保護財団（SANCCOB）が油にまみれたペンギン1万9000のうち90パーセントを保護して自然に返し、また、油汚染を免れた1万9000の繁殖個体を800km東へ移動させ（ヒナは犠牲になった）、元のコロニーに泳いで戻るまでの2週間を沿岸の浄化に費やした。

病気：鳥マラリア、バベシア病、アスペルギルス症に感染しやすい。回帰熱を引き起こす新しいボレリア菌が2002〜2010年に発見されているが、おそらく致命的な病気ではない（日本の海鳥のコロニーで見つかった、ダニが媒介する病気に似ている）。

気候変動：海水の温度上昇が獲物の分布や量の変動要因と考えられる。イワシやカタクチイワシの群れが東に移動し、南アフリカのコロニーから遠ざかっているために、繁殖に影響を及ぼしている。

その他の人為的要因：大陸本土のコロニーでは人間や道路交通による影響を受けやすい。

南アフリカ、ボールダーズビーチのコロニーで羽づくろいをする親子。

マゼランペンギン *Spheniscus magellanicus*

別名・旧名：Patagonian penguin; Jackass (Falklad Islands)
最古の記述：*Aptenodytes magellanicus* J. R. Fpster, 1781
分類の典拠：Christidis and Boles (1994, 2008); SACC (2006); Sibley and Monroe (1990); Stotz et al (1996); Turbott (1990).
分類に関する備考：フンボルトペンギン、ケープペンギンと同種と考える研究者もいる。
名前の起源：学名の*magellanicus*は16世紀の探検家、フェルディナンド・マゼランにちなむ。
生息状況：準絶滅危惧種（IUCN 2012）
評価理由：変動がある。急激な減少が進んでいると考えられる。

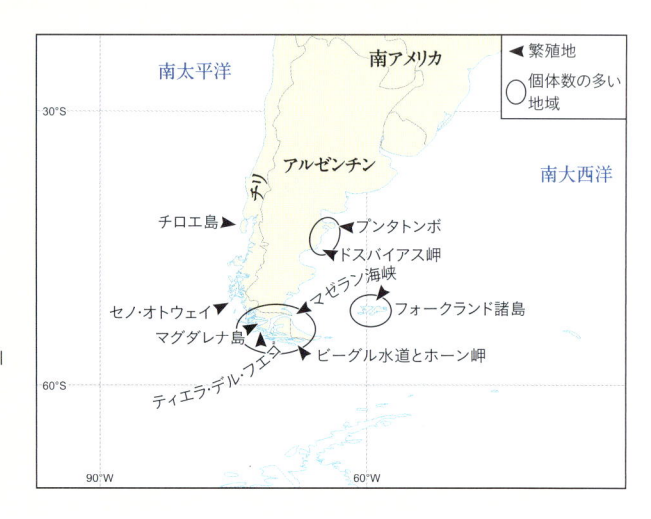

巣穴の入り口を守るつがい。（アルゼンチン、パタゴニアのドスバイアス岬）

特徴

温暖な地に暮らす、体に帯模様のある種では最大のペンギン。とても喧嘩っ早く、攻撃的。外見が似ていて分布が一部重なるフンボルトペンギンと混同されることもある。胸の黒い帯が1本ではなく2本あるので、陸上ではすぐ判別できる。

体色

成鳥：背中と尾は黒。腹部は白く、個体によって異なる黒い斑点がある。頭部は黒く、目とくちばしの付け根の間から白く太い帯が目の上、耳羽を通り、喉の下でつながっている。前から見ると黒い帯が2本ある。1本目は幅が太く、喉の白い帯の下を横切り、肩の辺りから背中の黒い部分につながっている。2本目はやや細めで、胸の上部でアーチを描き、体の両脇、翼の下を通り、次第に細い線になって足の付け根の内側まで続く。裸出したピンク色の皮膚が茶色い目を縁取り、上くちばしのつけ根まで伸びている。口回りの黒い色とのコントラストが目立つ。黒いくちばしの先端、特に下くちばしには個体によって異なる模様がある。足は黒く、個体によって異なるピンクの斑模様がある。

幼鳥：成鳥より小さく、背中の羽毛は灰色で、頬とあごは薄い灰色から白。帯模様はない。

ヒナ：頭部と背中は灰色がかった茶色、腹部は白い。頬とあごの色は薄い。

体長と体重

体長は70cm。体重は性別、時期によって異なるが、2.3～7.8kgの間。

声

他の同属の種と同じように、吸気音と大きな呼気音を組み合わせた悲しいいななきのような声を、求愛中や喧嘩の前後に用いる。早朝から夕方にかけて鳴くことが多い。つがいが成立した後は、挨拶や喧嘩、両親が交代で巣を出入りするときを除き、繁殖期間は鳴き声を出さないことが多い。ヒナは「チーチー」と鳴く。

個体数と分布

フォークランド諸島、アルゼンチン、チリのパタゴニア沿岸および周辺の島々で繁殖する。繁殖地の分布は、およそ南緯41度（アルゼンチンのサンマティアス湾、チリのチロエ島北部）からフエゴ島、ホーン岬（南緯55度58分）にかけて。アルゼンチン最大のコロニーはプンタトンボ（南緯44度02分）に、チリではマグダレナ島（南緯52度55分）にある。

個体数の傾向は地域によって異なり、一部では大幅な減少が見られる。全体の生息数は推定130万つがいで、その73％がアルゼンチンで繁殖を行う。

渡りの習性がある。換羽期間に入る前と5～8月にかけてコロニーを離れる。大西洋と太平洋にコロニーがある個体群は、それぞれブラジル、ペルーまで北上する。採餌旅行の距離・時間は、繁殖期間はコロニー間でも個体間でも大きく異なる。たとえば、コロニーから採餌場までの距離は14～120kmと幅があり、最大で沖合75kmまで移動し、最大の往復距離は283kmに及ぶ。採餌に費やす時間も8～74時間まで幅がある。

流鳥は南極半島、亜南極の島々、ニュージーランドやオーストラリアで確認されている。

求愛は、大きな身振りで歩き、フリッパーを動かし、ロバのように鳴く。

繁殖

極めて社交的。大陸のコロニーでは大きな集団で繁殖を行う。フォークランド諸島では緩やかなコロニーを形成する。場所によって、繁殖期にやや違いがある。

左：幼鳥と成鳥では体色が大きく異なる。
右：複数のオスによる求愛行動は頻繁にある。（アルゼンチンのドスバイアス岬）

左：海の上でも目立つ顔の模様。（アルゼンチン、パタゴニアのプンタトンボ）
中：家族の挨拶。（フォークランド諸島、ソンダース島）
右：波に乗って上陸。（アルゼンチン、パタゴニアのプンタトンボ）

営巣地はさまざまで、平坦な土地や段状の地形、砂丘、イネ科のタソックグラスや低木の茂った場所、森など、海抜は最大70mまで、海から最大1km内陸の場所で巣を作る。フォークランド諸島やビーグル水道では、ジェンツーペンギンやキングペンギンとコロニーが近接することもある。またチリではフンボルトペンギンと分布が重なる（3つのコロニーで確認されている）。プニウィル島ではフンボルトとマゼランの交雑種が初めて観察されている。繁殖開始年齢は4歳頃だが、5歳から8歳にかけてが多い。オスが9月にコロニーに戻り、間もなくしてメスも戻ってくる。つがいの忠誠度や巣への執着度は高い。

求愛：まずオスが巣の前に立ち恍惚のディスプレイをする。体を伸ばし、くちばしを開いて空に向け、広げた翼をリズミカルに動かしながら、「ハフ」という低い音を繰り返し出し、次第に大きなロバのいななきのような鳴き声に変わる。さらにくちばしをフェンシングのようにぶつけ合ったり、オスがメスの周りを回り、背中や脇を翼でたたいたり、互いに羽づくろいをし合ったりする。

営巣：硬い氷河堆積物から砂地まで、さまざまな土壌に深い巣穴を掘る。茂みや木の根元、岩の下など隠れられる場所を浅く掘って巣にすることもある。小枝や草など手に入る素材を敷くこともある。

産卵：コロニー内では同調性が高い。くすんだ白い卵をおよそ4日おいて2つ産む。10月の初旬から中旬にかけて産卵する。最初の卵の方が2つ目より大きい。

抱卵：39〜42日。両親が交代で2回ずつ行い、最初にメスがおよそ15日間抱卵する。その後、孵化するまで短い日数で交代する。

育雛：通常、卵はおよそ1日違いで2つとも孵化する。約30日間、両親は保護と採餌を交代で行うが、その後はヒナを残して同時に採餌に出かける。クレイシは形成されず、ヒナは巣立ちまで巣の中か周辺に留まる。親鳥は給餌の際、先に生まれたヒナを優先するため、餌が十分に採れないと、後から生まれたヒナは餓死してしまう。理想的な条件のもとではヒナは2羽とも育つ。

巣立ち：60〜120日の間。餌の状況によるが1月から3月初めにかけて巣立つ。

食物

場所によって異なるが、カタクチイワシやイワシを中心に、イカやタコ、甲殻類も食べる。平均して水深30mの海中で採餌し、記録では最大91mまで潜ることができる。

主な脅威

プンタトンボではペンギンの皮、油、タンパク質の商用利用を目的にした乱獲が行われていたが、1981年、ニューヨークの野生生物保護協会がチュブ州観光局や土地所有者、P・ディー・ボースマ博士と協力して長期的な研究に着手し、乱獲が禁止された。

捕食者：海上や浜辺ではオタリアとオオフルマカモメ。陸上では、カラカラやトウゾクカモメやカモメが無防備な卵やヒナを食べる。場所によって、キツネや野生化したネコやイヌが脅威となる。保護が不十分なチリの一部地域では、主にカニ漁の餌用として人間に乱獲されている。

漁業：餌をめぐる競合が個体数減少の一因と考えられる。カタクチイワシなどの乱獲により、親鳥がより遠くまで採餌に出かけなくてはならず、ヒナへの給餌に影響を及ぼしている。刺し網に絡まって溺れる事故も起きている。

生息地：家畜の過剰な放牧により、巣穴が崩落する危険がある。

卵の採集：フォークランド諸島では今も許可制で行われているが、慣習はなくなりつつある。

気候変動：元々乾燥していた環境で降雨量が増えた結果、洪水や巣穴の崩壊が起き、濡れたヒナが低体温症で死ぬ危険がある。

油の流出：アルゼンチン、チリの沖合の油井やタンカーから油が流出する危険が常にある。フォークランド諸島周辺での油田探査の拡大も懸念される。

フンボルトペンギン *Spheniscus humboldti*

別名・旧名：Peruvian penguin, Patranca or Pájaro niño.
最古の記述：Meyen, 1834.
分類の典拠：SACC（2006）；Sibley and Monroe（1990）；Stotz et al（1996）.
分類に関する備考：亜種は確認されていない。
名前の起源：学名の *humboldti* は唯一の生息地である寒流のフンボルト海流（ペルー海流）に由来する。フンボルト海流の名はプロイセンの博物学者、探検家であるアレクサンダー・フォン・フンボルト（1769-1859）にちなむ。
生息状況：絶滅危惧II類（IUCN2012）
評価理由：ペルーでは減少が著しく、チリでは変動がある。繁殖地も減少している。減少傾向が続く見込み。

自然の洞穴が少ないため、地表に露出した巣がヒメコンドルに襲われたり、暑い日に過熱状態になったりする危険がある。

特徴

中くらいの大きさで温暖な地域に生息する種。外見が似ていて分布が一部重なるマゼランペンギンと混同されることもあるが、黒い帯が2本ではなく1本だけなので、陸上では容易に判別できる。動物園で見られるペンギンのほとんどがこの種である。

体色

成鳥：黒っぽい背中と尾。腹部は白く、個体により異なる黒い斑点がある。頭部は大部分が黒で、白く細い線が目の上から始まり、だんだん太くなって耳羽を通り、喉の下の方で帯状につながる。胸の黒い帯は体の両脇、翼の下を通り、次第に細い線になって足の付け根の内側まで続く。赤茶色の目はピンク色の皮膚で縁取られていることが多い。ピンク色の部分はくちばしの付け根とあごの下まで続いている。くちばしは黒く、主に下くちばしの根元がくすんだピンク色。上下のくちばしの先端近くに淡い色の帯がある。足は黒く、個体によって異なるピンクの斑模様がある。

幼鳥：頭部と体の大部分が濃い灰色で、頬とあごが淡い色をしている。腹部は白っぽい色。胸の帯模様はない。

ヒナ：全体が薄い灰色で腹部と頬とあごは白い。くちばしの付け根は濃い色をしている。

体長と体重

体長は65～70cm。体重は性別、時期によって異なるが、4～5kgの間。

声

同属の他の種と似ていて、長く物悲しい、ロバのようないななき声で鳴く。マゼランペンギンより穏やかな鳴き方で、主に夜に鳴く。

個体数と分布

ペルーとチリの温暖な沿岸と周辺の島々にのみ固有の種。フンボルト海流により栄養が豊富な海域で生息する。分布はペルー北部のフォカ島（南緯5度12分）から、チリのチロエ島沖のメタルキ島（南緯42度11分）まで。マゼランペンギンと分布が重なるメタルキ島は、2種が繁殖地を共有する3つのコロニーのうち最も南に位置する。最大のコロニーは、ペルーではプンタサンフアンに、チリではチャニャラル島にある。

19世紀半ばには生息数が100万羽以上と考えられていたが、1880年から1930年代の間に、肥料に用いるグアノの採掘や、後には魚粉業者との獲物をめぐる競合により、大幅に減少した。過去30年の個体数のデータは大きく幅があり、計測手法が統一されていないことが原因と考えられる。現在、最も多くの個体が生息しているのはチリだ。ENSO（エルニーニョと南方振動）の発生による気候の乱れの影響を受けやすく、1982年／83年には70％以上（1万9000～2万1000羽が5180～6080羽に減少）、1997年／98年にも同程度（1万～1万2000羽が3300羽に）減少した。最近の推定個体数は4万羽とされているが、実際の生息数は明らかになっていない。

これまでは定着性が強いと考えられ、繁殖期には通常、営巣地の35～50km圏内で採餌するとされていたが、環境の変動や獲物の不足により、より広い範囲で採餌を行っていることが分かった。非繁殖期には、ペルーまで最大170km、まれに600km移動する例も観察された。新たな研究では、ペルーとチリ北部の間、およそ700kmに及ぶ渡りをする可能性も示唆されている。

流鳥は、コロンビアまで北上している記録がある。アラスカ

栄養豊かなフンボルト海流（ペルー海流）の海域のみに生息する。

周辺の海で個体が観察された例もあるが、自然に移動したのか、人為的なものかは不明。

繁殖

沖合の島、まれに大陸沿岸で小規模なコロニーを作って繁殖する。決まった繁殖期はないが、南半球の冬の間に行うことが多い。理想的な条件では、一度に2羽の育雛を2回続ける。ただし餌が不足していると、一番最後に生まれたヒナが餓死する可能性が高い。繁殖開始年齢はおよそ4歳から。一夫一婦制だが、つがい相手以外との交尾も観察される。繁殖地への執着は強い。

求愛：まず、巣の前でオスが恍惚のディスプレイをする。くちばしを開いて空に向け、翼をゆっくり動かしながらロバのいななきのような声で繰り返し鳴く。つがいが成立すると互いにこのディスプレイを行い、くちばしをもっと前に突き出す。さらにくちばしをフェンシングのようにぶつけあう、オスがメスの背中や脇を翼でたたく、お辞儀をする、羽づくろいをしあう、などの行為をする。

営巣：古いグアノや硬い土壌に巣穴を掘る。自然にできた割れ目や洞穴を巣にする他、突き出た岩壁や砂漠の草木の下を浅く掘って巣を作る。羽根や海藻を敷き詰めることが多い。

産卵：ほぼ同じ大きさの2つの卵を2〜4日おいて産む。産卵時期は、ペルーでは3〜12月の間、チリではペルーよりだいたい1カ月遅い。

抱卵：40〜42日。両親が定期的に交代して行う。

育雛：通常、卵は2つとも2〜4日をおいて孵化する。ヒナは2〜3週間は巣穴／巣の中に留まり、その後巣の近くで巣立ちまで過ごす。クレイシは形成されない。両親は初め、保護と採餌を交代で行うが、やがてヒナだけを残し同時に採餌に出かける。

巣立ち：70-90日。コロニーを離れ、数カ月のあいだ海で暮らす。成鳥の羽根に生え変わるまでにおよそ1年かかる。

食物

主に近海で、カタクチイワシやニシン、トウゴロイワシ、サヨリ、甲殻類や頭足類を食べる。通常、水深60mより浅い海中で餌を採る。

主な脅威

捕食者：海上にはシャチ、オットセイがいるが、深刻な脅威ではない。陸上では、野生のイヌ、砂漠に棲むキツネ、ミナミオオセグロカモメ、まれにカラカラやヒメコンドルが脅威となる。一部のコロニーでは、野生化したイヌやネコ、とりわけネズミが脅威となっている。

漁業：カタクチイワシを用いた大規模な魚粉生産業に加えてENSO現象が起こり、1970年代から80年代にかけて生息数が激減した。その後の対策により一部回復が見られるが、漁業者や海鳥との資源をめぐる競合はいまだに厳しい。また、漁網に絡まったり、爆発物の使用時に巻き込まれたりするなど、直接的に命を落とす被害も起きている。

グアノ採掘：インカの時代から採掘が行われてきたが、19世紀後半に壊滅的にグアノが減少した。以降、繁殖の成功に影響を及ぼしている。現在はペルーの政府機関がグアノ採掘を取り締まっており、主要な12のコロニーに対して法的な保護対策を講じるとともに、採掘者や小型肉食動物の侵入と土壌の浸食を防ぐための壁を設け、一部には守衛を配置している。

採鉱：チリでは、抗議活動によってプンタチョロスでの炭鉱開発が中止された。しかし建設予定の火力発電所が2カ所あり、影響が懸念される。

捕獲：沿岸の漁師たちが成鳥とヒナを食用もしくは餌用に捕る。チリではペンギンの捕獲を30年間禁ずるモラトリアムが1995年に始まり、4つの大規模なコロニーが保護下にある。

気候変動／ENSO：ENSO現象により個体数が著しく減少した。海面上昇により巣が水浸しになる危険に加え、海水温の急上昇や栄養豊富な湧昇流が抑制されることが、大規模な餓死や繁殖の失敗の要因になっている。気候モデルによる予測では、ENSO現象が激化して影響がますます広がる見込み。

その他の人為的要因：人間に対して過敏に反応する。エコツーリズムのように管理された状態でも人間を警戒する。ダマス島、チョロス島、チャニャラル島で2006年にチリが行った調査では、繁殖の成功率が減少していた。

左：巣穴を掘るグアノの層が減ったため、岩や乏しい草木の下に巣を作る。全ての写真はチリ北部のティルゴ島。
右：崩れた塩性低木の茂みに作った巣。下方に広がるのは典型的な砂漠の海岸。

午後遅く、岸に現れた群れ。神経質で臆病なため、エコツーリズムの対象に向かない数少ない種の一つ。

ガラパゴスペンギン *Spheniscus mendiculus*

別名・旧名：なし
最古の記述：Sundevall, 1871
分類の典拠：SACC（2006）; Sibley and Monroe（1990）; Stotz et al（1996）.
分類に関する備考：ペンギン全種のうち最も希少な種。個体数が少なく遺伝プールが小さい。分布も非常に限られている。
名前の起源：由来となったラテン語のmendicusは「ほんのわずかの、取るにたらない、哀れな」といった意味。mendiculusは小型の種であることを表している。普通名の「ガラパゴス」はガラパゴス諸島固有の種であることにちなむ。
生息状況：絶滅危惧IB類（IUCN2012）
評価理由：生息数が少なく分布が非常に限られている（ほとんどの個体が一つの島で繁殖をする）ため、自然現象や人間の活動の影響を受けやすい。長期の観察によると、個体数は著しく変動しており、過去30年間で急激に減少している。深刻化が進む気候変動が主な原因だ。

赤道地帯の火山群島にすむ、全種で2番目に小さく最も珍しいペンギン。（イザベラ島、エリザベス湾）

特徴

体に帯模様のある4種のうち最も小さく、最も北部に生息する種。熱帯気候だが周囲の海水温が低い地域で繁殖する。フンボルトペンギンと最も近縁。体が小さく、分布が完全に孤立しているため、他の種と混同されることはない。

体色

成鳥：背中と尾は黒い。腹部は白く、個体ごとに異なる黒い斑点がある。頭部と喉は大部分が黒で、あごが白い（模様は個体ごとに異なる）。白く細い帯模様が両目の端から始まって、輪を描くように耳羽を通り、喉元でつながる。胸の上部にあるアーチ状の黒い帯は、黒い背中との間にできた白い帯と重なり、体の両脇、翼の下を通り、次第に細い線になって足の付け根の内側まで続く。他のスフェニスクス属の仲間に比べ、帯模様はくっきりしておらず、ときに白い部分と黒い部分が混じり合うこともある。また、体の下の方では黒と白の羽根が入り交じり、むらのある斑模様になっている。上くちばしは黒、下くちばしは黄色っぽいピンクで、先端が黒い。くちばしの付け根の皮膚が裸出したピンク色の部分はあごまで続き、繁殖期には黒い斑点が出る。茶色い瞳はピンク色の皮膚に囲まれ、黒い斑点がある。足は黒く、白い斑模様があり、足の裏は黒い。オスとメスで外見は似ているが、オスの方があごの白い部分や、くちばしの付け根のピンク色の部分が大きい。

幼鳥：体と頭部は濃い灰色で、頬は白っぽく、あごは白くない。胸の帯模様はなく、頭部に皮膚の裸出部はない。瞳はピンクがかった色。くちばしは黒っぽい色。

ヒナ：頭部、喉、背中は灰色がかった茶色で、腹部は白い。

体長と体重

体長は48〜53cm。体重は性別、時期により異なるが、1.4〜2.9kgの間。

声

同属の他の種と同じように、ロバのいななきのような声で鳴くが、他の大型の種よりもずっと穏やかで、物悲しい声を出す。また、求愛や挨拶をするときには、主に夜、2羽以上で小さく鳴き交わす。コンタクトコールは柔らかな警笛に似た音で、遠くで聞こえる霧笛を思わせる。

個体数と分布

赤道地帯のガラパゴス諸島に固有の種。分布域は小さく限られていて、海水が最も冷たい西側の島々が好まれる。個体数の95％がフェルナンディナ島（南緯0度22分）周辺とイサベラ島西岸（南緯0度30分）に生息する。残り5％は、バルトロメ島（南緯0度17分）、サンチャゴ島（南緯0度15分）、フロレアナ島（南緯1度17分）のごく一部で生息している。2009年の最新の全数調査では、1042羽の個体が観測された。

通常は定住性で、沿岸のごく浅い海で採餌する。たいてい、岸からは200m以内の沖合、コロニーからは沿岸距離にして数キロ離れた場所（最長記録は23.5km）まで移動して餌を採る。繁殖していない個体、主に幼鳥は、ときにイサベラ島の南岸や、ソンブレロ・チノ島、ラビダ島、ピンソン島、サンタ・クルス島西部など近接した地域で観察される。深刻なエルニーニョ現象のために餌が不足しているときは、さらに遠いサン・クリストバル島、エスパニョラ島、シーモア島、バルトラ島でもまれに観察される。

流鳥がパナマで確認されているが、ほとんどが船で運ばれたものと考えられる。

今は元気そうだが、サメに噛まれた痕が残っている。（フェルナンディナ島、ダグラス岬）

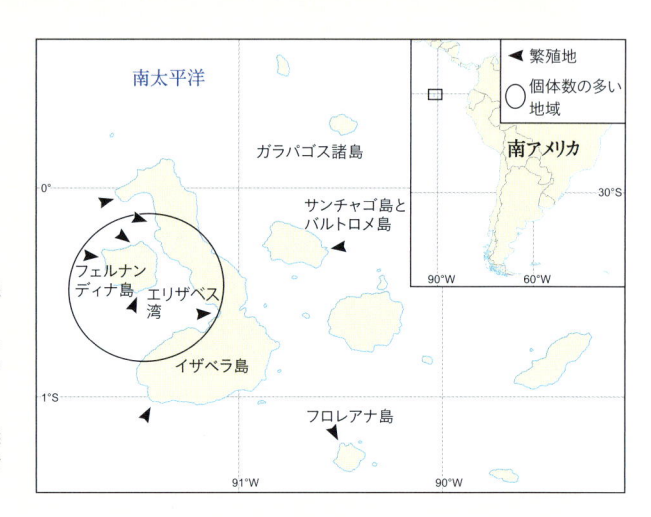

右上：イサベラ島南部の沿岸、成鳥と幼鳥が溶岩の岸で休む。ここでは、ネコがペンギンの巣を荒らす被害が確認されており、ガラパゴス国立公園の管理上の課題となっている。
左上：ガラパゴスベニイワガニと生息地を共にする。
左（2枚）：クロムウェル海流がガラパゴス西側の島々にぶつかって湧昇流が生じる沿岸海域で、たいてい200mに満たない深さまで潜り餌を採る。

場所に巣を作る。小枝や羽、近くで手に入る草木を巣に敷くのが典型的。
産卵：2〜4日をおいて卵を2つ産む。気候条件によるが、産卵時期は通常6月から9月で、ラニーニャ現象の起きる年は12月から3月。4〜5月の産卵は減る。
抱卵：38〜42日間。最初に産まれた卵から抱卵を始める。両親が交代で行う。
育雛：通常、卵は2つとも孵化する。ヒナは、30日ほど両親が定期的に交代して保護する。巣立つまで、巣とその周辺にとどまり、クレイシは形成しない。
巣立ち：60〜65日。

食物

主に沿岸の海で、群れで泳ぐイワシやカタクチイワシ、小さなボラを浅く潜って採る。潜る深さは通常6mに満たないが、最深52.1mの潜水記録がある。

主な脅威

捕食者：海上では主にサメ。陸上では、ガラパゴスノスリ、野生化したネコやイヌが、成鳥や幼鳥を襲う。ヘビやカニ、フクロウ、ネズミが無防備なヒナや卵を食べることもある。
気候変動：頻度や期間、深刻度が増すエルニーニョ現象によって海水温が上昇するとともに餌となる獲物が分散し、種の長期的な生存を脅かしている。
漁業：沿岸で混獲の被害に遭う危険がある。特に、ガラパゴス海洋保護区で使用が禁止されている違法な刺し網に絡まって溺れる事故が多い。
病気：人間の活動により、害を及ぼしうる病原菌や寄生虫が島に持ち込まれ、すでに影響が確認されているものもある。たとえば2003年から2006年に採取されたペンギンの血液サンプルからは、当時直接的な健康被害は確認されなかったものの、プラスモデューム属の原虫が検出された。
火山活動：非常に活発な火山の周辺で主に繁殖するため、流れ出した溶岩が沿岸に達し多数の個体が犠牲になるおそれがある。
油汚染：石油タンカーや座礁した客船からの流出油が、ごく限られた繁殖地や採餌場の大部分に影響を及ぼしかねない。全体の個体数に大きく影響するおそれもある。

繁殖

ごく小さな群れで、緩やかなコロニーを形成する。換羽の期間を除いて、一年のどの時期でも繁殖する。海水温が24度以下で採餌条件が最適であれば、年に2回以上産卵してヒナを育てることができる。繁殖地では主に夕暮れから夜間に活動する。繁殖開始年齢はおよそ4歳から。つがいの忠誠度と巣への執着度は高く、翌年以降も維持される。
求愛：夕暮れ、もしくは夜間に、一組のつがい、または小さなグループで行われる。まず1羽のオスが注意を引くためにロバのように鳴く。それからグループで歩き回り、ロバのいななきや笑い声に似た声で鳴く。このときの姿勢は真っすぐで、喉を膨らませ、頭を素早く動かす。つがいは引き続き、くちばしをぶつけあう、羽づくろいをしあう、交尾の誘いとして翼で体をたたく、などの行為をする。
営巣：溶岩の裂け目、火山の角礫などの隙間や、岩や凝灰岩の下、溶岩にできた小さな空洞など、赤道の太陽光を避けられる

成鳥（右）と幼鳥の配色の違い。

ミナミイワトビペンギン *Eudyptes Chrysocome*

別名・旧名：フォークランド諸島では「ロッキーズ」というあだ名で呼ばれる。
最古の記述：*Aptenodytes chrysocome*, J. R. Foster, 1781
分類の典拠：Christidis and Boles (2008)．
分類に関する備考：イワトビペンギンは2種に分かれている。キタイワトビペンギン（northern *Eudyptes moseleyi*）とミナミイワトビペンギン（southern *E. chrysocome*）は形態や発声、遺伝子に十分な差異があることが研究により分かったため、2006年に別種として分類された。さらにヒガシイワトビペンギンをミナミイワトビペンギンから分化した種とする主張もあるが、現時点では亜種とする意見が主流。
名前の起源：学名のchrysoはギリシャ語でkhrusos、すなわち「黄金」を意味する。comeは古代ギリシャ語でkom、「毛」を意味する。
生息状況：絶滅危惧II類（IUCN2012）
評価理由：長期にわたり、大幅な減少が続いている。今後もその傾向が続き、近年は状況が悪化している。

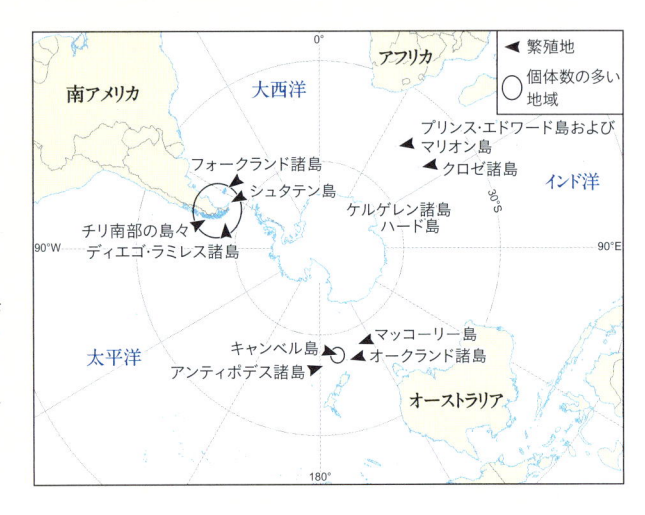

特徴

群れを作る習性が非常に強く、攻撃的で、繁殖も換羽も密集して行う。キタイワトビペンギンに似ているが、一回り小さく、翼やくちばしが短めで、翼の内側の黒い部分が薄く、冠羽も落ち着いた黄色をしている。とくに幼鳥の頃や海の上では、冠羽のある他の種と混同されやすい。

体色

成鳥：頭部、喉、背中、尾は灰色がかった黒で、腹部は白い。黄色く細い線が眉のようにくちばしの付け根から目の上を通り、頭の両脇に向かって伸び、そこから長い黄色い羽根が飛び出すように生えて先が垂れている。黄色い冠羽に挟まれて、頭頂部全体に逆立った黒い冠羽が生えている。瞳は鮮やかな赤。がっちりとしたくちばしはオレンジ色。ヒガシイワトビペンギンは、下くちばしが淡いピンク色をしている。くちばしの根元は裸出したピンク色の皮膚に囲まれていて、正面から見ると三角形になっている。足はピンク色で、足の裏は黒い。
幼鳥：あごと喉は灰色で、白い斑点がある。黄色い眉状の模様はごく小さいか、はっきりしない。くちばしと瞳は濃い茶色。
ヒナ：頭部と背中は灰色がかった茶色で、腹部は白い。

体長と体重

体長は45～58cm。体重は性別、時期によって異なるが、2.0～3.8kgの間。

声

とても大きく、不快な甲高い声で鳴く（「錆びた手押し車」のよう、と描写されることもある）。コンタクトコールは短くて鋭い。求愛では、ロバに似た耳障りな長い鳴き声と、つがい相手や近くで暮らす仲間との挨拶にも使う、怒っているかのような震えた唸り声を用いる。喧嘩をするときは甲高い叫び声や、喉から絞り出す高音の震えた声、唸り声を出す。ヒナはただ「チーチー」と鳴く。

個体数と分布

南極周辺、南極収束線の北側の南大西洋、インド洋、太平洋南東部の島々に生息する。ミナミイワトビペンギンはフォークランド諸島やアルゼンチン及びチリ南部の沖合の島々で繁殖する。より分布の広いヒガシイワトビペンギンは、亜南極のアンティポデス諸島（南緯49度41分）、オークランド諸島（南緯50度42分）、キャンベル島（南緯52度32分）、ケルゲレン島（南緯49度21分）、クロゼ諸島（南緯46度25分）、マリオン島（南緯46度54分）、プリンスエドワード島（南緯46度46分）で繁殖する。

20世紀初頭から各地で大幅に減少し、減少数は何百万羽に及ぶと考えられる。現在、全体の生息数は推定123万つがいで、34％減少している（ただし、計算の根拠として1980年代のデータを一部用いている）。局地的には減少幅がさらに大きい場所もあり、たとえばキャンベル島の生息数は過去40年に94％も減少した。

分散性が高い。換羽前の期間と、4～5月から10月にかけてコロニーを離れる。採餌旅行の距離は場所によって異なるが、長距離の移動が可能で、2000kmを移動した記録がある。繁殖期間は100km以上遠くで採餌することもある。

流鳥は南アフリカ、ニュージーランド、オーストラリア、まれにサウスジョージア島で観察される。

繁殖

非常に社会的。通常、数千組のつがいからなる密集した騒がしいコロニーを険しい岩場の平地や急な傾斜地に形成する。巣

幼鳥は背中が青みがかった黒、くちばしは黒っぽく、黄色い冠羽がわずかに生えている。
（ニュージーランド亜南極、キャンベル島）

左：巣で会話をするつがい。(フォークランド諸島、ニュー島)
右：多くのコロニーにマユグロアホウドリも生息している。(フォークランド諸島、ソンダース島)

飛び降りるのがとても上手い。足の筋肉をバネのように使い着地の衝撃を吸収する。(西フォークランド島、デズズ岬)

は岩の上やタソックグラスの茂みの下のほか、場所によっては岩の割れ目にも作る。コロニーはたいてい最高で海抜60メートルもの崖の上や、海岸線から数百メートル内陸にあることが多い。しばしば、マユグロアホウドリやスグロムナジロヒメウと生息地を共有する。繁殖期は地域によって異なり、北部では南部より早く、10月から3月にかけて繁殖する。繁殖開始はおよそ4〜5歳。つがいの忠誠度は比較的高く、巣への執着も強い。

求愛：オスが恍惚のディスプレイをする。頭を上下左右に振り、大きく震えるようなロバの声で鳴き、翼を上下させる。さらに、興奮した様子で辺りを飛び跳ねる、オスとメスがロバの声で鳴き交わす、お辞儀をする、体を震わせる、羽づくろいをしあう、などの行為をする。

営巣：小さな浅い窪みに、近くで手に入る屑（羽根、タソックグラス、泥、石、骨など）を敷く。マユグロアホウドリの古い巣を土台に使うこともある。

産卵：コロニー内では同調性が高い。11月上旬に、4〜5日をおいて卵を2つ産む。1つめの卵Aより2つめの卵Bの方が大きい。

抱卵：32〜34日。ほぼ3分の1ずつの日数を両親が交代で抱卵する。初めは両親ともに巣に留まるが、やがてオスが採餌に出かける。戻ってくると、孵化するまでの約2週間、メスに代わって抱卵を行う。

育雛：12月上旬に、卵Bが孵化する。卵Aが1日遅れで孵化することもあるが、ヒナは親の保護や給餌を受けられず、1週間以内に死んでしまう。フォークランド諸島で繁殖する鳥は、理想的な条件のもとでは2羽のヒナを育てることもある。24〜26日間オスがヒナを保護し、メスだけが採餌と給餌を行う。その後小さなクレイシが形成されると、初めはメスの親鳥だけが、後にオスも一緒に給餌を行う

巣立ち：66〜73日。2月上旬に巣立つ。成鳥の羽毛に生え変わるのは2歳くらい。

食物

季節や場所によって異なるが、主にオキアミやイカ、タコ、魚や小さな甲殻類をさまざまな配分で食べる。潜水の深さは平均で15〜45メートル。

主な脅威

古来より、油を採るために殺され、食用に卵が採取されてきた。フォークランド諸島では1999年以降、卵の採集は禁止されている。

捕食者：海上では、サメ、オタリア、オットセイ、オオフルマカモメなど。陸上では、主にトウゾクカモメやフォークランドカラカラやカモメがヒナや卵を食べる。保護が不十分なチリの一部地域では、今も主にカニ漁の餌として人間に捕獲されることがある。

漁業：一部分布域での乱獲が生息数減少の一因となっている。

生息地の減少：家畜の過剰な放牧により、一部分布域で土壌が悪化している。今は駆除されたが、マッコーリー島ではウサギによる侵食被害も出た。

気候変動：生息数の減少と海水温上昇による獲物の減少との関連を示唆する研究が複数ある。

油汚染：アルゼンチン、パタゴニア沿岸で行われている炭化水素の開発や、フォークランド諸島周辺での油田探査の拡大が懸念される。

病気：原因が常に特定されるわけではないが、疫病は局地的な個体数の減少に大きく影響する。かつては鳥コレラがキャンベル島で蔓延し（1985〜86年）、有害な藻の異常発生、いわゆる「赤潮」による麻痺性貝毒がフォークランド諸島で蔓延した（2002〜03年）。

右下：餌が十分に採れれば、ヒナが2羽とも育つことも。(西フォークランド島、ホープハーバー)
左下・中下：西側（左、フォークランド諸島）と東側（右、キャンベル島）に生息する亜種の配色の違いは明らか。とくにくちばしの周り。

キタイワトビペンギン　*Eudyptes moseleyi*

別名・旧名：トリスタンダクーニャの住民には「ピナミン」と呼ばれて親しまれている。Long-crested rockhopper penguin, Moseley's penguin とも。
最古の記述：Mathews and Iredale, 1921.
分類の典拠：Banks, Van Buren, Cherel and Whitfield (2006).
分類に関する備考：もとはミナミイワトビペンギン (southern *E. chrysocome*) の亜種とされていたキタイワトビペンギン (northern *Eudyptes moseleyi*) は、形態や発声、遺伝子に十分な差異があることが研究により分かったため (Jouventin et al, 2006)、2006年に別種として分類された。
名前の起源：学名の *moseleyi* は英国の博物学者ヘンリー・ノティッジ・モーズリーにちなむ。彼は英国の海洋調査船チャレンジャーに乗船し、1872年から76年にかけて探検調査を行った。
生息状況：絶滅危惧IB類 (IUCN2012)
評価理由：過去30年に分布域全体で急激な減少が確認されているが、原因はほとんど分かっていない。

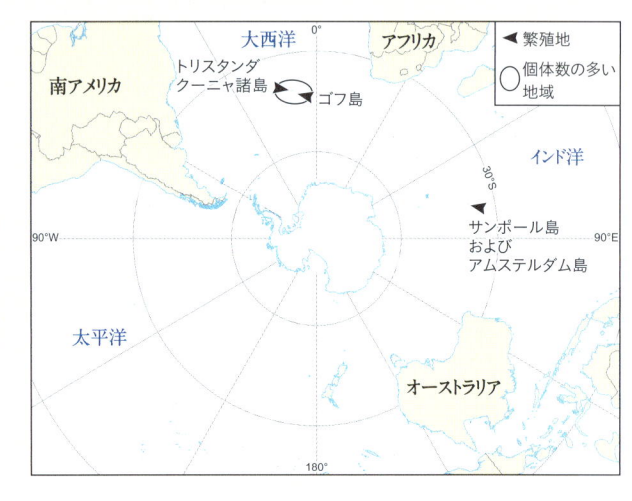

上：同属のうち最も派手な冠羽を持つ。(ゴフ島)
下：幼鳥の冠羽はまだ黒く、大きくなると黄色く生え変わる。

特徴
ミナミイワトビペンギンに似ているが、一回り大きく、翼やくちばしが長めで、翼の内側の黒い部分が多く、冠羽もより鮮やかな黄色をしている。また繁殖期も早く、育雛期間も短い。繁殖地である火山群島には沿岸の大陸棚がないため、同属の種では唯一、繁殖期は外洋で採餌を行う。

体色
成鳥：頭部、喉、背中、尾は灰色がかった黒で、腹部は白い。黄色く細い線が眉のようにくちばしの付け根から目の上を通り、頭の両脇に向かって伸び、そこからひときわ長い黄色と黒の羽根が飛び出すように生えて先が垂れている。長い羽根に挟まれて、頭頂部後ろにかけて黒く短い冠羽が生えている。瞳は鮮やかな赤。がっちりとしたくちばしは赤みのあるオレンジ色。足はピンク色で、足の裏は黒い。
幼鳥：成鳥に似ているが、やや小さく細身。あごと喉は灰色で、白い斑点がある。くちばしと瞳は成鳥よりくすんだ色。冠羽はごく短くて黒く、長い羽根はない。黄色い眉状の模様はかすかにあるか、全くない。
ヒナ：頭部と喉、背中は灰色がかった茶色で、腹部はくすんだ白。

体長と体重
体長は 55 〜 65cm。体重は性別と時期によって異なるが、1.6 〜 4.0 kg の間。

声
ミナミイワトビペンギンに似ているが、より奥行きがあり、やや粗い音がする。

個体数と分布
全体の生息数の 80％以上が南大西洋のトリスタンダクーニャ島（南緯 37 度 07 分）とゴフ島（南緯 40 度 19 分）で繁殖する。残りはインド洋のアムステルダム島（南緯 37 度 50 分）とサンポール島（南緯 38 度 43 分）で繁殖する。最大のコロニーはトリスタンダクーニャ諸島のミドル島にある。
かつては 100 万羽単位で生息していたが、1950 年代以降に急減し、トリスタンダクーニャ諸島とゴフ島で 100 万羽以上がいなくなった。ゴフ島では、1955 年から 2006 年の間に 98％も減少している。遠隔地に生息するため個体数の測定は困難だが、最新の発表データによると、全体の生息数は 26 万 7000 つがいと推定されている。
渡りの習性がある。換羽前の期間と、4月から6月にかけてコロニーを離れるが、行き先はほとんど分かっていない。
流鳥は南アフリカ、南アメリカ、まれにフォークランド諸島で観察される。

可能であれば、笹に似た背の高いタソックグラスの茂みに隠れた場所に巣を作る。(南大西洋、ゴフ島)

繁殖
非常に社会的。通常、数千組のつがいからなる密集した騒がしいコロニーを形成し、換羽と繁殖を行う。巣は、浜辺のタソックグラスの茂みの下、岩場の傾斜地、急斜面の途中に侵食されてできた割れ目や小さな穴などに作る。繁殖期は地域によってやや異なり、トリスタンダクーニャでは7月下旬から1月上旬にかけて、ゴフ島ではその 3 〜 4 週間後に繁殖が行われる。つがいの絆は強い。
求愛：ミナミイワトビペンギンに似ていて、翼を広げたり、頭を後ろに振って冠羽を揺らしたりといった動作に加え、大きな声でロバのように鳴く。
営巣：小さな浅い窪みに、羽根やタソックグラス、石など手に入る素材を敷く。

左：ゴフ島のコロニーを襲うアナンキョクオットセイ。卵やヒナを踏みつぶすこともある。
右：トリスタンダクーニャの一部は手つかずの自然が残る世界遺産に指定されており、状態の良いコロニーが複数ある。

産卵：9月上旬に、4～5日をおいて卵を2つ産む。1つめの卵Aより2つめの卵Bの方が大きい。

抱卵：32～34日。初めの12日間は両親が巣に留まり、抱卵を分担して行う。その後、メスが12日間、最後にオスが孵化するまで抱卵する。

育雛：通常、10月中旬に卵Bが孵化する。卵Aが一日遅れで孵化することもあるが、ヒナは親の保護や給餌を受けられず、1週間以内に死んでしまう。フォークランド諸島で繁殖する鳥は、理想的な条件のもとでは2羽のヒナを育てることもある。20～26日間オスがヒナを保護し、メスだけが採餌と給餌を行う。その後緩やかなクレイシが形成されると、初めはメスの親鳥だけが、後にオスも一緒に給餌を行う。

巣立ち：12月末～1月上旬。

食物

季節や場所によって異なるが、主にオキアミやイカ、タコ、魚や小さな甲殻類をさまざまな配分で食べる。潜水の深さは平均で20メートルに満たない。90メートルを超すことは滅多にないが、100メートル以上深く潜水することが可能。

ヒナに餌を与えるつがい。ゴフ島。

主な脅威

トリスタンダクーニャの一部で分布が縮小したのは、かつて食糧や釣餌として、また装飾に用いる冠羽を狙われて、住民に乱獲されたためだ。また、野生化したブタが甚大な影響をもたらしたが、現在では駆除されている（トリスタンダクーニャ島では1873年に、イナクセシブル島では1930年に根絶した）。

捕食者：海上ではサメ、アナンキョクオットセイ（特にアムステルダム島とゴフ島）、キタオオフルマカモメ。陸上では、近くに巣を作る沢山のトウゾクカモメが、ヒナや卵を食べる。ゴフ島では、アホウドリやフルマカモメが脅威となっていたが、現在では駆除されている。

漁業：古来より、イセエビ漁の餌に用いるため大量に殺されてきたが、現在は行われていない。

生息地：増加するアナンキョクオットセイと営巣地をめぐって競合している。トリスタンダクーニャ島では、農作物を植えるためにタソックグラスが除去され、さらに家畜の放牧により土壌が悪化し、侵食被害が懸念される。

卵の採集：トリスタンダクーニャでは、2006年に制定された「在来生物及び自然環境保護条例」に基づき、国内のみでの消費を条件に、ナイチンゲール島、ミドル島、ストルテンホフ島での卵の採集が継続されている。

気候変動：海水温の上昇が、餌となる獲物の分布に与える影響が懸念される。

油汚染：生息域内での掘削活動やタンカーの往来はないが、輸送事故が起きれば、すでに減少している個体数に大きな影響を与えかねない。たとえば2011年には、ナイチンゲール島で座礁した貨物船オリバ号から重油が漏れだし、イナクセシブル島とトリスタンダクーニャまで流れ着いた。油にまみれたペンギン3718羽が保護され、本土で治療を受けたが、生き残ったのは381羽に留まった。一方、汚染を免れた1000羽のペンギンも保護されたが、救出の手が届かない地域ではさらに多くペンギンが犠牲になったと考えられる。

コロニーに小さなヒナを残し、たくさんの成鳥が太陽のもと餌を採りに出かける。（トリスタンダクーニャ、ナイチンゲール島）

227

マカロニペンギン *Eudyptes chrysolophus*

別名・旧名：なし
最古の記述：*Catarrhactes chrysolophus* Bandt, 1837.
分類の典拠：Christidis and Boles (1994, 2008)；SACC (2006)；Dowsett & Forbes-Watson (1993)；Sibley and Monroe (1990)；Stotz et al (1996)；Turbott (1990).
分類に関する備考：ロイヤルペンギン (*E. schlegeli*) を亜種とする主張もあるが、別種として扱うのが主流。
名前の起源：学名の *chrysolophus* はギリシャ語で「金色の冠羽または房」という意味。「マカロニ」は、18世紀の英国で派手な髪型やスタイルをした伊達男を表す言葉だった。
生息状況：絶滅危惧II類 (2012)
評価理由：小規模なデータを基にした分析ではあるが、36年間に急激に減少している。

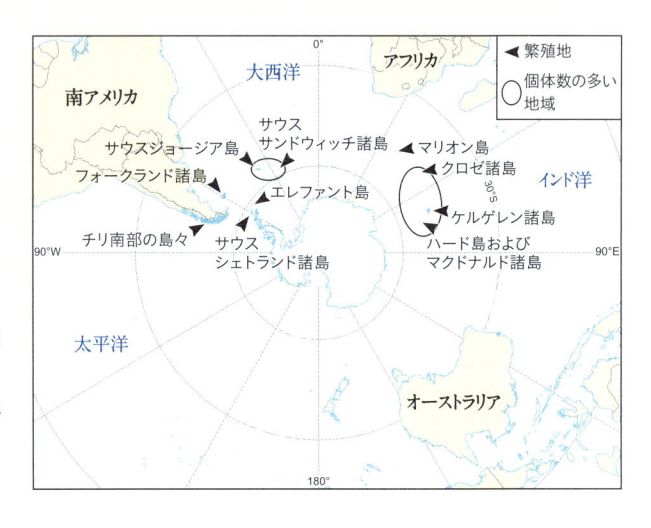

特徴

全種のうち最も生息数の多いペンギン。また冠羽のある7種のうち、最も南部に分布している。近縁種のロイヤルペンギンとは、顔の色が黒（マカロニ）と白（ロイヤル）で正反対のため、ほぼ混同することはないが、喉が灰色の幼鳥の段階では違いが分かりにくい。海上では、他の冠羽のある種と識別することは難しいかもしれない。

体色

成鳥：頭部、顔、喉、背中、尾は青みがかった黒で、腹部は白い。黒い羽根が筋状に混じった鮮やかなオレンジ色の羽根が額全体に生えている。さらに、外側の長い羽根が頭の両脇から後ろへ流れるように生え、目の後ろで広がっている。瞳は赤みがかった茶色。大きくて太く、真ん中が盛り上がったくちばしはオレンジ色に近い茶色。くちばしの根元を囲む裸出したピンク色の皮膚は、正面から見ると三角形になっている。足はピンク色で、足の裏は黒い。

幼鳥：成鳥に似ているが、やや小さい。喉は濃い灰色。額の羽根は全くないか、黄色い羽根がわずかに散らばる程度。くちばしは成鳥より小ぶりで、色もくすんでいる。くちばしの根元のピンク色の皮膚も目立たない。

ヒナ：頭部と背中は灰色がかった濃い茶色で、腹部はくすんだ白。

体長と体重

体長はおよそ71cm。体重は性別と時期によって異なるが、3.1～6.6kgの間。

声

コンタクトコールは、低い音で短くスタッカート調で鳴く。求愛コールはロバに似た大きい耳障りな声でリズミカルに鳴く。ロイヤルペンギンと似ているが、ミナミイワトビペンギンほど甲高くない。ヒナは餌をねだるときに「チーチー」と音を上下させながら鳴く。

個体数と分布

南極周辺、主に亜南極圏の島々に生息する。全体の生息数は、約900万つがいと推定され、大規模なコロニーはサウスジョージア島（南緯54度18分）、ケルゲレン島（南緯49度21分）、クロゼ島（南緯46度25分）、ハード島およびマクドナルド諸島（南緯53度02分）にある。

さらに北のフォークランド諸島や南のサウスシェトランド諸島で、他の種に混じって繁殖するつがいもわずかにいる。南極半島周辺まで南下することは少ないが、アンヴァース島（南緯64度33分）近くで繁殖を試み失敗した例が観察されている。2007年には、これまで記録された中で最も南の位置、アヴィアン島（南緯67度46分）でも生息する個体が観察され、気候変動が分布拡大を引き起こしている可能性が示唆された。

分散性がある。換羽前の期間と、4～5月から10月にかけてコロニーを離れる。2006年から2007年にかけて、クロゼ島とケルゲレン島のコロニーにいる30羽の成鳥の動きを記録した結果、冬の6カ月間の総移動距離は8000～1万kmに及び、範囲にしてコロニーから1000～2000km離れた場所まで移動することが分かった。

流鳥はニュージーランド、オーストラリア、ブラジルで観察

2組のつがいが一緒に見張りをする。最初は、オスとメスが交代で卵を抱く。（サウスサンドウィッチ諸島、キャンドルマス島）

羽づくろいをしあうつがい。
（サウスシェトランド諸島、リビングストン島、ハナ・ポイント）

される。

繁殖

非常に社会的。多くの場合、10万羽単位の個体からなる密集した騒がしいコロニーを形成する。草木のあまり生えていない（あるいは全くない）岩場の平地や急な傾斜地、場所によってはタソックグラスの茂みの中に巣を作る。よく歩き慣れた経路を巣への通り道に使う。巣は海抜数百メートルの高さに作られることもある。繁殖期は9月から3月にかけてだが、地域によってやや異なる。オスは10月中旬から11月上旬にコロニーに戻ってきて、間もなくしてメスも戻ってくる。繁殖開始年齢は5～6歳で、通常はメスがオスより1年ほど早い。つがいの忠誠度、巣への執着度は高い。

求愛：頭を左右に揺さぶり、翼を上下させ、大きな声でロバのように鳴く恍惚のディスプレイを行う。さらにオスとメスが、お辞儀をする、体を震わせる、羽づくろいをしあう、などの相互ディスプレイをする。

営巣：小さな浅い窪みや、泥や砂利を浅く掘った場所に、小石や草を敷く。

左：ミナミイワトビペンギンの群れにまぎれて巣を作るつがい。（フォークランド諸島、ニュー島）
下：通常の分布域より北にいる個体は、ときに自分よりずっと小さいミナミイワトビペンギンとつがいになることもある。（フォークランド諸島、キドニー島）

産卵：コロニー内で同調性が高い。11月に4～5日をおいて2つの卵を産む。1つめの卵Aより2つめの卵Bの方が大きい。
抱卵：33～37日。初めの12日間は両親が巣に留まり、抱卵を分担して行う。その後、メスが12日間、最後にオスが孵化するまで抱卵する。卵Aは抱卵の早い段階で放棄される。
育雛：通常、卵Bが孵化する。20～25日間オスがヒナを保護し、メスだけが採餌と給餌を行う。その後小さなクレイシが形成されると、初めはメスの親鳥だけが、後にオスも一緒に給餌を行う。
巣立ち：60～70日。2月～3月に巣立つ。

食物

季節や場所によって異なるが、主にオキアミや魚、イカを食べる。潜水の深さはたいてい10～60メートル（ハード島）だが、100メートルよりずっと深く潜ることができる。

主な脅威

捕食者：海上ではヒョウアザラシ、アナンキョクオットセイ。陸上では、オオフルマカモメ、トウゾクカモメ、カモメやリャハシチドリが、無防備なヒナや卵を食べる。
漁業：主にオキアミなど、餌となる獲物をめぐる競合が懸念される。
気候変動：海洋の環境変化により獲物の量が減っていることが、生息数減少の一因となっている。
病気：原因が常に特定されるわけではないが、疫病は局地的な個体数の減少に大きく影響する。亜南極圏のマリオン島では過去に2つの例がある。1993年にはバラードビーチで正体不明の病により5000～1万羽のペンギンが死に、2004年11月にはキルダルキー湾で発生した鳥コレラ（*Pasteurella multicida*）の流行により約2000羽が死んだ。

がっしりした体型、黒い顔、まばゆい冠羽を見ればすぐにマカロニペンギンと分かる。（サウスジョージア島）

オレンジと黒の冠羽が風になびく。冠羽は額の真ん中から頭の両脇、頭の後ろへ流れるように生えている。（サウスシェトランド諸島）

ロイヤルペンギン *Eudyptes schlegeli*

別名・旧名：なし
最古の記述：Finsch, 1876.
分類の典拠：Sibley and Monroe（1990）.
分類に関する備考：マカロニペンギン（*E. chrysopholus*）の亜種とする主張もあるが、別種として扱うのが主流。
名前の起源：学名の *schlegeli* はドイツの鳥類学者、爬虫両生類学者でライデン王立自然博物館の館長も務めたヘルマン・シュレーゲルの名にちなむ。
生息状況：絶滅危惧II類（IUCN 2012）
評価理由：生息数は多く安定していると考えられるが、分布域と繁殖地が限られているため、人間の活動や自然災害がもたらす影響を受けやすい。

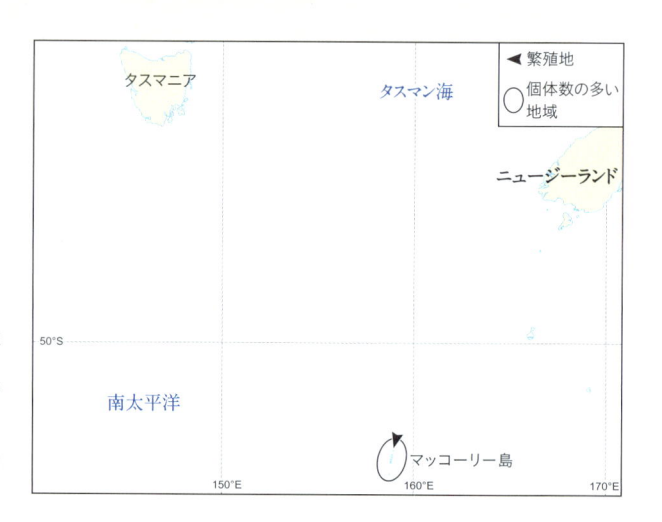

特徴

マカロニペンギンと非常に近縁の種ではあるが、マカロニペンギンの成鳥は顔が黒く、混同することはない。幼鳥は両種とも灰色がかった喉だが、ロイヤルペンギンの方が淡い色をしていることが多い。冠羽が完全に生えていない若鳥は、とりわけ海上では他の種と混同されやすい。

体色

成鳥：頭頂部、背中、尾は黒く、腹部は白い。個体差はあるが、冠羽の下、目の周り、頬から喉にかけ、顔は白から淡い灰色をしている。黒い羽根が筋状に混じった、黄色がかった鮮やかなオレンジ色の羽根が額全体に生えている。さらに、外側の長い羽根が頭の両脇から後ろへ流れるように生え、目の後ろで垂れている。くちばしの周りは個体差があるがほんのり黄色い。瞳は濃い茶色。赤茶色の大きなくちばしの付け根は、裸出したピンク色の皮膚に縁どられ、正面から見るとピンクの部分が三角形になっている。足はピンク色で、足の裏は黒い。ときどき、マカロニペンギンのように喉と頬がくすんだ灰色をした個体もみられる。まれではあるが、他の種と組み合わさったつがいや、ロイヤルペンギンとミナミイワトビペンギンの交雑種が観察されることもある。

幼鳥：成鳥に似ているがやや小さい。頬と喉は灰色。額に淡い黄色の羽根が密集して生えているが、長い外羽はない。くちばしは成鳥より小ぶりでくすんだ茶色をしていて、周りの皮膚の色も淡い。成鳥の羽毛に生え変わるのは2歳頃。

ヒナ：頭部と背中は灰色がかった濃い茶色。腹部はくすんだ白。

体長と体重

体長は65～75cm。体重は性別、時期によって異なるが、3.0～8.1kgの間。

声

マカロニペンギンに似ていて、非常に騒々しくよく鳴く。コンタクトコールは低い音で短く吠えるような声。求愛はロバに似た声とトランペット音で鳴く。ヒナはただ「チーチー」と鳴く。

個体数と分布

繁殖地は亜南極のオーストラリア領、マッコーリー島（南緯54度37分）に限られており、最大のコロニーがハードポイントにある他、隣接するビショップ＆クラーク島（南緯55度03分）に少数生息している。

19世紀終わりから20世紀初めに油を目的とした乱獲が横行したが、着実に回復している。生息数は安定していると考えられる。1984年～85年のデータによると、85万羽が57のコロニーに分布している。近年は調査が行われていない。2008年にはビショップ＆クラーク島で457つがいが観測されている。

冬の間はコロニーを離れるが、詳しいことは分かっていない。成鳥は4月中旬から下旬に年1度の換羽が終わると、コロニーを離れ、次の繁殖期が来るまで海で過ごす。

繁殖個体は、南極収束線帯の深い沖合で餌を採り、育雛中は最長160kmも移動する。抱卵期間の往復距離が1200kmに達した記録もある。

流鳥はニュージーランド、タスマニア、オーストラリア、サウスジョージア島で観察され、海洋での移動範囲の広さを示唆している。

繁殖

非常に社会的。数千組のつがいからなる密集した騒がしいコロ

個体によって違いもあるが、しばしば黄色みを帯びた白い顔が特徴的。（すべてオーストラリア亜南極圏、マッコーリー島）

左：浜辺でくつろぐつがい。
上：海から上がったばかりのペンギンが羽づくろいをする。冠羽がまだ濡れている。

成鳥の羽根に生え換わる途中の幼鳥。

ニーを形成する。通常、海抜 200 メートルまでの高さの岩場の傾斜地やタソックグラスに覆われた丘に巣を作る。小川を渡ってたどり着くような、2 km 近く内陸に巣を作ることもある。オスは 9 月中旬に、メスは 10 月上旬にコロニーに戻ってくる。繁殖開始年齢は 5 歳頃だが、10 歳頃までは繁殖の成功率が低い。つがいの忠誠度と巣への執着度は高く、長期にわたり維持される。

求愛：恍惚のディスプレイと相互ディスプレイを行う。頭を上下に揺さぶる、大きな声でロバのように鳴く、お辞儀をする、体を震わせる、互いに羽づくろいをする、などの行為をする。

営巣：浅い窪み（しばしば草や小石を敷く）や、草の生えていない平らな砂地や砂利や岩の地面を浅く掘った場所を巣にする。

産卵：とても同調性が高い。10 月の中旬から下旬に、およそ 4 日をおいて 2 つの卵を産む。たいてい 1 つめの卵 A は、メスが 2 つめの卵 B を産む前に捨てられてしまう。卵 B の方が大きい。

抱卵：32 〜 37 日。12 〜 14 日ごとに両親が交代で卵を抱く。

育雛：育てられるヒナは 1 羽。最初の 3 〜 4 週間はオスがヒナを保護し、メスだけが採餌と給餌を行う。その後クレイシが形成されると、両親が 2 〜 3 日ごとに交代で給餌を行う。

巣立ち：およそ 65 日。2 月上旬から下旬に巣立つ。

食物

マッコーリー島の東岸と西岸で違いがあるが、オキアミやハダカイワシを中心に、イカや小さな甲殻類を食べる。通常は 60 メートルより浅い海中で餌を採るが、100 メートル以上潜ることもある。

主な脅威

捕食者：トウゾクカモメがヒナや卵を食べる。野生化したネコ、ネズミがヒナや卵を食べる被害が出ていたが、ネコは 2000 年に、ネズミは 2011 年に駆除された。

生息地の減少：今は駆除されたが、ウサギが深刻な侵食被害をもたらし、地滑りや土砂の流出を引き起こした。

その他の人為的要因：観光がもたらす悪影響を最低限に抑えるため、観光客数の制限や、2 カ所だけ許可された上陸地の利用が厳しく管理されている。

上：サンディ湾の海岸近く。ぬかるんだ坂道を登って帰るペンギンたち。
中：繁殖期のおよそ 1 カ月後、換羽中の群れ。
下：成鳥と幼鳥が隙間なく密集した繁殖コロニー。

フィヨルドランドペンギン *Eudyptes pachyrhynchus*

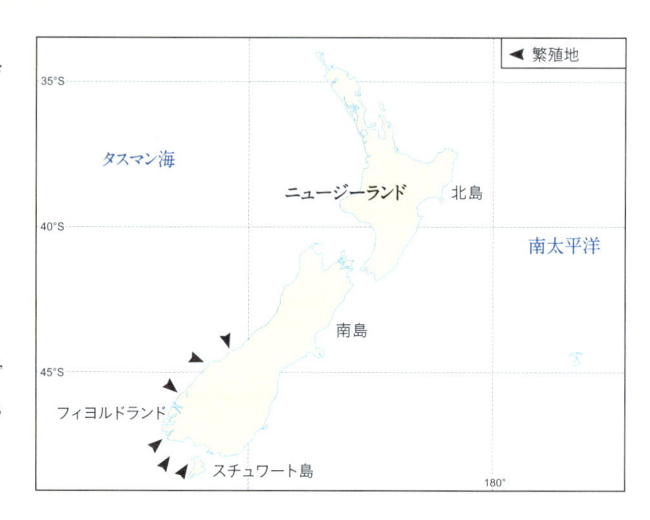

別名・旧名：Fiordland-crested Penguin, マオリ名はタワキ (Tawaki) またはポコティファ (Pokotiwha)。
最古の記述：G. R. Gray, 1845
分類の典拠：Christidis and Boles (1994); Sibley and Monroe (1990); Turbott (1990).
分類に関する備考：スネアーズペンギン (*E. robustus*) とは別種として分類されているが (Sibley and Monroe, 1990, 1994)、スネアーズペンギンを亜種とする主張もある (Christidis and Boles, 2008)。
名前の起源：学名の *pachyrhynchus* は、古代ギリシャ語で「太い」を意味する Pachy と「くちばし」を意味する rhynchus を組み合わせたもの。
生息状況：絶滅危惧Ⅱ類 (IUCN 2012)
評価理由：移入種による捕食が要因となり、少ない個体数がさらに急減している。その傾向が続く見込み。

特徴

ユーディプテス属の中で最も臆病で、ニュージーランドに生息するペンギンの中で最も希少な種。とくに水に濡れている状態や海上では、冠羽のある他の種と混同しやすい。とりわけスネアーズペンギンやシュレーターペンギンは、大きさや立ち姿が似ており、分布も隣接しているため混同しやすい。くちばしの根元を囲む裸出したピンク色の皮膚がないのが特徴。

体色

成鳥：背中、尾は青みがかった黒、腹部は白い。頭部と喉は黒く、ほとんどの個体で頬に 3 ～ 6 本の白い筋がある。黄色い羽毛が太い眉のようにくちばしの根元辺りから始まり、目の上を通って後頭部に続いている。そこからやや長い冠羽の束が伸び、先が垂れている。瞳は赤茶色。同属の他の種とは違い、オレンジ色っぽい茶色の大きなくちばしのまわりにピンク色の裸出した皮膚はない。足はピンク色で、足の裏は黒い。
幼鳥：成鳥に似ているがやや小さく細身。冠羽は短めで垂れ下がっていない。あごと喉はくすんだ白か灰色。くちばしの色は濃い茶色。
ヒナ：頭部、喉、背中は濃い茶色で腹部はくすんだ白。

体長と体重

体長は 55 ～ 60cm。体重は性別、時期によって異なるが、2.1 ～ 5.1 kg の間。

声

スネアーズペンギンやシュレーターペンギンと似ているが、鳴く頻度はあまり多くない。最もよく鳴くのは、夕方コロニーに戻ってくるとき。たいてい、大きく耳障りな低い声で鳴く。求愛コールは、長く震えるような声と低いロバのような声で鳴く。喧嘩のときは、「シュッ」という声や、唸り声、甲高い叫び声で鳴く。ヒナは餌をねだる時、音を上下させながら「チーチー」と鳴く。

個体数と分布

ニュージーランド固有の種。冬の間、ニュージーランド南島の南西部海岸と周辺の島々、フィヨルドランド地方南部のブルース湾（南緯 43 度 36 分）からソランダー島（南緯 46 度 34 分）、さらにスチュワート島（南緯 47 度 00 分）にかけて繁殖する。コロニーが小さく分散しているうえ、人間が接近しにくい深い森の中にあるため、調査が難しい。現在の生息数は 2500 ～ 3000 つがいと推定されている。

分散性がある。換羽前の期間と 3 月から 6 月頃までコロニーを離れる。しかし採餌旅行や渡りのパターンについて詳しいことは分かっていない。

流鳥はニュージーランドの亜南極圏の島々、チャタム島、南島の東海岸、さらにオーストラリア南部でも観察されている。

繁殖

繁殖期は冬、7 月～ 11 月にかけて。たいてい、海岸から目につきにくい温帯雨林や海岸の岩場、空洞など、最大で 800 メートル内陸に小さく緩やかなコロニーを作る。オスは 6 月に、その後まもなくメスが繁殖地に戻ってくる。繁殖開始年齢は通常、5 ～ 6 歳。つがいの忠誠度と巣への執着度は高いが、雨や洪水の被害により営巣地を変えねばならないことがよくある。

冠羽のある他の種と同様、滑りやすい岩上でもしっかりした足取り。

巣の前で会話をするつがい。頬の筋が特徴的。（ニュージーランド、ジャクソン岬）

232

左：夕暮れ、海から上がってきたつがい。（マーフィー海岸）
右：温帯雨林の中に隠れたコロニーへ静かに帰る。（ウエストランド）

求愛：まずオスが1羽で頭を上下に揺さぶるディスプレイをする。さらにオスとメスが、ロバのような声で鳴き交わす、体を震わせる、お辞儀をする、羽づくろいをしあう、といった相互ディスプレイをする。

営巣：浅い窪みや穴に巣を作る。柔らかく湿った土壌が好まれる。小枝や石、木の葉、コケやシダを敷くこともある。

産卵：7月下旬から8月中旬に、およそ4日をおいて灰白色の卵を2つ産む。1つめの卵Aより2つめの卵Bの方が大きい。

抱卵：30～36日。最初の5～10日間は両親が巣に留まり、分担して抱卵する。その後、約13日間ずつオスとメスが交代で抱卵する。通常はオスが先。

育雛：9月以降に孵化する。たいてい、卵Bから生まれたヒナだけが育てられる。小さな卵Aが（通常1日遅れで）孵化しても、ヒナは放置されて10日以内に餓死する。最初の2～3週間はオスがヒナを保護し、メスだけが採餌と給餌を行う。その後、近くに他のヒナがいれば小さなクレイシが形成され、最初はメスだけが、その後両親が一緒に給餌を行う。

巣立ち：およそ75日。11月中旬から巣立ち始める。成鳥の羽根に生え変わるのは2歳頃。

食物

詳しく分かっていないが、イカやオキアミ、小魚を主に食べる。

主な脅威

捕食者：海上と海岸では、主にニュージーランドアシカ。陸上では、場所によって異なるが、イヌ、野生化したネコ、オコジョ、ネズミ、ニュージーランドクイナなど。

漁業：イカなど、餌となる獲物をめぐる競合が懸念される。トロール網に巻き込まれる他、まれに定置網に絡まって犠牲になることもある。

生息地の環境：コロニーの近くに生息するシカが巣を壊したり草を食べ尽くしたりするおそれがある。また、草がなくなることで、捕食者が侵入しやすくなる。

気候変動：海洋環境の変化により餌が減り、すでに少なく減少傾向にある生息数に壊滅的な影響を及ぼす可能性がある。

その他の人為的要因：人間の活動による影響を非常に受けやすく、繁殖の失敗を招くおそれがある。

油汚染：ニュージーランド南島西岸の堆積盆が油田として注目される中、繁殖地域の大部分で原油流出による被害が懸念される。

ニュージーランド南島の西海岸、雨に濡れた深い森の中でヒナがひっそり育てられる。

スネアーズペンギン *Eudyptes robustus*

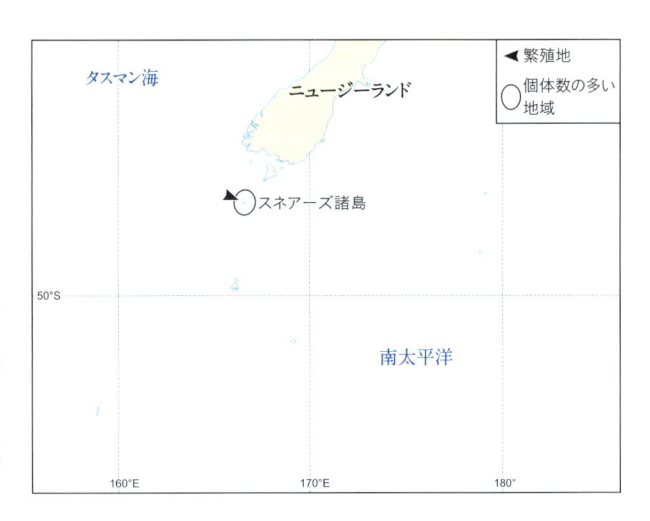

別名・旧名：Snares-crested Penguin
最古の記述：Oliver, 1953
分類の典拠：Christidis and Boles（1994）; SACC（2006）; Sibley and Monroe（1990）; Stotz et al（1996）; Turbott（1990）.
分類に関する備考：フィヨルドランドペンギンとは別種として分類されているが、フィヨルドランドペンギンの亜種とする主張もある。
名前の起源：学名の*robustus*はラテン語の robust にちなみ、「たくましい」を意味する。大きなくちばしに由来する名前。
生息状況：絶滅危惧Ⅱ類（IUCN 2012）
評価理由：最近の複数の調査によれば生息数は安定している。しかし非常に分布域が小さく、1つの諸島のみで繁殖するため、自然災害や、油田開発や漁業をはじめとする人間活動に伴う事故など、不測の事態の影響を極めて受けやすい。

左：オレアリアの森の縁にたたずむつがい。写真は全て亜南極圏のニュージーランド領、スネアーズ諸島。
右：つがいが絆を結ぶために大切な相互羽づくろい。

特徴

ユーディプテス属の他の種ほど攻撃的ではない。とくに水に濡れている状態や海上では、同属の他の種、とりわけフィヨルドランドペンギンやシュレーターペンギンと混同しやすい。しばしば木の幹や枝に止まっていて、地上から2メートルも高いところにいることもある。

体色

成鳥：頭部と喉の上部は黒い。背中、尾は青みがかった黒、腹部は白い。黄色い羽毛が細い眉のように上くちばしの両端から始まって目の少し上でカーブし、そこから長い冠羽が後頭部に向かって生え、羽根の束の先が広がって垂れている。瞳は鮮やかな赤茶色。大きくがっしりとして真ん中が盛り上がったくちばしはオレンジ色っぽい茶色で、ピンク色の裸出した皮膚に縁取られている。ピンク色の部分は正面から見ると三角形をしている。足はピンク色で、足の裏は黒い。
幼鳥：成鳥に似ているがやや小さく細身。冠羽は初めのうちは色が淡く、短い。喉はくすんだ白か灰色。
ヒナ：頭部、背中は濃い灰色で腹部はくすんだ白。

体長と体重

体長は51〜61cm。体重は性別、時期によって異なるが、2.4〜4.3kgの間。

声

フィヨルドランドペンギンと似ているが、ずっと騒々しい。音は低いが大きく耳障りな声で、非常に長く鳴く。コンタクトコールはシンプルで、吠えるような声で1回だけ鳴く。求愛コールは、震えるような声がだんだん長くなり、ディスプレイが終わりに近づくとロバのような声で鳴く。喧嘩のときは、「シュッ」という声や、唸り声、甲高い叫び声で鳴く。ヒナは餌をねだるときに「チーチー」と繰り返し鳴く。

個体数と分布

ニュージーランドの亜南極圏にしか生息していない。繁殖地はスネアーズ諸島（南緯48度01分）の島々に限られており、ノースイースト島、ブロートン島、岩の多い5つの小島からなるウェスタンチェインに最も多くの個体が集まる。2010年の調査ではノースイースト島で2万5905カ所、ブロートン島で5161カ所の巣が観測され、2つの主要な島に計3万1066つがいがいると推測できる。

漂泳性があり、渡りをすると考えられているが、冬の間の動きはほとんどわかっていない。GPSを用いた最近の調査では、オスは抱卵期間にスネアーズ諸島の200km東まで採餌旅行をすることがわかっている。またメスは、ヒナの初期の保護期間は比較的短い距離、北へ70〜90km以内の移動に留まることがわかった。換羽前の期間と繁殖をしない期間、だいたい3月と5月から8月までの間はコロニーを離れる。

流鳥はニュージーランド、チャタム島、フォークランド諸島、マッコーリー島、オーストラリア南部で観察される。

繁殖

非常に社会的。騒々しく密集したコロニーで換羽と繁殖を行う。

左：海から上がってきた群れ。
右：花崗岩の岩場を下って海岸に向かう成鳥。

コロニーの規模は巣の数が数個から1500個に及ぶものまでさまざまで、最高で海抜70mまでの高さに形成される。比較的平坦もしくは緩やかな傾斜のある、湿った土の地面や、泥炭の多い地面、岩肌の露出した地面に巣を作る。しばしば、茂みの下やタソックグラスの根元、木本デイジーと呼ばれるキク科の常緑樹（*Olearia lyalli, Brachyglottis stewartiae*）の森の林冠の下など、遮蔽物のある場所を選ぶ。繁殖期は活動が活発になって土壌がぬかるみやすいため、可能であれば、コロニーは少しずつ地盤の固い場所へ移動していく。繁殖開始年齢は6歳頃と推定される。ノースイースト島では、オスは通常9月上旬にコロニーに戻ってきて、その約1週間後にメスも戻ってくる。ウェスタンチェインでは、繁殖開始が最大で6週間ほど遅くなる。つがいの忠誠度と巣への執着度は高く、次の繁殖期においても維持されることが多い。

求愛：頭を上下に揺さぶる、「前方」と「垂直方向」のお辞儀をしながらロバのような声で鳴く、体を震わせる、互いに羽づくろいをする、などの行為をする。

営巣：浅く、しばしば湿り気のある窪みに小枝や泥、石、骨を敷いて巣を作る。

産卵：9月下旬から10月上旬に、およそ4日をおいて卵を2つ産む。1つめの卵Aより2つめの卵Bの方が大きい。

抱卵：31〜37日。通常、卵Bが産まれてから両親が3交代で抱卵を始める。最初の10〜14日間は両親が巣に留まり、分担して抱卵するが、その後、約12日間ずつオスとメスが交代で抱卵する。通常はメスが先。

育雛：11月上旬以降に孵化する。たいてい、卵Bから生まれたヒナだけが育てられる。小さな卵Aが孵化しても、ヒナは放置されて餓死する。最初の2〜3週間はオスがヒナを保護し、メスだけが採餌と給餌を行う。その後、小さなクレイシが形成され、両親が一緒に給餌を行うが、メスの方が頻度が多い。

巣立ち：およそ75日。ノースイースト島では1月中旬から2月中旬にかけて、ウェスタンチェインでは3月にかけて巣立つ。

食物

主にオキアミやイカ、小魚を食べる。通常、水深26メートルかそれより浅い海中で餌を採るが、水深120メートルまで潜ることもある。

主な脅威

大きな脅威は知られていないが、分布域が限られているために脆弱性をはらんでいる。

捕食者：海上では、ニュージーランドアシカやまれにヒョウアザラシ。陸上では、トウゾクカモメがヒナや卵を食べることがある。

生息地の環境：営巣地は十分に保護され、自然が損なわれていない。ニュージーランド政府は、低い頻度での調査目的を除き、生息地への人間の上陸を禁止し、影響を最小限に抑える努力をしている。

漁業：繁殖地付近で大規模なイカ漁が行われており、獲物をめぐる競合が懸念される。

気候変動：海洋環境の変化により餌が減り、生息数への影響が懸念される。

雨の水たまりでのどを潤す。

左：森に守られて換羽をする群れ。　右：滑りやすい大きな海藻の上を歩いて海に出かける。

シュレーターペンギン *Eudyptes sclateri*

別名・旧名：Big-crested Penguin, Sclater's penguin. 旧名はEudyptes atratus。
最古の記述：Buller, 1888
分類の典拠：Christidis and Boles (1994, 2008); SACC (2006); Sibley and Monroe (1990); Stotz et al (1996); Turbott (1990).
分類に関する備考：かつてフィヨルドランドペンギンの一種と考えられていた。
名前の起源：学名のsclateriは英国の動物学者、フィリップ・ラトリー・スクレイターの名前にちなむ。
生息状況：絶滅危惧IB類 (IUCN 2012)
評価理由：減少が著しい。推定個体数が1978年から98年の間に少なくとも50％以上減少しており、主な繁殖地域が2つの諸島に限られている。減少傾向は続く見込みだが、最近の推定状況によると減少のペースはだいぶ落ちている。

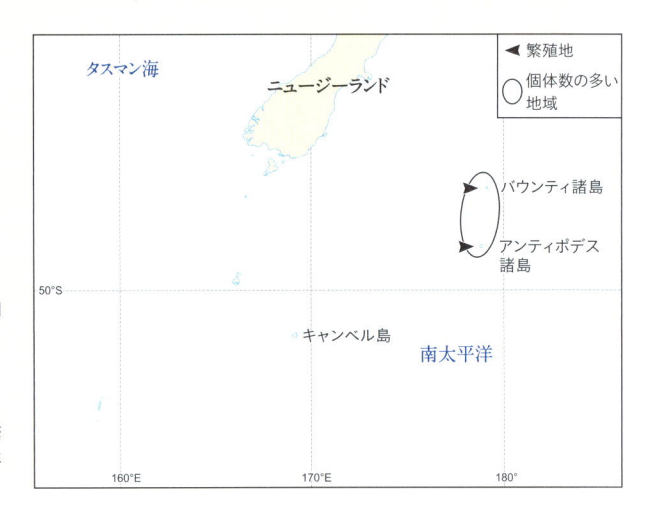

特徴

詳しいことが分かっていない種の1つ。とくに水に濡れている状態や海上では、冠羽のある他の種、とりわけフィヨルドランドペンギンやスネアーズペンギンと混同されやすいが、丸く膨らんだ頭頂部や、くちばしが細長くて根元のピンクの皮膚が目立たないこと、喉まわりが太いこと、などの違いがある。また他の種と異なり、ピンと立ち上がった冠羽を（乾いていれば）自由に上げ下げできる。

体色

成鳥：背中、尾は青みがかった黒から漆黒で、腹部は白い。頭部と喉の上部は漆黒。金色がかった黄色の羽根が太い眉のようにくちばしの両端から始まって目の上を通り、そこから長いブラシ状の冠羽が後頭部に向かって平行に生えている。翼の内側の黒い部分が、冠羽のある種の中で最も大きい。瞳は濃い赤茶色。細長いくちばしはオレンジ色っぽい茶色で、ピンク色の裸出した皮膚に縁取られている。足はピンク色で、足の裏は黒い。
幼鳥：成鳥に似ているがやや小さく細身。眉状の羽根の色は薄く、冠羽は短くて立ち上がっていない。喉はくすんだ白か灰色。焦げ茶色のくちばしの先端だけ色が薄い場合がある。くちばしの周りの皮膚は目立たない。
ヒナ：頭部、背中は灰色を帯びた茶色。腹部は白い。

体長と体重

体長は60〜67cm。体重は性別、時期によって異なるが、3.0〜7.0kgの間。

声

スネアーズペンギンやフィヨルドランドペンギンと似ているが、さらによく鳴く。大きく甲高い声でロバのように鳴いたり、低い音で声を震わせるようにして鳴く。求愛コールは特定の身振りを交え、トランペット音を震わせ、音を次第に下げながら鳴く。喧嘩のときは短く叫ぶような声で鳴き、「シュッ」という声や、唸り声を出すこともある。ヒナは餌をねだるときに「チーチー」と音を上げ下げして繰り返し鳴く。

個体数と分布

ニュージーランドの亜南極圏のみに生息し、繁殖地はアンティポデス諸島（南緯49度41分）とバウンティ諸島（南緯47度45分）に限られている。迷い鳥がオークランド諸島（南緯50度42分）やキャンベル島（南緯52度32分）で観察されるが、最近繁殖が行われた記録はない。2011年の調査では、バウンティ諸島に2万6000つがい、アンティポデス諸島に4万1000つがいいると推定され、種全体では計6万7000つがいいると推定される。

分散性、漂泳性があると考えられている。換羽前の期間と換羽後の4月中旬から9月にかけてコロニーを離れる。渡りのパターンはほとんど分かっていない。

過密状態のオルドリース島のコロニー。まわりのタソックグラスの茂みと対照的に、地面が踏みつけられて草がない。アンティポデス諸島西側の斜面。

喉が灰色で冠羽の短い幼鳥。（キャンベル島）

流鳥はニュージーランド、タスマニア、オーストラリア南部、マッコーリー島、ケルゲレン諸島、フォークランド諸島で観察される。

繁殖

非常に社会的。数千羽からなる、大規模で密集した騒々しいコロニーで換羽と繁殖を行う。バウンティ諸島では、サルビンアホウドリやハシブトクジラドリ、ニュージーランドオットセイに混じってコロニーを作り、アンティポデス諸島では少数のミナミイワトビペンギンと営巣地を共有する。

海岸線から海抜75メートルの高さまでの開けた岩場に密集したコロニーを作り、切り立った険しい場所を選ぶことが多い。繁殖開始年齢は4歳頃と推定される。オスは9月上旬にコロニーに戻ってきて、約2週間後にメスも戻ってくる。一夫一婦制と考えられ、つがいの関係は長く続く。

求愛：恍惚の挨拶を交わし、頭を上下に揺さぶる、頭を「前方」や「垂直方向」に動かしトランペット音で鳴く、体を震わせる、羽づくろいをしあう、などの行為をする。

営巣：浅い窪みを小石で縁どって巣を作る。手に入れれば草を敷くこともある。平坦もしくは緩やかな傾斜地、または岩の隙間に巣を作る。

産卵：10月上旬から産卵時期に入り、10月中旬がピーク。約4日をおいて卵を2つ産む。1つめの卵A（青もしくは緑がかった灰白色）より2つめの卵B（くすんだ白）の方がかなり大きい。

抱卵：およそ35日。卵Bが産まれてから、両親が分担して抱卵を始める。卵Aは抱卵が始まって3〜4日のうちに巣からなくなる。おそらく、意図的に放棄されるか、偶然に巣の外に出してしまうためと考えられる。

育雛：11月中旬に孵化する。たいてい、卵Bから生まれたヒナだけが育てられる。最初の2〜3週間はオスがヒナを保護し、メスだけが採餌と給餌を行う。その後、小さなクレイシが形成され、両親が一緒に給餌を行うが、メスの方が頻度が高い。

巣立ち：およそ70日。1月下旬から2月中旬にかけて巣立つ。

食物

主にオキアミやその他の甲殻類、イカなどを食べると考えられる。

主な脅威

かつては皮を目的にした猟が行われていた。移入種のネズミによる被害は今のところ見受けられない。

捕食者：ときおりオットセイによる捕食が観察される（アンティポデス諸島）。トウゾクカモメが無防備な卵やヒナを捕食する。

生息地の環境：営巣地は十分に保護され、自然が損なわれていない。ニュージーランド政府は、低頻度での調査目的を除き、生息地への人間の上陸を禁止し、影響を最小限に抑える努力をしている。

気候変動：海水温の上昇など、海洋環境や獲物の数に影響を及ぼす要因が、生息数の減少に関係していると考えられる。

左：アンティポデス諸島の端にあるコロニー。
上：サルビンアホウドリに囲まれて暮らす。シュレーターペンギンの貴重な生息地であるバウンティ諸島ではスペースの確保も一苦労だ。

冠羽を立てたり下げたりできる唯一の種。

キガシラペンギン *Megadyptes antipodes*

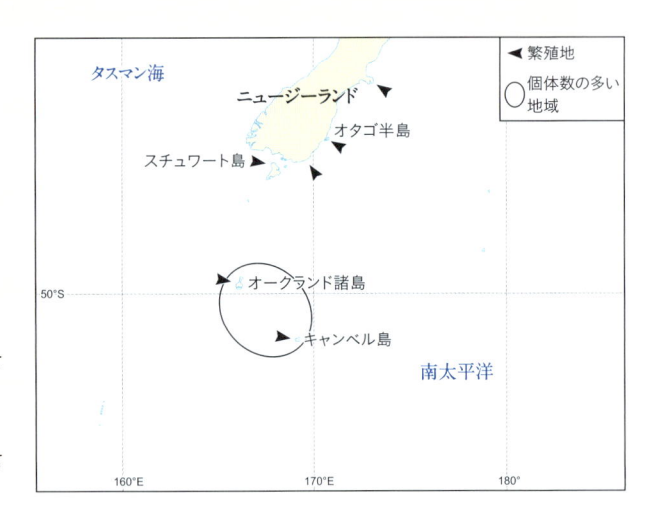

別名・旧名：マオリ名は騒がしく叫ぶものを意味する「ホイホ」。古代のマオリ名は「タボラ」。
最古の記述：*Catarrhactes antipodes*, Hombron and Jacquinot, 1841.
分類の典拠：Sibley and Monroe (1990)；Turbott (1990)．
分類に関する備考：同属他種はなし。亜種もいないが、本土に生息する個体と島の個体では遺伝的に異なっている。
名前の起源：学名の *antipodes* はニュージーランドが地理的にヨーロッパの反対に位置することにちなむ。
生息状況：絶滅危惧IB類（IUCN 2012）
評価理由：繁殖地域が非常に小さく、多くの地域で生息環境が深刻に悪化している。個体数は大きく変動しており、スチュワート島では減少が著しい。

特徴

メガディプテス属で現存する唯一の種で、ペンギン全種のなかでも特に希少な、絶滅の危機にある種の1つ。また最も社会性が弱く、とても臆病。独特の外見から、他の種と混同することはない。

絶滅したワイタハペンギン（*Megadyptes waitaha*）と近縁。キガシラペンギンより小型のワイタハペンギンの存在は、1000年前の骨を近年 DNA 解析した結果、発見されたばかり。

体色

成鳥：首の後ろ、背中、尾は青みがかった黒にやや灰色が混じり、腹部は白い。頭部は淡い黄色で、くちばしの付け根から頭頂部にかけて黒い羽毛が筋状に生えているが、くちばしの下側と目の下にはあまりない。くっきりとしたレモン色の帯が、両目の横から後頭部に向かって輪のようにつながっている。目の周りもレモン色の線で囲まれている。黄色と黒の冠羽はわずかに立ち上がって生えている。頬の下側、喉、首の横は黄色みのある茶色。くちばしは大部分がオレンジ色っぽい赤だが、上くちばしの真ん中と根元がピンク色で、下くちばしは先端以外がピンク色をしている。瞳は淡い黄色で、ピンク色の皮膚の縁取りがある。足はピンク色で、足の裏は黒い。
幼鳥：成鳥に似ているが、頭部全体が灰色がかった黄色で、帯模様はなく、冠羽は短い。喉と腹部は白。瞳は灰色がかったレモン色。
ヒナ：全身が濃い茶色。

体長と体重

体長は 56〜78cm。体重は性別、時期によって異なるが、3.6〜8.9 kg の間。

声

巣にいるときを除き、ほとんど鳴かない。コンタクトコールは2音節で高い音で鳴く。求愛や挨拶のためのコールは非常に騒がしく、ロバに似た鳴き声を高い音でスタッカート調に繰り返す。喧嘩や警告のコールは、叫び声や、しわがれた粗い声で「クックッ」と鳴く。ヒナは「チーチー」と繰り返し鳴く。

個体数と分布

ニュージーランド固有の種。南島の南西海岸沿いの一部（南緯43度44分以南が主）、スチュワート島（南緯47度00分）、コッドフィッシュ島（南緯46度46分）、フォーボー海峡の島々に生息する他、亜南極圏のキャンベル島（南緯52度32分）とオークランド諸島（南緯50度40分）に最も多くの個体が生息する。繁殖つがいの数は 2000 つがいに満たないと推定される。

定着性が高い。成鳥は繁殖地に近い沿岸の海で採餌をし、夜に巣へ戻る。繁殖期の採餌の移動距離はほとんどの場合巣から20 km 以内だが、抱卵中やヒナの保護期間後は最長で 60 km 移動する。主に幼鳥が、最長で 500 km 北方のクック海峡まで移動する例も観察されている。

繁殖

繁殖期間が極めて長い種の1つ。8月中旬から3月にかけての繁殖期間に先駆け、求愛行動が始まる場合もある。巣は海岸の斜面や砂丘、木立ちのまばらな林や草地で、タソックグラスや低木、ハリエニシダ、アマ科の植物の茂みの中に作る。もともとは海岸の常緑広葉樹の森を好むが、そうした地域は今ほとんど残っていない。

広い範囲に緩やかなコロニーを作る。孤独を好み、互いの巣が見えないように離れた場所に巣を作る。繁殖開始年齢は2〜5歳で、メスの方がオスより早い。営巣地への執着が強く（巣そのものには執着しない）、つがいの関係も生涯を通じて維持される。

餌をねだるヒナと親鳥。（エンダビー島）

エパクリス科の低木（dracophyllum）の茂みの中、巣立ち間近のヒナ。（キャンベル島、ノースイースト湾）

ニュージーランドアシカの繁殖コロニーの横を通り海へ向かう。（エンダービー島）

亜南極の植物が密生した場所に孤立した巣を作る。（左はキャンベル島、右はエンダービー島）

求愛：たいていはオスが1羽で、くちばしを空に向け、トランペット音で鳴く恍惚のディスプレイを巣の前で行う。さらに、くちばしを震わせる、オスとメスがロバに似た声で鳴き交わす、羽づくろいをしあう、などの行為をする。

営巣：浅い窪みに小枝や木の葉、草や手に入る植物を敷き、オスとメスが共同で作る。たいてい、木の根元や岩、アマ科の草木などしっかりした遮蔽物を背にして巣を作る。また、保護団体が主要な生息地に設置した人工の覆いも進んで使う。

産卵：9月中旬から10月中旬に、青みがかった緑色の卵（24時間後には白くなる）を3～5日おいて2つ産む。

抱卵：38～54日。両親が分担して抱卵する。卵が2つとも産まれた直後に抱卵を始めることが多いが、最大で10日遅れることもある。

育雛：11月上旬に、通常2つの卵が同じ日に孵化する。保護や給餌は両親が分担して行う。ヒナはクレイシを形成しない。

巣立ち：106～108日。2月下旬から3月中旬にかけて巣立つ。成鳥の羽根に生え変わるのは14～16カ月頃。

食物

沿岸の海、そして他のペンギンと異なり、もっぱら海底で採餌する。食べるものは季節、場所によって異なるが、アカダラ、オパールフィッシュ、スプラット、トウゴロイワシ、ミナミアオトラギス、アフルなどの魚を中心に、イカやオキアミも食べる。通常、水深40メートルに満たないところで採餌をするが、150メートル以上潜ることもできる。

主な脅威

捕食者：海上では、ニュージーランドアシカやオニカマス、サメ。一部地域では、野生化したネコ、オコジョ、フェレット、野生化したブタがヒナや卵を捕食し深刻な影響を及ぼしている。イヌは成鳥を攻撃したり威嚇したりする。

生息地の環境：南島では、営巣地となる森林地帯が、伐採や農地開拓、宅地・リゾート開発により壊滅的に減少した。また、家畜が草を食べ過ぎる、巣を踏み潰すといった懸念もある。

病気：全体の生息数に著しい影響を及ぼす可能性がある。たとえば、2004年にはジフテリア性口内炎（家禽ジフテリア）が発生し、オアマル島からスチュワート島にかけ60％のヒナが犠牲になり、2007年には血液寄生虫による病気でスチュワート島のヒナが100％犠牲になったと推定される。

気候変動：上記の病気と餌不足によってヒナが犠牲になり、分布域の一部、特にスチュワート島で生息数が減少している。餌不足の原因としては、気候変動とそれに伴う餌の分散が考えられる。

その他の人為的要因：成鳥は臆病なため、浜辺に人間がいるとすぐ逃げてしまう。結果、巣への行き来が阻まれ、ヒナの給餌頻度の減少や、育雛の放棄を招くおそれがある。

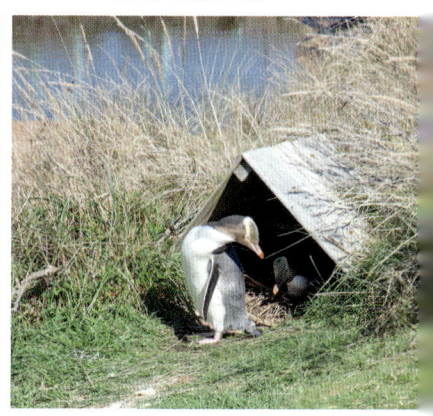

左：巣を作れそうな場所を探す幼鳥。（キャンベル島）
中：ポハツ海洋保護区の海岸近くで泳ぐつがい。（バンクス半島、フリー湾）
右：オタゴ半島にある私設保護区「ペンギン・プレイス」で用意した人工の覆いの中に巣を作る。

コガタペンギン *Eudyptula minor*

別名・旧名：リトルペンギン、ブルーペンギン。マオリ名はコロラ。オーストラリア名はフェアリーペンギン。
最古の記述：*Aptenodytes minor*, J.R. Forster, 1781; *Eudyptula minor albosignata* Finsch, 1874.
分類の典拠：Christidis and Boles (1994, 2008) ; SACC (2006) ; Sibley and Monroe (1990) ; Turbott (1990).
分類に関する備考：かつてはコガタペンギン（*Eudyptula minor*）とフェアリーペンギンの2種に分類されていたが、現在はコガタペンギン1種にまとめられている。現在、以下6種の亜種が確認されている。オーストラリアの南海岸と周辺の島々（西から東に、フリーマントルからポートスティーブンス、タスマニアの一帯）に生息するフェアリーペンギン（*E. m. novaehollandiae*）、ニュージーランドの南島の南側（カラメアからオアマル島）に生息するミナミコガタペンギン（*E. m. minor*）、北島の東側（カフィアからイースト岬）に生息するキタコガタペンギン（*E. m. iredalei*）、北島の北西部（エグモント岬からホークス湾）に生息するクックコガタペンギン（*E. m. variabilis*）、チャタム島に生息するチャタムコガタペンギン（*E. m. chathamenis*）、南島の東部、バンクス半島の固有種で、亜種ではなく別種とする主張もあるハネジロペンギン（*E. m. albosignata*）の6種。
名前の起源：学名の*minor*はラテン語で「最も小さい」という意味。英名のリトルブルーペンギンの「ブルー」は羽毛の独特の色合いから。　**生息状況**：軽度懸念（IUCN 2012）　**評価理由**：大きな分布域を維持している。数値データはないが、減少傾向にあるものの急激なペースではなく、絶滅危惧の範疇には入らない。

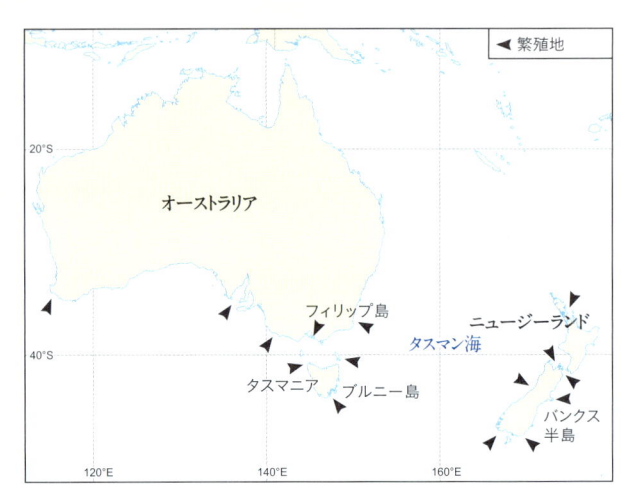

広く分布している種の個体（左）と、ニュージーランドの南島東海岸のバンクス半島周辺に固有の亜種、ハネジロペンギン（右）の大きさや羽毛の色合いは明らかに違う。左の写真はタスマニア、右の写真はバンクス半島フリー湾のポハツ・ペンギン・ファーム。

特徴

ペンギン全種のなかで最も小さい種。陸上では夜行性で、夜になると小さな群れで海から巣穴に帰り、夜明け前に採餌に出かける。人間のいない地域では、日中に浜辺で休むこともある。亜種の分布域はほとんど重ならない。

体色

成鳥：頭部の上半分、背中、尾は光沢のある濃い青、青緑、灰色がかった青で、個体、種によって違いがある他、光の加減や濡れているか乾いているかによっても違って見える。背中の羽根は根元が白く、羽軸が黒いのが近くで見ると分かる。耳の周りとあごは灰色がかった淡い青で、喉から腹部にかけて銀白色になる。翼の外側は濃い群青色で白い縁取りがあり、内側は白っぽい。瞳は淡い青から灰色がかった青。黒に近い短いくちばしは、下くちばしの底面が淡い色をしている。足は淡いピンク色で、足の裏は黒っぽい。
ハネジロペンギンはやや大きく、色は淡い。腹部の大部分は白く、背中は灰色がかった青。翼の白い縁取りは幅が広く、体の白い部分と翼の付け根でつながっているオスもいる。
幼鳥：成鳥に似ているが、背中の羽毛がより鮮やか。くちばしは細くて短い。
ヒナ：頭部と背中は灰色がかった茶色で、腹部はくすんだ白。

水に濡れるとターコイズブルーに輝く羽毛。オーストラリア、フィリップ島。

体長と体重

性別による違いはごくわずかで、オスのくちばしの方が大きい。体長は40〜45cm。体重は性別、時期によって異なるが、1.0-1.2 kgの間。

声

夜間によく鳴く。コンタクトコールは短い高音。主張するためのコールはロバに似たリズミカルな鳴き声で、呼気音（しわがれて震える音）と吸気音（短く「キーッ」という高い音）からなり、主にオスが一羽で鳴く。これを変化させた鳴き方を、求愛やつがいの挨拶でも用いる。喧嘩するときは、うなり声やロバの声、吠えるような声、叫び声、「シュッ」という空気音を出す。ヒナは高音で「ピーピー」と鳴く。

個体数と分布

オーストラリア南部とタスマニア、ニュージーランドの海岸全域、ノースランドからスチュワート島（南緯47度00分）、さらにチャタム島（南緯44度02分）に分布。個体数の観測は困難だが、全体で約50万つがいが生息していると推定される。ハネジロペンギンはニュージーランドのバンクス半島（南緯43度45分）と付近のモトナウ諸島（南緯43度03分）のみに生息し、生息数は4000つがいと推定される。そのうち3分の1がフリー湾のポハツ・ペンギン・ファームに生息する。

1年を通して定住性が高い。採餌は25 km沖合まで移動し、たいていコロニーからの移動距離は70 km以内に留まる。しばしば、湾や港、入り江で観察される。幼鳥が600 km以上北へ移動する例も観察されている。

流鳥はオーストラリア南東部、ロードハウ島、スネアーズ諸島で観察される。

繁殖

社会性があり、小さく緩やかなコロニーを形成する。まれに孤立したつがいも観察される。植物が多く生えた海岸の砂や岩の斜面、もしくは光の入らない洞穴に巣を作る。海抜は最高300メートル、最大で1.5 km内陸の場所を選ぶ。繁殖期の始まりは場所によって異なるが、だいたい7〜12月から。繁殖開始年齢は2〜3歳。つがいのきずなと巣への執着度は高い。
求愛：まずオスが一羽で、体を伸ばしてくちばしを空に向け、ロバに似た声で鳴く恍惚のディスプレイを、通常は巣の候補地

左上：暗闇にまぎれて坂を登る成鳥の群れ（オーストラリア、メルボルン近くのフィリップ島）。ここでは観光事業で資金を賄う保護活動により、個体数の回復が進んでいる。
上：巣穴のすぐ外で、帰ってきたばかりの親鳥に盛んに餌をねだるヒナ。（タスマニア、ブルニー島）
右：幼綿羽が抜けるにつれ、鮮やかな色合いになっていく。よく食べて太ったヒナが巣の外で伸びをする。（タスマニア、ブルニー島）

の前で行う。成立したつがいは、類似したディスプレイにくわえ、お辞儀をする、巣の周りを一緒に歩く、羽づくろいをしあうなどの行為をする。洞穴で繁殖をする個体群は、小さな群れで固まって求愛を行う。

営巣：穴に草や木の葉、小枝、骨、石、海藻、その他手に入る植物を敷く。巣は、柔らかい土砂を掘った穴の他、他の鳥やウサギが掘った穴、岩や草木の下、割れ目や筒状の空洞、さらに人工の構造物や建物の陰も利用する。また光の入らない場所では地表に巣を作ることもある。人工の巣箱も進んで使う。

産卵：たいてい7月から12月にかけて、2～3日おいて卵を2つ産む。8月から11月が産卵のピークだが、かなりばらつきがある。繁殖開始が早いと、2度目の産卵をすることもある。

抱卵：33～39日。両親が分担して抱卵する。

育雛：2つの卵がほぼ同時に孵化し、1日以上間が空くことはほとんどない。通常、ヒナは2羽とも育てられる。最初の約3週間は両親が分担して保護し、その後ヒナを巣に残して日中の採餌に出かける。洞窟で繁殖するコロニーにおいてのみ、クレイシが形成される。

巣立ち：7～9週間。

食物

場所によって異なる。カタクチイワシやスプラット、イワシ、アカダラの稚魚、オキヒラス（ブルーワレフー）などの小魚を中心に、イカや小さな甲殻類を食べる。餌を採る深さは通常水深20メートルに満たないが、水深72メートルまで潜った記録がある。

通常は夜行性だが、安全と思われる場所では夕暮れどきから上陸を始める。（オーストラリア、フィリップ島）

主な脅威

捕食者：海上では、主にサメやアシカ、ニュージーランドオットセイ。陸上では、主にイヌに襲われるが、野生化したネコ、オコジョ、フェレットも脅威。タスマニアではフクロネコやタスマニアンデビル。オーストラリアではイヌやキツネ。

漁業：獲物をめぐる競合に加え、養殖業による汚染が懸念される。趣味の釣りで用いる網に絡まる事故で、局地的に大きな被害が出ている。

生息地の環境：住宅や農地、道路、港湾など沿岸の開発により、植生が失われ、生息地の縮小が進んでいる。

気候変動：海洋の環境変化により、餌がいっそう採りにくくなるおそれがある。たとえば1997年には、オーストラリア南部海域でイワシの量が激減した。

その他の人為的要因：巣に近い浜辺での人間の活動により、親鳥の往来が妨げられ、給餌の遅れやオスとメスの分担交代の失敗などを招く。また、交通事故で命を落とす危険や、ペットのネコやイヌに威嚇・侵入されたために巣を放棄するおそれがある。

油汚染：ニュージーランド沿岸の幅広い海域で油田開発の計画があり、油が流出した場合、バンクス半島固有の種であるハネジロペンギンを含む、個体数の大部分が犠牲になるおそれがある。商業船の座礁事故による流出も懸念される。過去には、1995年にタスマニアのヒービーリーフで起きたアイアンバロン号の座礁事故で、推定1万～2万羽のペンギンが海上で犠牲になり、1894羽が救出、洗浄された。2011年には、ニュージーランドのアストロラーベリーフで100万トンタンカー、レナ号が座礁し、被害の及んだ地域に生息する200～300つがいのうち、油にまみれた成鳥383羽が生きて救出されたが、89羽が死骸となって回収された。

プレンティ湾でレナ号が座礁した際、現地の繁殖個体の半数以上が直接的被害を受けた。

野生のペンギンが見られる場所

ガラパゴス諸島、エリザベス湾

南極半島、ネコハーバー

アルゼンチン、ドスバイアス岬

フォークランド諸島。ペンギンを眺めながらキャンプ

オーストラリア

メルボルン近くのフィリップ島自然公園には、コガタペンギンが多く生息するコロニーがあり、世界中から大勢の観光客が訪れる。観光客の支払う料金は、ペンギンの保護や研究の費用に充てられる。他にも、タスマニア州ホバート近くのブルニー島にあるネック自然保護区などオーストラリア南部の海岸の多くで、夜に上陸してくるコガタペンギンを見られる。

おすすめの季節：9～1月。
www.penguins.org.au/attractions/penguin-parade
www.brunyisland.net/Neck/neck.html

ニュージーランド

南島では、貴重な3種のペンギンを見ることができる。クライストチャーチ近く、バンクス半島の先端にあるポハトゥ保護区では、ガイド付き個人観光で珍しいハネジロペンギン（コガタペンギンの亜種）を見られるチャンスがある。オアマル島では、日が暮れると巣に帰ってくるコガタペンギンが見られる。さらに南のオタゴ半島からカトリンズコーストにかけては、早朝または午後遅い時間に、海から上がってくる希少なキガシラペンギンを見られる。ただし、とても臆病なため、十分に距離をおいて人間の姿を見られないようにすることが大事。ダニーデンの近くにあるペンギン保護施設、ペンギン・プレイスでは近づいて観察することもできる。ウエストランド沿岸の深い森には、なかなか見つからないフィヨルドランドペンギンの小さなコロニーがある。浜辺に残る足跡をジャクソン岬の先まで探してみるか、一番確かなのは、モエラキ湖畔のウィルダネスロッジからガイドに案内してもらう方法だ。

・ハネジロペンギン（9～1月）：www.pohatu.co.nz
・コガタペンギン（10～1月）：www.penguins.co.nz
・キガシラペンギン（11～2月）：www.penguinplace.co.nz
　www.yellow-eyedpenguin.org.nz
・フィヨルドランドペンギン（8～11月）：
　www.wildernesslodge.co.nz/wildernesslodge/lake-moeraki

パタゴニア

マゼランペンギンを見る絶好の場所はアルゼンチンのプンタトンボ（トレレウの近く）だが、ドスバイアス岬（カマロネスの近く）などさらに南の地域や、ウシュアイアからビーグル水道を通って行けるマルティロ島でも見られる。チリ南部では、プンタアレナスから車でセノ・オトウェイまで行けば、きれいに舗装された散歩道沿いで間近に見るチャンスがあるほか、プンタアレナスからのボートツアーを利用し、マゼラン海峡のマグダレナ島にある大きなコロニーを訪ねることもできる。

おすすめの季節：11～2月。
www.patagonia-argentina.com/en/punta-tombo

フォークランド諸島

フォークランド諸島の島々では、自分で旅を計画して、ミナミイワトビペンギン、マゼランペンギン、ジェンツーペンギン、キングペンギンの4種のペンギンを見られる。個人で飛行機を手配するか、首都スタンリーからSUVで移動する方法もある。ヴォランティアビーチはアクセスしやすく、キングペンギンの大きなコロニーが見られる場所だ。フォークランド諸島も

ヒゲペンギンが見られる南極のデセプション島。

周遊先に含む「南極ツアー」はたくさんあるが、プライベートな旅の満足感にはかなわない。

おすすめの季節：12～2月。www.falklandislands.com

南極大陸とサウスジョージア島

運が良ければ南極半島への短い旅の間に、長い尾を持つ3種のペンギン、アデリーペンギン、ジェンツーペンギン、ヒゲペンギンを見ることができる。サウスシェトランド諸島全域に営巣地があるほか、南極大陸の海岸でもところどころで見られる。アデリーペンギンは南極海峡のポーレット島やルメール水道南部のピーターマン島など、最も南方、もしくは最も海氷の張った場所で見つかりやすい。ジェンツーペンギンは湾の奥まったところに多く、ヒゲペンギンは両者の中間くらいのエリアで見つかりやすい。サウスジョージア島にはキングペンギンの最大のコロニーがあり、ジェンツーペンギンやヒゲペンギンも少数生息している。さらにマカロニペンギンの大きなコロニーがいくつもあるが、風雨にさらされる険しい場所にあるため、近づくのはかなり難しい。

おすすめの季節：11～1月。

クルーズ旅行を扱う会社が世界中に数多くあるため、ここで特定の業者は紹介しない。乗客数100人以下の小型客船の方が、島に上陸できる機会が比較的多い。

アタカマ砂漠沿岸、ペルー～チリ

フンボルトペンギンは、滅多に人の訪れない小さな無人島でしか見られない。たとえば、ペルーのパラカス半島沖に浮かぶパラカス諸島のチョロス島、チリの北中央部沿岸のチャニャラルやパン・デ・アスカル、同じくチリのバルパライソ近くにあるアルガロボ島（島に続く道路がある）など。どこもアクセスは難しい。

おすすめの季節：4～12月。
http://mesh.biology.washington.edu/penguinProject/Humboldt

ガラパゴス諸島

ガラパゴスペンギンは最も希少な種の1つだが、ガラパゴス諸島を小型船で巡れば見られる可能性はとても高い。ただし小さな群れでしか姿を見せないので、観察できる機会を逃さないために、バルトロメ島、タグスコーブ、エリザベス湾、プエルトビラミルのラス・ティントレラス島のどれか2カ所以上は上陸ポイントに入れておくとよい。

おすすめの季節：5～12月。www.Galapagostravel.com

東南極とロス海

南極大陸の中でも「僻地」のこの地域で見られるのは、アデリーペンギンとエンペラーペンギンの2種だけ。エンペラーペンギンは冬に海氷上で繁殖をするが、夏の間はどこを回遊しているのか予測がつかない。アデア岬にはアデリーペンギンの世界最大のコロニーがあり一見の価値がある。エンペラーペンギンの親鳥とヒナを見るなら、砕氷船やヘリコプターでなければコロニーには近づけない。

おすすめの季節：12～2月。
www.heritage-expeditions.com
www.auroraexpeditions.com.au

ニュージーランドとオーストラリアの亜南極圏の島々

冠羽のあるペンギンのうち次の3種はこの地域でしか見られない。ロイヤルペンギンはマッコーリー島に、スネアーズペンギンはスネアーズ諸島、そしてシュレーターペンギンはバウンティ諸島とアンティポデス諸島に主に生息する。この周辺の荒れた海を客船が航行することはほとんどなく、加えて上陸が許可されているのはマッコーリー島だけだ。その他の島は天候が不安定なため上陸が難しく、エンジン付きのゴムボートで接近できればいい方だ。でももし上手くいけば、最高の体験になるのは間違いない。オークランド諸島のエンダービー島は、キガシラペンギンを見られる絶好の場所だ。

おすすめの季節：12～2月。
www.heritage-expeditions.com

南アフリカ

郊外から車で少し移動するだけでペンギンが見られる希少な場所がケープタウンだ。標識にしたがって西のサイモンズタウンへ行き、ボールダーズビーチのペンギン観察ビジターセンターの駐車場に車を置いたら、後は遊歩道を歩いていくだけ。その先にケープペンギンが待っている。

おすすめの季節：6～9月。www.sanccob.co.za

トリスタンダクーニャ

最も知名度が低く、最も見るのが難しいキタイワトビペンギン。生息地のインド洋南部、大西洋中南部の島々に行く客船はごく稀にしか出ない。他には南アフリカから出る漁船の乗船許可を個人で手配し、世界一孤立した有人島と言われるトリスタンダクーニャ島へ行く方法がある。忍耐と臨機応変さ、そして冒険のセンスが不可欠だ。

おすすめの季節：10～12月。www.tristandc.com

サウスシェトランド諸島、エレファント島

タスマニア、ブルニー島

参考文献の紹介、およびさらに詳しく知りたい方へ

本書の編集にあたっては、ペンギンの生態や歴史についてできる限り最新の、そして正確な情報を取りまとめることに努めた。古期フランス語やラテン語で書かれた古い学術書から、量子物理学や流体力学に関する最新の研究論文に至るまで、実に多様な資料をあたって興味深い事例や情報を探す過程は、しばしば回り道をしながらも、好奇心を掻き立てられることの連続だった。大量の書籍、科学雑誌、信頼のおけるウェブサイトの情報を参照し、ウェブブラウザにはまさに10万ページ以上の閲覧履歴が残っている。参考文献のほとんどが科学用語で書かれているため、そこで得た興味深い情報を伝える際には、可能な限り一般読者にも分かりやすい言葉を用いることを心がけた。さらに、長年にわたる私たち自身のペンギン生息地における観察や体験、そこで撮りためた写真も、審査を経た論文や学術誌の信頼できるデータと照合しながら、幅広く資料として取り入れた。紙面の制約により、膨大な参考文献や引用文献の一覧は割愛している。また、本文の大部分は各分野の研究者や専門家により審査、もしくは寄稿されたものであるが、誤記や漏れは当然すべて私たちの責任によるものである。

以下に、参考文献のごく一部を紹介する。扱われている情報の質や幅広さを基準に、読者の皆さんがさらに知識を深める初めの一歩として役立つと思うものを選んだ。

- del Hoyo, Josep et al (Eds). *Handbook of the Birds of the World*. Vol 1. Lynx Edicions, 1992.
- Lindsey, Terence & Morris, Rod. *Field Guide to New Zealand Wildlife*. Auckland: Harper Collins Publishers, 2000.
- *Reader's Digest Antarctica*. Australia, 1985. Used for historical references.
- Reilly, Pauline. *Penguins of the World*. Australia: Oxford University Press, 1994.
- Ryan, Peter (Editor). *Field Guide to the Animals and Plants of Tristan da Cunha and Gough Island*. Newbury: Pisces Publications, 2007.
- Shirihai, Hadoram. *A Complete Guide to Antarctic Wildlife (2nd ed)*. Illustrated by Brett Jarrett. London: A&C Black, 2007.
- Taylor, Rowley. *Straight Through from London*, Heritage Expeditions 2006. History of Bounty and Antipodes Islands.
- Williams, Tony D. *The Penguins*. Illustrated by J.N. Davies & John Busby. New York: Oxford University Press, 1995.

さらに詳しく知りたい方のためのウェブサイト。

- www.arkive.org ペンギン全種の画像や一般的な情報を掲載している。
- www.birdlife.org/datazone 各種の様々なデータを掲載。
- www.bluepenguin.org.nz コガタペンギンの保護団体 The Blue Penguin Trust のサイト。
- www.falklandsconservation.com/wildlife/penguins フォークランド諸島の野生動物保護団体、Falklands Conservation のサイト。
- www.globalpenguinsociety.org ペンギンの保護団体、Global Penguin Society のサイト。
- www.penguinstudies.org ワシントン大学のペンギン保護プロジェクトのサイト。
- www.penguin.net.nz ニュージーランドに生息するペンギンの情報を掲載。
- www.penguins.cl ペンギンの保護団体、International Penguin Conservation Work Group のサイト。
- www.photovolcanica.com ペンギン全種の画像や一般的な情報を掲載。
- www.yellow-eyedpenguin.org.nz キガシラペンギンの保護団体、Yellow-eyed Penguin Trust のサイト。

サウスジョージア島、ソールズベリー平野

亜南極―ニュージーランド領、スネアーズ諸島。マヘーリア号とスタッフ。

東南極、アマンダ湾

謝辞

　本書の制作にあたり、信じられないほど多くの方々の協力と励ましを賜った。紙幅に限りがあるが、まずはすべての方にお礼を申し述べたい。

　フィールドで一緒に時間を過ごした、ガラパゴス、南極、トリスタンダクーニャ、チリ、オーストラリア、ニュージーランド、南アフリカの研究者たち、保護活動家たちに感謝したい。それから、亜南極の神秘的な島々をヨット、マヘーリア号で巡る旅をサポートしてくれた素晴らしい冒険家の面々、グラント、カール、ジャシンダ、アリ、アラン、ジュリアン、アンディ、クリス、サラ、および風雨に晒された最初の4カ月間、みんなを笑顔にさせ続けたピートにも。それからブラフ・フィッシャーマンズ・ラジオのメリ・リース。このヨットでの冒険旅行中ずっと、彼女は親切に連絡を取り合ってくれた。卓越したヨットマンでインスピレーションの泉でもあるティアマ号のヘンク・ハーゼンも同じだ。彼の公海上での友情に感謝したい。ヘリテージ・エクスペディションのロドニー・ラスは亜南極の島々について多くを教えてくれた。

　ペンギンと過ごすためにも多くの人の助けを借りた。ニュージーランドでは、ポール・セイガー、ピート・マクレランド、グレッグ・リンド、ネヴィル・ピート、ケリー＝ジェーン・ウィルソン、インガー・パーキン、オタゴ半島の「ペンギン・プレイス」のマグラウザー家のみなさん、その他、希少なペンギンたちとの出会いの機会をつくってくれた多くの人々のお世話になった。コガタペンギンの夜の秘かな楽園に導いてくれた人々にも感謝したい。ニュージーランドでは、ポハツ・ペンギンズのフランシスとシャーリーン・ヘルプスはバンクス半島にある彼らのハネジロペンギンの保護区に招いてくれたし、ルーベン・レーンは険しい西海岸にあるコガタペンギンの洞穴の巣に案内してくれた。南オーストラリアでは、もう長い付き合いのデイヴィッド・ベイラーとリズ・ベイラー＝クック、そしてフィリップ島での優秀な撮影チームに感謝したい。タスマニアではブルニー島のルイズ・クロスリーとその共同保全活動家たちに。

　オーストラリア南極局にも大変お世話になった。私たちのプロジェクトに賛同してくれ、テュイを6週間の砕氷船の旅に招待してくれたのだ。おかげで南極の向こう側で、ほとんど誰も行けない春の時期に、エンペラーペンギンの写真を撮ることができた。その際、彼女はさまざまな現場で採用されている特筆すべき科学技術を目の当たりにしたのだった。オーロラ・オーストラリス号に乗船していたパティ・ルーカス、シャロン・ラブッダ、リーネ・ミルハウス、アリソン・ディーン、マイク・グリマーをはじめとするすべての冒険家やスタッフたちから受けた友情や支援を忘れることはない。

　フォークランド諸島の友人たちにも感謝している。スタンレーにいるフィルとステラのミドルトン夫妻や、ダンバー・ファームのデリグニエレス家のみなさんは寛大にも私有地内での撮影を許可してくれた。同様にニュー島のイアンとマリアのストレンジ夫妻、トニー・チャターに、ポート・スティーヴンスのロバートソン一家、ウェストポイント島のロディとリリーのネイピア夫妻、マイケルとジャネットのクラーク夫妻、カーカス島のロブとロレインのマッギル夫妻、ソーンダース島のデイヴィッドとスーザンのポール＝エヴァンス夫妻、ヴォランティアビーチのデレクとトルーディのパターソン夫妻など、多くの親切な島民のみなさんのお世話になった。

　チリでは、ギレルモ・ルナ＝ホルケラとアレハンドロ・シメオネがフンボルト・ペンギンの世界に導いてくれた。

　素晴らしいキタイワトビペンギンが生息する伝説的なトリスタンダクーニャ島とゴフ島への旅を支援してくれた、トリスタンダクーニャ政府、南アフリカの気象庁と環境・観光省、南アフリカ国立南極プログラム、オヴンストーン・エージェンシーズにも深い感謝の気持ちを表したい。島内と沿岸ではジュリアン・フィター、ヘンリー・ヴァレンタイン、ドリアン・ヴェン、タッド・ド・オリヴェイラ船長、クラレンス・オクトーバー船長、ピーター・ウォーレン船長、マイクとジャニスのヘントレー夫妻、クリス・ベイツ、ジミーとフェリシティのグラス夫妻、エリック・マッケンジー、クレア・ヴォルクウィン、ゴフ島気象観測所のチームの面々にお礼を言いたい。また、多くの旅行会社が長年にわたって私たちの旅行を支え、マジカルなペンギンの生息地への扉を開いてくれた。リンドブラッド・トラベル、クリッパー・クルージズ、クォーク・エクスペディションズ、アドベンチャー・ライフ、ガラパゴス・トラベル、それからなんといってもシドニーのオーロラ・エクスペディションズと同社のポーラー・パイオニア号の素敵なスタッフ全員に感謝の意を伝えたい。

　ペンギンとその環境の保護にたゆまず尽力し、私たちの仕事も進んで手助けしてくれている多くの国のNGOや政府機関などのチームのこともいつも大変ありがたく思っている。とくに、私たちを信頼してくれて数カ月にわたる亜南極諸島へのヨット旅行を特別に許可してくれたニュージーランド環境保護省には心から感謝している。ほかにも、ガラパゴス国立公園、チャールズ・ダーウィン財団、オーストラリアのフィリップ島自然公園、タスマニアのブルニー島、ニュージーランドはバンクス半島のポハツ・ペンギンズ、デュネディンのペンギン・プレイス、リトルブルー・ペンギン・トラスト、イエローアイド・ペンギン・トラスト、南アフリカ沿岸鳥保護財団（SANCCOB）、トリスタンダクーニャ環境保護省、フォークランド環境保全局などなど。これらの組織は、ペンギンを救うという大仕事に果敢に取り組んでいる先見の明ある人々によって運営されている。その仕事ぶりにはとても刺激を受ける。

　アウトドア衣料のアース・シー・スカイを営むエリス家の人々にも感謝を。ジェーン、デイヴィッド、その息子のベン、マイク、そして残念ながら亡くなったマーク。彼らのメイド・イン・ニュージーランドの高品質の衣服のおかげで、私たちはペンギンをめぐる冒険の多くの場面で温かくて乾いた状態でいられた。

　ウェリントンのアレクサンダー・ターンブル図書館、ニュージーランド国立博物館テ・パパ・トンガレワ、そしてアラン・テニソン、ベッキー・マスターズ、ジャン＝クロード・スタールに感謝する。彼らは159ページに掲載した写真を提供してくれた。

　本書に寄稿するなど直接的に協力してくれた、ダニエル・セプカ、イヴォン・ル・マオ、マシュー・ショーキー、サンネ・ブッセンコール、デイヴィッド・エインリー、ヘザー・リンチ、ロリー・P・ウィルソン、カイル・W・モリソン、バーバラ・ワイナキー、アンドレ・チャラディア、エルナン・バルガス、ピーター・ライアン、P・ディー・ボースマ、デイヴィッド・トンプソン、コニー・グラス、ジェイムズ・グラス、ティナ・グラス、ユアン・フォーダイス、ジュリア・クラーク、サラ・クロフツ、コリン・モンティース、ケイトリン・ヘリアン、デイヴ・ヒュース トン、リリアナ・ダルバ、バスティアン・スター、レティシア・ケナレイゲン、ショーン・バーンズ、エステル・ファン・デ・メルヴェ、ターシャス・グース、イアン・ギャフニーにあらためて感謝したい。

　最後になるが、信頼と熱意でこのプロジェクトを支えてくれた我らが出版者ポール・ベイトマンと、粘り強くて細部も疎かにしない共同出版者で優秀な編集者であるトレイシー・ボーグフェルトの友情に深く感謝したい。

　もちろん、もっと多くの人のおかげでこの本は成り立っているのだが、数十年にわたるこのプロジェクトに関わってくれた全員の名前を挙げることは残念ながら不可能だ。ここに名前がなかったとしても、私たちはあなたの協力を忘れてはいない。どうかご容赦頂きたい。

監修者解説
ペンギンへの好奇心は疲れをしらない
―― ひろがり続けるペンギン学の地平

ペンギン会議　上田一生

　近代的水準でのペンギンの科学的研究はざっと140年前に始まった。1883年に発表された『チャレンジャー号の探検航海』として知られる公式報告書がその嚆矢だという。報告者は解剖学者のモリソン・ワトソン。野生のペンギンたちの姿は、多くの科学者の好奇心を刺激したらしい。

　鳥なのに空を飛ばない。鳥なのに巧みに泳ぎ潜る。鳥なのにほぼ完全な直立二足歩行。地球上で最も寒く厳しい南極の真冬に子育てをする。人を襲ったり逃げたりしないどころかなれなれしく近づいてくる。あの進化論の島ガラパゴスから南極にいたる南半球の広範囲に分布している。この鳥は何者なのか？

　人間と「ペンギン」との出会いは、科学者たちの好奇心の的となるはるか以前に遡る。おそらくその数千年前には、大西洋の漁師たちはペンギンやその卵を食用にしていた。ただし、この「ペンギン」は19世紀半ばに絶滅した別の種類の海鳥、オオウミガラスのことであり、15世紀頃までヨーロッパの船乗りや漁師たちの間で、「ペンギン」といえばこの太った海鳥のことだった。その後、広大な水半球＝南半球に出かけてみると、これとよく似た太った鳥がいたのだから、18世紀までの探検航海者たちの眼には「ここにもペンギンがいる」というふうに映ったのだろう。とはいえ、海の男たちにとって人事だったのは「食べられるかどうか？　役に立つかどうか？」であり、鳥の種類が違うことなど、どうでもよかったのだ。

　しかし、モリソン・ワトソン以降の「科学者」たちが新たな一歩を踏み出す。ペンギンに資源としての有用性でなく不思議さを見出したのだ。この鳥の謎に魅了されてしまったのである。好奇心にかられた多くの科学者、探検家、芸術家の一群が、ワトソンのあとに行列をつくった。当初、彼らのレポートや作品は目立たない形で流布したから、それを目にした読者や鑑賞者たちには、それが「疲れをしらない好奇心」の転がり出しだとは自覚できなかったに違いない。人間とペンギンとの関係史におけるこの大転換期を初めて明確に指摘したのが、現代ペンギン生物学の創始者、バーナード・ストーンハウスである。1988年、ニュージーランドのオタゴ大学で開かれた世界初のペンギン学会、「第1回国際ペンギン会議」の基調講演は「ペンギン生物学の誕生」を祝福するものだった。「この不思議な鳥に魅了された多くの先達の足跡は、同じ好奇心に導かれてここに集まった人々によって引き継がれていくだろう」ストーンハウスはこう述べて、万雷の拍手を浴びた。こうしてペンギン生物学が確立した。

　一方、ペンギンへの熱い好奇心は学者だけの専売特許ではない。博物学的探検のレポートは多くのナチュラリスト（自然愛好家）を輩出した。また、19世紀後半以降、長足の進化をとげた写真技術と写真芸術は、これまで簡単なスケッチや銅版画、博物画（図鑑絵）だけを観て視覚的想像力を満足させていた観衆に、さらに刺激的な情報を提供した。最初は写真、やがては映像、最後には音声まで鑑賞できるようになった人々の心に、文字情報では得られなかった驚きと新鮮な好奇心とが満ちていったことは想像に難くない。この鳥を間近で見たいという一般の欲求は、動物園での飼育・展示だけでは満足させることができず、人々は南半球各地の海に出かけるようになる。

　ストーンハウスは、「南極の国際的科学調査を支援する英国海軍士官」という立場で初めて南極のペンギンに出会った。ニュージーランドのランスロット・リッチデイルは、勤務先の高校に通う道すがらキガシラペンギンの観察を続けた。その研究成果は、第二次世界大戦の嵐を超えて1950年代に開花する。リッチデイルの研究手法は、その後の繁殖生態研究の基本となった。BBC（イギリス国営放送）のスタッフ、ジョン・スパークスとトニー・ソーパーは、自然誌番組「海鳥生態シリーズ」を制作し、その蓄積をもとに1967年 Penguins（『ペンギンになった不思議な鳥』どうぶつ社）を出版する。この記念碑的「ペンギン本」は、20年後に改訂版が出現、多数の言語に翻訳されて世界的なロングセラーとなった。その伝統を継承したのが、同じBBCのデイヴィッド・アッテンボローである。アッテンボローの情熱的な語り口は、独創的な取材手法とあいまって独特な「ペンギン・ワールド」を創出した。21世紀に入って記録的な興行成績を残したリュック・ジャケの自然誌映画

『皇帝ペンギン』(2005年) は、アッテンボローや海洋冒険映像を得意としたジャック・クストーの伝統を継承しているといえるだろう。

ソーパーやアッテンボローと同時代、ペンギンの魅力を幅広い年齢層や読者に印象づけた記念すべき良質の文献は、ほかにもある。1970年代、ペンギンの進化を題材に、古生物学者のG.G.シンプソンは独特のペンギン論を展開した。「ペンギンは鳥類進化の過程のどこに位置づけられるのか？ いつ、なぜ、空を飛ばなくなったのか？ 化石ペンギンと現生種との関係は？」などなど、古生物学ファンも巻き込む内容となっている。画家のロジャー・T・ピーターソンは、博物画の伝統を継ぎつつ、カメラを片手に数多くのペンギンの生息地を巡り、その生き生きとした姿を写したスケッチと写真を大判の本にまとめた。1979年に初版が出た彼の著作 Penguis は、現在でも各地の博物館や図書館のペンギンに関する標準文献の1つになっている。そして、「熱い好奇心」に突き動かされた多くの画家・カメラマン、ペンギンファンたちがその後に続いた。写真＋スケッチ（あるいは精密な博物画）＋解説＋分布図という典型的な「ペンギン紹介本」のスタイルは、こうして完成していったのだ。

魅力的で有能なナチュラリスト、ロイたちがまとめた本書にも、その良き伝統が受け継がれ、独特のアングル、絶妙なタイミングを捉えた「科学的写真資料」とも呼べる高画質映像がたっぷり選ばれ掲載されている。ペンギンたちの体の各部位については多数のクローズアップ映像でその細部を紹介しているし、キングペンギンの交尾やキタイワトビペンギンの特徴的な冠羽（飾り羽）については連続組写真で「動画的な理解」を促している。なによりも、観察・撮影時間が著しく制限された「一般観光船を利用した短期取材」ではなく、研究者に同行した本格的調査活動の中でしか撮影できない貴重な生態を捉えた写真が多いところに、本書の真価がある。

しかも、各々の写真に添えられたキャプションや、本文中にちりばめられた解説の随所に、長年にわたる研究者との共同作業や共同研究の成果が、惜しみなく注入されている。読者は、単なるペンギンファンの著者によく見られる過剰な感情移入や非科学的な擬人化に煩わされることもない。ごく自然に野生のペンギンたちと同じ空気を吸い、同じ風に吹かれ、同じ情景を観察し、その場に佇むことができるのだ。本書が「上質かつ最新のデータブック」だと評価できる理由の1つはまさにこの点にある。

本書の第2の特長は、最新の研究状況をその分野の第一線で活躍している現役の研究者自身に語らせている点にある。これはかなりの「離れ業」だ。言い方を換えれば、こういう形式の「研究状況紹介」は前例がない。複数の学者による論文集、あるいは「国際ペンギン会議（学会）」の成果をまとめた論文集」という体裁のものは類例が多いが、これらは、専門用語の羅列だから、一般のペンギンファン向きとはいえない。一方、プロの研究者以外の書き手では、たとえ「ペンギン・グランドスラム（全てのペンギン生息地を訪ね歩いた実績）」を誇るペンギンファンであっても、聞きかじり読みかじった学者の最新情報を、勝手に記事にすることはできない。著作権の問題があるからだ。これまで、研究者以外の著者による「ペンギン・データブック」は、この関門を「専門家の監修・校閲を受けた」という形式で突破しようとしてきた。しかし、それには限界がある。そういう枕詞を冠したデータブックには、オリジナリティーや「ホットな生のデータに触れている」という緊迫感が決定的に欠落してしまうからだ。

本書の第2章は、そういう意味で極めてユニークで画期的な構成である。特に、その後半、16人の研究者・専門家が分担執筆したページには、見開きごとに驚きと新しい発見、そして近い将来解き明かされるであろうペンギンの謎が濃密に展示されている。ほぼ半世紀前までは、進化・繁殖・個体数調査にほぼ限定されていた研究分野が、今や、バイオロギングによる海上・海中での生態学的・生理学的研究、長期個体数変動と地球温暖化との関係に関する研究、羽毛学・解剖学・視覚機能に関する統合的研究、内分泌と消化機能に関する病理学的研究、最新の保全生物学を応用した効果的保全活動の研究など、様々な学問分野に枝を広げつつある。今後、研究者たちの好奇心のボルテージはますます上がって

いくに違いない。本書の著者たちは、その現状を小さくまとめてしまうのでなく、研究者自身に語らせることによって、より鮮明かつ実際的なデータを提示しようとしているのだ。これが可能になった根底には、ロイたちと第一線の研究者たちとの間に、長年フィールドで培われた強固な信頼関係があるということを忘れてはならない。研究者は多忙である。彼らが、自分の研究に費やすべき時間と労力とを一般書の執筆にあてるということ自体が、ロイたちに対する評価と信頼の証なのだ。

最後に1つ、事実関係の訂正と補足をしておきたい。第2章の前半で、マーク・ジョーンズは、ペンギンと人間との関係史を、的確な視点から素早い筆さばきで描写している。飼育下のペンギンたちが果たしている役割、資源として利用されあるいは未だに利用されつつあるペンギンたちの悲劇、「ペンギンの語源」問題、サブカルチャーを含む文化としてのペンギン現象、そして「ペンギン・ドッグ」の写真を紹介しながらの保全活動概観。2006年にほぼ同様のテーマで単行本（『ペンギンは歴史にもクチバシをはさむ』岩波書店）を書いた私としても、ジョーンズの手際よさに感服せずにはいられない。この部分には、スパークスとソーパー、シンプソンらの伝統的な「ペンギン史観」が反映されているが、2009年にイギリスで刊行された同じテーマに関する最新文献（Penguin, Stephen Martin, Reaktion Books）については、どうやら参照されていないらしい。訂正・補足すべきは「生きたまま北半球に運ばれた初めてのペンギン」についての記述。ジョーンズは、それが1913年1月に開園したエジンバラ動物園の目玉として、サウスジョージア島からノルウェーの捕鯨船によってスコットランドに運ばれた3羽のキングペンギンであるとしている。その後の彼らのエピソード自体は歴史的に大変興味深い。しかし、2006年の上田の文献ならびに2009年のマーティンの著作にも記されている通り、「生きたまま北半球に運ばれた初めてのペンギン」は、1865年3月27日、フェン・ウィック船長率いるクリッパー型軍艦ハリアー号にフォークランド諸島で積み込まれた12羽のキングペンギンの生き残り1羽である。この個体は、すぐロンドン動物園に運び込まれたが、同年5月23日に死んでしまった。マーティンの文献にはアーネスト・グリセットが描いた「1羽のキングペンギンを観察・スケッチする人々」の絵が紹介されている。

とはいえ、ジョーンズが語るペンギンと人間の関係史は傾聴に値する新しさを備えている。それは、記述のいたるところで多用される「カワイイ」の表現にある。特に、テキストの冒頭と最後には、極めて色濃くペンギンのかわいらしさに対する賛美が現れる。これはどうしたことだろう。これまでの欧米の作者による「ペンギン本」は、ペンギンのかわいらしさではなくその逞しさや謎の生態に重点があった。この変化の要因は、日本発の「カワイイ礼賛」と「カワイイ・カルチャー」にある。私はそう考えている。日本には世界的に有名なキャラクターが多い。キティちゃん、ドラえもんはグローバルブランドだ。その世界的評価はすでに定着しているといってよいだろう。欧米人のペンギン観に、いまこの「日本的カワイイ観」が深く静かに浸透しつつある。たとえば、数年に一度のペースで開催される国際ペンギン会議では、参加者の間でかわいいペンギングッズが人気の的となる。バイオロギングの研究手法の1つ、ビデオロガーの動画（ペンギンに小型ビデオカメラをとりつけて撮影された動画）を観る研究者の口からは「カワイイ」という言葉が連発されるようになった。この傾向はきわめて顕著というわけではない。しかし「カワイイ日本式キャラクター」を覚えてしまった欧米人の眼は、もはや25年前の彼らの眼ではないのだ。すなわち、ペンギンを語るとき、そのキャラクター的かわいさに触れずにはおれなくなったのだと思われる。逞しさに対する憧憬や生態の謎の解明に挑もうとする科学的好奇心が衰えたわけでは決してない。それどころか、ペンギン生物学はますます発展しつつある。今度は、そういった旧来からの情熱に「カワイイペンギンへの好奇心」が加算されつつあるのではなかろうか。

もう一度宣言しよう！　ペンギンへの好奇心は疲れをしらないのだ！

著者

テュイ・ド・ロイ Tui de Roy
ガラパゴス島生まれの自然写真家、ライター。著書に *Albatross*（2008）、*Galapagos: Preserving Darwin's Legacy*（2009）などがある。ニュージーランド在住。

マーク・ジョーンズ Mark Jones
ライター、写真家。*Albatross* の共著者でもある。

ジュリー・コーンスウェイト Julie Cornthwaite
写真家。

三人はニュージーランドで Roving Tortoise Photography という名前のビジネス・パートナーシップを結んで共に活動している。世界中を旅して野生動物の生態の貴重な一瞬を写真に収める一方、現地での保全活動に関する文章を執筆し、それをもとに出版活動を行っている。その写真や文章の質、独立的な姿勢、環境に配慮した取り組みは、一般読者や研究者たちから高く評価されている。

監修・解説

上田一生（うえだ・かずおき）
1954 年、東京都生まれ。國學院大学文学部史学科卒業、ペンギン会議研究員、目黒学院高等学校教諭。1970 年以降ペンギンに関する研究を開始、1987 年からペンギンの保全・救護活動を本格的に始める。1988 年、「第 I 回国際ペンギン会議」に唯一のアジア人として参加、内外十数カ所の動物園・水族館のペンギン展示施設の監修を行う。主な著書に『ペンギンの世界』『ペンギンは歴史にもクチバシをはさむ』『ペンギンのしらべかた』（以上岩波書店）、『ペンギン図鑑』（文渓堂）、『ペンギンコレクション』（平凡社）、訳書にトニー・D・ウィリアムズ他『ペンギン大百科』（平凡社、共訳）、IFAW 編『ペンギン救出大作戦』（海洋工学研究所出版部）など多数。

新しい、美しい ペンギン図鑑

2014 年 11 月 26 日　初版第 1 刷発行

著者	テュイ・ド・ロイ＋マーク・ジョーンズ＋ジュリー・コーンスウェイト
監修・解説	上田一生
翻訳	裏地良子＋熊丸三枝子＋秋山絵里菜
編集協力	小都一郎
発行者	澤井聖一
発行所	株式会社エクスナレッジ 〒106-0032　東京都港区六本木 7-2-26 http://www.xknowledge.co.jp/
問い合わせ先	編集：Fax 03-3403-5898　info@xknowledge.co.jp 販売：Tel 03-3403-1321　Fax 03-3403-1829

無断転載の禁止
本書の内容（本文、写真、図表、イラスト等）を、
当社および著作権者の承諾なしに
無断で転載（翻訳、複写、データベースへの入力、インターネットでの掲載等）することを禁じます。